AF276072

Alessandro Volta
(1745-1827)

ANTONIO MORENO GONZÁLEZ

Alessandro Volta
(1745-1827)

El triunfo de la electricidad

GUADALMAZÁN

Guadalmazán • Colección Divulgación Científica

www.editorialguadalmazan.com

Talenbook, s.l.
C/ Cervantes, 26 · 28014 · Madrid

Imprime: Gráficas La Paz
ISBN: 979-13-87941-01-7
Depósito Legal: M-4709-2026
Hecho e impreso en España-*Made and printed in Spain*

A Merce y Santiago, mis hijos, y a Elena e Isabel,
mis nietas, con el deseo que aprendan
y disfruten de esta trabajosa historia.

Índice

Prólogo

Prologar un libro del profesor Antonio Moreno González, catedrático emérito de Didáctica de las Ciencias Experimentales en la Universidad Complutense, es para mí, además de un honor, una profunda satisfacción por la amistad que me une a él desde hace muchos años. No he sido muy proclive a dirigir tesis doctorales, pero, de las muy pocas que dirigí, la primera fue la de él, *Evolución de la física en España desde la Ilustración hasta 1900*, que finalmente presentó en el ya remoto año de 1985 y que posteriormente desarrolló en un libro capital, Una ciencia en cuarentena. *La física académica en España (1750-1900)*, que la editorial del Consejo Superior de Investigaciones Científicas publicó en 1988. En realidad, más ajustado que decir «que dirigí» sería reconocer que simplemente ayudé, porque Antonio siempre supo más de aquel tema que yo. Tal vez contribuí algo a que mejorase su conocimiento del conjunto de la disciplina historia de la ciencia.

Para entender lo que quiero decir con la anterior frase es preciso tener en cuenta el camino, el complejo y difícil camino que Antonio Moreno había seguido para llegar siquiera a plantearse intentar doctorarse. Si hay personas a las que se puede aplicar el adjetivo de «autodidacta», es a él. Fue primero maestro en escuelas de la «España profunda», aquella en la que la voluntad y el amor a la docencia suplían todo tipo de carencias materiales. Luego, por pura fuerza de voluntad, estudió y se licenció en física en la Universidad Complutense. Y de ahí pasó a realizar su doctorado en la Universidad Autónoma de Madrid. Recuerdo, entre las muchas vivencias compartidas a lo largo de los años, la visita que ambos hicimos al prestigioso historiador Miguel Artola, catedrático en la Facultad de Filosofía y Letras de la UAM —yo era profesor titular de Física Teórica en la Facultad de Ciencias—, para pedirle que fuera miembro del tribunal que juzgaría la tesis, a lo que accedió. Era la primera vez que yo veía a Artola, y nunca habría imaginado que muchos años después fuese un amigo muy querido y que juntos escribiésemos dos libros. Cual sería la carrera que esperaba a Antonio después de doctorarse era otra cosa que no podía imaginar. Sabía bien de sus conocimientos, entusiasmo y resistencia ante las complejidades de la vida, pero el mundo de la enseñanza, especialmente el universitario, está lleno de dificultades, de eventualidades imprevisibles y, por qué no decirlo, de «familias académicas» que se nutren a sí mismas. Pero Antonio fue superando todos esos obstáculos hasta convertirse en catedrático de la entonces nueva Facultad de Educación de la Universidad Complutense.

De sus contribuciones a la historia de la ciencia —que siempre ha compatibilizado con varias funciones en el campo de la política educativa—, y dejando aparte sus numerosos escritos sobre educación, recordaré, entre otros, sus trabajos sobre la Junta para Ampliación de Estudios e Investigaciones Científicas, el Instituto-Escuela, la Real Sociedad Española de Física y Química y su revista, los *Anales*, José Rodríguez Carracido, la física de fluidos en el siglo XVII, la medida de la constante G de la gravitación universal y la introducción de la teoría de la relatividad y de la física cuántica en España. Y ahora, con este libro, penetra, con mucha más amplitud de lo que hizo en el pasado, en otros trabajos suyos, en la historia de la ciencia internacional. Quiero resaltar este punto, pues he repetido muchas veces que una de las carencias de la historia de la ciencia practicada en España ha sido, y es, que la mayoría de sus cultivadores se han centrado casi exclusivamente en la ciencia patria.

¡Y qué protagonista ha elegido el profesor Antonio Moreno para este nuevo libro suyo, *Alessandro Volta (1745-1827). El triunfo de la electricidad*! Nada menos que un científico fundamental en la historia de la ciencia: el italiano Alessandro Volta. Fundamental, al menos por una razón: su invención de la pila (o «batería») eléctrica, un instrumento que producía corriente continua y no mediante descargas, como sucedía en las tan difundidas entonces «botellas de Leiden». Sin disponer de una fuente continua de electricidad no habrían sido posibles las aportaciones de Hans Christian Ørsted, André-Marie Ampère, Michael Faraday y William Thomson (lord Kelvin), que condujeron a la formulación, por parte de James Clerk Maxwell, de la teoría del campo electromagnético, del electromagnetismo, uno de los grandes pilares de la física de entonces y de ahora. De la física, pero también de la química —basta pensar en la electrólisis y en su papel en el descubrimiento de nuevos elementos químicos— y, por supuesto, de la tecnología, de la que asimismo se ocupa este libro.

«Fundamental, al menos por una razón», he dicho, porque, con ser central en la obra de Volta, esta no se reduce al dominio de la electricidad, sino que cubre, como se explica en este libro, otros campos, como la ya mencionada química, la neumática y la meteorología. Para un historiador de la ciencia, otro de los grandes atractivos para estudiar la vida y obra de Volta es que fue un eslabón entre el Siglo de las Luces, o de la Ilustración, y el XIX, la centuria en la que florecieron la medicina científica y una nueva fisiología, en la que se desarrollaron las teorías celular y microbiana de la enfermedad y en la que se crearon la teoría de la evolución de las especies, las geometrías no euclidianas y el mencionado electromagnetismo.

Y no hay que olvidar otra faceta de la biografía de Volta: la de las relaciones internacionales que mantuvo, propiciadas por la repercusión que tuvo la pila eléctrica. Volta era, en primer lugar, un patriota italiano, pero, en segundo lugar, un anglófilo, como demuestra el hecho de que enviase las primeras noticias de su pila a Inglaterra. Aun así, fue en Francia —que durante un tiempo dominó parte de Italia— donde recibió mayores honores: cuando en septiembre de 1801 viajó a París con el objetivo de difundir su descubrimiento y se entrevistó con Chaptal, Berthollet, Monge, Fourcroy y Cuvier, Napoleón le concedió una medalla de oro en una ceremonia que tuvo lugar el 17 de noviembre. Y en junio del año siguiente, el general anunció que establecería una medalla de oro y un premio de 3000 francos anuales para el mejor experimento que se realizase cada año sobre el «fluido galvánico» —«galvánico» en honor del médico y fisiólogo Luigi Galvani, quien con sus trabajos y teoría de la «electricidad animal» propició el invento de Volta—, además de un premio de 60 000 francos, que se otorgaría una sola vez, para quien llevase a cabo descubrimientos en electricidad y galvanismo comparables a los realizados por Benjamin Franklin y Volta.

Sobre todos estos, y otros, territorios navega con pulso firme y sólida documentación este libro, fruto de muchos años de preparación, viajes y obtención de documentos por parte de su autor. No hay «escondrijo» o lugar de la biografía y obra de Volta que Antonio no haya visitado y ahora narrado en una extraordinaria síntesis, con su claridad acostumbrada, nacida y nutrida de su larga y plural trayectoria docente. Claridad a la que —quiero resaltar este punto— se une un dominio ejemplar de nuestra lengua castellana, propio de un hombre de la tierra manchega.

Celebremos, por consiguiente, que dispongamos de este ejemplar estudio de la vida y obra de Alessandro Volta y agradezcamos a su autor, el profesor Antonio Moreno González, su esfuerzo y logro.

José Manuel Sánchez Ron
Real Academia Española
Universidad Autónoma de Madrid

ALESSANDRO VOLTA

Dedicato all' Illustrissimo Signor Marchese
FEBO **D'ADDA**
Vice Presidente di Governo, Cavaliere dell' I. R. Ordine di Leopoldo,
Ciambellano attuale di S. M. I. R. A. L' Imperatore d'Austria ecc. ecc. ecc.

Milano presso l'Editore Proprietario Luigi Rados   In segno di venerazione Luigi Rados D. D. D.

Alessandro Volta

Por qué Volta

El origen de este libro es la preparación de un artículo para la sección «Mi clásico favorito» de la *Revista Española de Física*. Teniendo en cuenta que en los últimos años el tiempo dedicado a la investigación histórica lo he empleado en la averiguación de la determinación numérica de la constante G de la gravitación universal, medición atribuida anacrónica y gratuitamente a Henry Cavendish (1731-1810) a finales del siglo XVIII, cuando la primera cuantificación experimental fue hecha por Alfred Cornu (1841-1902) y Jean B. Baille (1841-1918) en el último tercio del XIX, correspondería a Cavendish ser «mi clásico favorito». En realidad, Cavendish lo es. Creo que he penetrado en su vida y obra con suficiente profundidad como para que así pueda considerarlo. Pero tengo una deuda y un compromiso incumplido con Alessandro Volta. Las estancias en «tierras» de Volta desde 1990 colaborando en proyectos de investigación sobre historia y enseñanza de la física en el Departamento de Física «A. Volta» de la Universidad de Pavía, también llamada Ticinense por el Ticino, río que atraviesa la ciudad, y en el Centro de Cultura Científica «A. Volta» (Villa Olmo) de Como, gracias a la generosidad del historiador de la física Fabio Bevilacqua y la AIF (*Associazione per l'Insegnamento della Fisica*), me permitieron conocer lugares donde se desenvolvió, donde enseñó e investigó, instrumental utilizado por él, aparatos que ideó y produjo, así como acumular una nutrida documentación y publicaciones del propio científico y de otros que se ocuparon de él. Papeles que por causas diversas he tenido arrinconados, quizá también por algún brote de desidia.

Además, por qué no decirlo, fui distinguido, entre otros historiadores de la ciencia, con la medalla del Bicentenario de la invención de la pila (1799), en el Congreso «Science as Culture» (15-19/9/1999) celebrado en Como —ciudad natal del «cittadino» Volta— y Pavía, donde desarrolló su actividad docente e investigadora, por lo que me siento agradecido y obligado a dedicarle este trabajo. El Congreso estuvo enmarcado en el proclamado 1999 como Año Voltiano, iniciando las celebraciones en 1995, correspondiente al 250.º Aniversario del nacimiento de Volta. El reconocimiento popular en Como a su paisano llamaba la atención, quizá por el contraste con la indiferencia habida en España hacia las figuras científicas que hemos tenido y tenemos. Por cualquier calle de la ciudad y en los escaparates de los establecimientos más variopintos (textiles, panaderías, muebles, farmacias, charcuterías, papelerías, comestibles, librerías, restaurantes...) había muestras en homenaje a la pila y su inventor. De manera que hace años me comprometí con este, también, «mi clásico favorito». Pero el acopio documental me impedía limitarme al espacio destinado a ese apartado de la revista. Lo fui dejando hasta que la insistencia, primero, del catedrático de Física Teórica de la Complutense Miguel Ángel Martín-Delgado Alcántara y, últimamente, del catedrático emérito de Historia de la Ciencia y Académico de la Real Academia Española José Manuel Sánchez Ron, que me ha dado el impulso definitivo, han determinado que me ponga manos a la obra. La iniciativa de la publicación se la debo al catedrático de Medicina Legal de la Complutense, Fernando Bandrés, del que soy deudor de otras tantas facilidades. La recuperación de la fortaleza necesaria para adentrarme en esta laboriosa faena se debe, en gran parte, a la oportuna intervención de los doctores Eldiberto Fernández y Ricardo García Navas del Hospital San Rafael de Madrid; a Manuela, mi mujer, y a mi familia y amigos. A todos, gracias.

El libro está concebido como obra de divulgación alineable con la tradición secular de acercar la ciencia a la ciudadanía, de interesarla en la adquisición de un espíritu crítico sobre el que fundamentar sus opiniones y decisiones cuando sean requeridas: para opinar, hay que saber. Así lo entendieron pronto los padres de la Iglesia para asegurar y acrecentar el número de fieles publicando desde el siglo IV versiones de la Biblia más cercanas a las gentes: la *Vulgata*. La vulgarización científica, etiquetada como «Ciencia para todos», denominación procedente del geógrafo Robert Brown en 1877 para la recopilación enciclopédica de artículos mensuales sobre ciencias (Brock, 1996), o «Ciencia para los ciudadanos» (Hogben, 1938), ha venido siendo práctica continuada siglos ha, con iniciativas exitosas desde Francia e Inglaterra especialmente. En 1761 la Lilliputian Society publicó con unas dimensiones de 7 por 12 centímetros *The Newtonian System of Philosophy* para jóvenes y señoritas. *Philosophiae Naturalis Principia Mathematica* de Newton se publicó en 1687, en Londres. El conde veneciano Francesco Algarotti (1712-1764) publicó *Il Newtonianismo per le dame ovvero Dialoghi sopra la luce, i colori e l'atrazzione* (Milán, 1737), convertido en pocos años en el superventas de su tiempo con otras ediciones italianas y traducido al francés, inglés, alemán, ruso y portugués, aunque en 1739 fuera incluido en el Índice de los Libros Prohibidos de la Iglesia Católica. El Algarotti alcanzó gran relevancia en la difusión de la filosofía newtoniana en Inglaterra y en el continente europeo. Parece ser que en este trabajo tuvieron que ver las sugerencias de Madame Émile du Chatelet (1706-1749) durante la estancia de Algarotti, en 1735, en el castillo de Cirey, residencia de Voltaire (1694-1778), adonde acudió interesado en la obra de Isaac Newton (1642-1717). La difusión de aquella publicación en Inglaterra le facilitó a Algarotti ser nombrado miembro de la Royal Society londinense. Madame Chatelet fue la primera traductora al francés (1749) de los *Principia* de Newton y el filósofo ilustrado, su amante entonces, publicó en 1738 *Éléments de la philosophie de Newton*.

En los libros de vulgarización de la ciencia, de la física en particular, así como en los libros de texto para la enseñanza secundaria, iniciados en el siglo xviii, fue práctica común la inclusión de notas históricas sobre hechos y personajes. En ocasiones recurrieron a diálogos al estilo galileano o a confesiones en torno a la filosofía, las creencias y la moral asociadas a las ciencias, algunos traducidos al castellano a poco de su publicación original; otros, no traducidos, a disposición de lectores, profesores y estudiantes. Sirvan como ejemplo: *Elementos de Física Teórica y Experimental*, Sigaud de la Fond (Madrid, 1787); *Conversaciones de un padre con sus hijos sobre Historia Natural*, J. F. Dubroca (Madrid, 1802); *Cartas físico-matemáticas de Teodosio a Eugenio*, padre Teodoro de Almeyda (Madrid, 1802) y del mismo autor, *Recreación filosófica o diálogo sobre la Filosofía Natural para instrucción de personas curiosas que no han frecuentado las aulas* (Madrid, 1803); *Histoire Philosophique des progrès de la Physique*, A. Libes (4 vols. Paris, 1810-1813). Notable relevancia tuvo en el mundo anglosajón «entre un amplio y creciente número de adultos inteligentes», dice el Prólogo, *Science for the Citizen*.

A Self-Educator based on the Social Background of Scientific Discovery (London, 1938) del *Fellow* de la Royal Society londinense Lancelot Hogben. Heredero de esta tendencia y posiblemente el promotor más fértil para la inclusión de la historia de la ciencia en la divulgación y la enseñanza, hay que destacar a James Bryant Conant (1893-1978), presidente de la Universidad de Harvard durante 20 años, editor general de la obra más citada en los repertorios bibliográficos relacionados con la historia de la ciencia: *Harvard Case Histories in Experimental Science* (Harvard University Press, 1948). Caladero del que han salido o han tenido que ver sobresalientes historiadores de la ciencia, en particular Gerald Holton, distinguido en 2021 con el Premio Fronteras del Conocimiento en Humanidades que concede el BBVA. Del interés de Conant por la «educación pública», la «educación para la ciudadanía» y en «aportar al futuro no científico cierta comprensión de la ciencia» a través de su historia es buena muestra *La educación en un mundo dividido. Función de las escuelas públicas en nuestra sociedad* (Buenos Aires, 1948). Un hecho público noble, sobradamente justificado por la intimidad que los unía (Pais, 2006), gozando Conant de un consolidado prestigio en la administración estadounidense, fue la defensa que hizo de J. Robert Oppenheimer (1904-1967) ante la comisión que lo juzgaba de filocomunista en 1954, durante la ominosa y obsesiva «caza de brujas» promovida por el senador McCarthy, cobrándose de paso la negativa de Oppenheimer a participar en la fabricación de «la Super», la bomba H, tras haber dirigido exitosamente el proyecto Manhattan que produjo las bombas atómicas de Hiroshima y Nagasaki. El veredicto, finalmente desfavorable, supuso además de la retirada de la confianza gubernamental, el declive público y personal del cariñosamente conocido como «Oppie», aunque pudo desempeñar hasta su muerte (1967) la actividad docente, la participación internacional en conferencias y congresos y la dirección del Instituto de Estudios Avanzados de Princeton, donde Albert Einstein permaneció en el exilio americano desde 1933 hasta su fallecimiento (1955).

Las publicaciones de y sobre Volta son copiosas, sobre todo entre mediados del XIX y mediados del XX, casi todas en la lengua italiana original. Son pocas las traducciones y pocas las biografías autorizadas sobre él. La última y más solvente desde el punto de vista historiográfico es la escrita por el profesor de Historia de la Ciencia de la

Universidad de Bolonia, Giuliano Pancaldi, *Volta. Science and Culture in the Age of Enlightenment* (Princeton University Press, 2003), quien en la nota de agradecimientos alude a su deuda con las instituciones e historiadores más prestigiosos habidos en los estudios sobre historia de la ciencia. Libro de consulta obligada para quienes quieran profundizar en la vida, la obra y los contextos en que se desenvolvió Volta. Entre los pocos precedentes dignos de mención, una publicación menos erudita, bien documentada y con un lenguaje asequible para la comprensión de los contenidos científicos es *Volta y el desarrollo de la electricidad* (Buenos Aires, Espasa-Calpe, 1945) del historiador italoargentino Aldo Mieli (1879-1950), que en 1927 escribió un «breve Perfil», dice él, de Volta, citado por Pancaldi como *Alessandro Volta* (Formiggini, Roma, 1927). La *Obra completa* y el *Epistolario* de Volta comprenden siete volúmenes más otro adjunto publicados en 1966 bajo los auspicios del Instituto Lombardo de Ciencias y Letras, de la Sociedad Italiana de Física y el Municipio de Como. El Índice del conjunto, publicado en dos volúmenes (458 páginas, el primero; 899, el segundo), estuvo a cargo de la Comisión Nacional de la Obra de Alessandro Volta, realizado por el profesor Angelo Ferretti-Torricelli (Rusconi Editore, Milano, 1974). Muestras, ambas, de la larga e intensa vida (82 años) y colosal obra del «Grande Lombardo», de la que ha trascendido poco más que el descubrimiento de la pila. Una revisión de las aportaciones de Volta y su repercusión posterior, desde la perspectiva de la ciencia actual, está siendo recogida en los sucesivos volúmenes de *Nuova Voltiana. Studies on Volta and his Times*, editada desde el año 2000 por la Universidad de Pavía y dirigida por F. Bevilacqua y L. Fregonese, contando con colaboradores como J. L. Heilbron, W. Bernardi, E. Agazzi, G. Bellodi, A. G. Berzolari, J. Teichmann, N. Kipnis, P. Brenni y tantos otros, autoridades en la materia. Un meritorio trabajo que facilita el recorrido por la compleja y amplia historia de la electricidad, aunque se ciña al vocabulario en español, es la tesis doctoral de José Antonio Moreno Villanueva, defendida en la Universitat Rovira i Virgili (Tarragona, 2012): *Formación y desarrollo del léxico de la Electricidad en español (siglos XVIII-XIX)*.

Con el propósito de contribuir a la formación científica ciudadana —un ingrediente esencial de la cultura necesaria para la convivencia— y para dar cuenta de la dimensión científica de la obra voltiana, así como del contexto en que la produjo, está escrito este libro. Habiendo transcurrido la vida de Volta en los años cruciales de la formalización científica de la electricidad, con el significado que actualmente se le da, abundosa en experimentos, conceptos, principios, leyes, nomenclatura, aciertos, errores y repercusiones sociales, educativas, sanitarias, industriales, económicas y religiosas, necesariamente he tenido que omitir —algunos solo sugeridos— muchos de ellos por el carácter divulgativo —popular, prefiero— del libro y las inevitables limitaciones editoriales a su extensión, sin menoscabo de la obligada precisión y veracidad histórica que he procurado a toda costa, porque toda biografía es orientativa, y más si como es el caso se refiere a personajes de siglos pasados. La documentación sobre la época, la vida, la formación, las influencias, las decisiones y el desenvolvimiento entre la comunidad científica con las posibles aceptaciones y rechazos crean una atmósfera compleja para asumir conclusiones con absoluta certeza. Queda al lector la opción de completar cuantas omisiones o simples sugerencias encuentre para disfrutar de una plena inmersión en esta trascendental etapa de la historia de la humanidad, siquiera sea como una mera aproximación. A lo largo del texto incluyo títulos de publicaciones (libros, artículos, informes, conferencias) relevantes para la inmediata comprensión del relato sin referirlos, a veces, en la bibliografía final. Asimismo, aparecen citados protagonistas sobre los que al lector le convendría ampliar información, en particular los españoles, poco conocidos en los textos habituales, pero de relevancia decisiva en el desarrollo de la ciencia en España. En cuanto a las traducciones de los textos en italiano del siglo XVIII y XIX, he procurado interpretarlos lo mejor que he podido, ajustándome a los significados acuñados en las respectivas épocas. Al igual que con los textos en latín que necesariamente he querido incorporar por ser originales de Volta que debían ser tenidos en cuenta. Respecto a las frecuentes alusiones a la *Obra completa* y el *Epistolario*, de los que dispongo en su totalidad, he de decir que cuando no ha sido imprescindible, he tomado citas tal como están seleccionadas por los autores en sus respectivos libros o artículos, siempre que la versión dada por los mismos responda fielmente al original con el que las he contrastado, habiéndose dado casos en que la libre traducción del autor me haya impedido reconocer el párrafo aludido y obligado a prescindir del mismo.

PRIMER CENTENARIO DE
LA MUERTE DE VOLTA

A las actividades de 1995 y el Congreso de 1999 les precedieron otras celebraciones voltianas convertidas en obligatorio recuerdo desde la inicial en 1899, Primer Centenario de la invención de la pila: 1927, Primer Centenario de la muerte de Volta; 1945, Bicentenario de su nacimiento; 1949, 150.º Aniversario de la invención de la pila; 1977, 150.º Aniversario de su muerte. Y otras con onomásticas intermedias de su nacimiento, muerte e invenciones. De estos acontecimientos merece dedicar un espacio a los de 1927 (11-29/9) por la relevancia para la industria eléctrica, las comunicaciones y el comercio y para la historia de la mecánica cuántica cuando se estaban gestando las bases de una nueva forma de ver el mundo. Y también es relevante por la participación de Blas Cabrera (1878-1945) y Eduardo Alcobé (1867-1947), quien el año anterior había contribuido con 200 liras a sufragar el monumento en la Universidad de Bolonia al físico, ingeniero e inventor Augusto Righi (1850-1920), profesor de Marconi, que inauguró el Primer Congreso Nacional de Electricistas (Como, 1899) con la conferencia «Volta e la Pila». Con ellos se inicia la presencia de físicos españoles en el panorama internacional de primera fila. La sede del Congreso de 1999 fue Villa Olmo, otrora propiedad de la familia Visconti y a partir de 1925 del municipio de Como, donde tuvo lugar, en septiembre de 1927, la exposición voltiana con motivo del centenario de su muerte. El acontecimiento fue espectacular. Editaron treinta y tres números de una revista especial —*Voltiana*— entre mayo y septiembre de ese año. Aquello lo describe Pancaldi como la exaltación patriótica de la ciencia, la industria y la economía italianas personificadas en la figura de Alessandro

Volta: «La batería eléctrica de Volta se diseñó asemejándola al haz de ramas de olmo conteniendo un hacha que era el símbolo del régimen fascista. El manojo fascista aparecía resaltado en el reflector especial construido en una montaña cerca de Como para simbolizar la 'luz de la ciencia' que se extendía desde el lugar de nacimiento de Volta». Hubo trenes especiales para llegar a Como donde, al igual que el Año Voltiano de 1999 que tuve ocasión de presenciar, se adornaron las calles y los establecimientos comerciales con retratos del comasco, algunos posando como un romano antiguo, exhibiciones artísticas, florales, agrícolas, concursos de caza y pesca, adiestramiento de animales, bandas y conciertos musicales, campeonatos de remo, representaciones teatrales, proyecciones cinematográficas, exposiciones tecnológicas, inauguraciones de monumentos y congresos científicos. La breve marcha triunfal —«*The Electric Shock*»— en honor de Volta que Giacomo Puccini (1858-1924) compuso para la celebración voltiana de 1899, fue reeditada. Para tan pomposa onomástica contaron, al fin, superadas las incertidumbres que lo pusieron en riesgo, con un presupuesto de casi siete millones y medio de liras que, según datos de Pancaldi, equivalía al 13 % del asignado anualmente a todas las universidades italianas o al que correspondería a 20 años de trabajo para el grupo, en Roma, de Enrico Fermi (1901-1954), joven físico asistente al Congreso, que contaba con el 7 % de aquel presupuesto. El efecto más sobresaliente y duradero fue para la industria turística; en cuanto al terreno científico, los

Primera Exposición Voltiana (1899). Las dos torres semejan sendas pilas de Volta con vistas panorámicas de Como y el lago.

libros de actas con las colaboraciones de los participantes y artículos derivados de innegable valor, pero de efímera permanencia, salvo en su interés histórico.

¿En qué medida las lujosas celebraciones repercutieron, al menos, en el estado de las instalaciones de investigación en la península itálica consideradas muy descuidadas por los visitantes extranjeros que las visitaban? La respuesta es inapelable: poco. Aquel alarde tenía evidentes intereses locales, más allá de la exultante aureola fascista, que también, pero la realidad fue que los promotores, inversores junto con el erario público y anfitriones eran sobre todo reconocidos propietarios comascos que aspiraban a situar su «patria», así la llamaban, ante las miradas internacionales de la industria, el comercio y el turismo. Y vieron los cielos abiertos elevando, merecida y justificadamente, a las alturas como un héroe nacional a su «cittadino» Volta. Pancaldi, en su búsqueda de documentación para el trabajo sobre Volta, averiguó la presencia de dos destacados personajes que estaban detrás del acontecimiento, ignorados por los historiadores: Carlo Baragiola, potentado industrial, líder fascista local y senador en Roma, de quien no se conocen acercamientos a las ciencias, salvo las posesiones de su padre en la industria eléctrica; y Enrico Musa, enriquecido con la industria de la seda, que sí tuvo curiosidad por la ciencia y los científicos de la Ilustración. Su destacada presencia en la vida comasca, las relaciones con gente adinerada y sus influencias políticas facilitaron conseguir aquel generoso presupuesto y el contento de quienes percibieron sustanciosos honorarios por su participación en la organización y en las celebraciones. Contaron con la compañía Edison de Italia, que ya había contribuido a la publicación nacional de las obras completas de Volta y la construcción de un espacio en el Instituto Lombardo de las Ciencias para alojar y custodiar los manuscritos de Volta. Respecto a los faustos del centenario, consideraron que hubiera sido preferible, y se ofrecieron a su dotación, la creación de institutos de ingeniería eléctrica en Italia dedicados a Volta, dada la rápida expansión que estaba alcanzando la industria eléctrica en Italia, y en consecuencia la necesaria formación de científicos y técnicos para la misma. No encontraron apoyos de empresas similares a la Edison por el carácter compulsivo y efímero de las celebraciones y posiblemente el tinte político de los promotores, alineados con la extrema derecha del movimiento fascista. Tendencia que no era bien vista ni por el propio Mussolini, que estaba procurando moverse hacia el centro político para consolidar su poder después de la primera fase «revolucionaria» de su régimen. Hasta el punto que no se dirigió a la nación con el mensaje sobre Volta que le habían preparado en Como «y escribió un gran NIENTE (nada) en lápiz azul sobre el texto preparado para la radiodifusión y otro gran NO en la petición urgente de dinero para pagar a los físicos que se reunirían en unos días en Como». Esta es una muestra más de las vicisitudes por las que transita históricamente la ciencia que, removidos los obstáculos en lenguaje ilustrado como corresponde a los tiempos de Volta, sale a flote por la perseverancia de los científicos, acostumbrados a navegar «ni contigo ni sin ti».

Las sesiones científicas del Congreso tuvieron lugar en el Instituto Carducci. Cabrera —don Blas como gustaba decir al profesor Velayos, don Salvador para nosotros—, Catedrático de Electricidad y Magnetismo de la Universidad Central de Madrid, intervino en la Sección Experiencias sobre la estructura de la materia con la ponencia «Les propietés magnétiques des familles du Palladium et du Platine et la théorie du paramagnetisme». Publicó en *Anales de la Sociedad Española de Física y Química* (Año XXV, 1927, tomo XXV, 385-391) una reseña —«Congreso Internacional de Física de Como»— que comienza con el siguiente comentario: «Este Congreso, convocado en homenaje a Volta, en el centenario de su muerte, quedará en la historia de la ciencia como una de las más brillantes reuniones de este género, y segura-

Villa Olmo en 1927 sede de la exposición dedicada a la producción hidroeléctrica, a la telefonía y telegrafía y a la industria nacional de la seda.

mente tendrá una saludable influencia en el porvenir. La invitación del Comité italiano, que presidió Quirino Majorana, encontró eco cordial en todo el mundo científico, desde los Estados Unidos hasta el Japón, y desde el norte de Europa hasta la India, pues más de 40 naciones se hayan representadas por sus físicos de mayor nombradía. Entre ellos figuran no menos de once premios Nóbel». Dicho sea de paso y con justificada satisfacción, los restos mortales de don Blas, fallecido en el exilio mexicano, han sido recuperados para España en octubre de 2022.

El profesor Eduardo Alcobé Arenas, socio fundador de la Sociedad Española de Física (1903), catedrático de Física General en diversas universidades españolas y finalmente en la Universidad de Barcelona, donde se ocupó también de la asignatura de Termología, fue pionero en las enseñanzas de la Meteorología y la Física del Aire, materias que ocuparon buena parte de la obra de Volta. Su *Curso de Física General* (1910, 1.ª edición, 857 págs. profusamente ilustradas; tuvo siete más) es una obra concebida con sorprendente originalidad para lo que era habitual, incluyendo las teorías actuales, comentarios en «letra pequeña» y formalización matemática que evidencian la excelente formación científica del autor: una obra magna entre los libros de texto universitarios. En Como, intervino en la Sección La electricidad y sus aplicaciones con la ponencia «Un telegrafo elettrico prima della scoperta della pila di Volta», donde cuenta Cabrera que reivindicó «para el médico español Salvá el honor de haber tenido la idea de aplicar la energía eléctrica para la telecomunicación».

Medalla conmemorativa del Centenario Voltiano 1927.

Recuerdo autógrafo de asistentes al Congreso Internacional de Física en Como.

En la *Enciclopedia Universal Ilustrada* (Suplemento 1934), escribe Alcobé: «En el Congreso de Física celebrado en Como con motivo del primer centenario de la muerte de Alejandro Volta, celebérrimo inventor de la pila eléctrica, cuya asamblea de físicos ha sido sin duda la de más relieve de la época contemporánea, no se dio a la teoría de la relatividad la preponderancia que hubiera podido presumirse, dada su innegable trascendencia y el revuelo científico que poco tiempo antes había ocasionado. En cambio, predominó todo aquello que atañe a la investigación netamente experimental, asequible a los laboratorios, referente a las nuevas doctrinas sobre la estructura del átomo».

Einstein, aunque estuvo invitado, no acudió a aquel auténtico sanedrín de la física, tampoco lo hicieron Schrödinger y Dirac, por su oposición al régimen de Mussolini: «Era notoria la ausencia de Einstein, una ausencia irreemplazable, pero Einstein no quería poner pie en los dominios de Mussolini» (Segré, 1983). Semanas después participó en el 5.º Congreso Solvay (24-29/10/1927) —«Electrones y fotones»— en Bruselas junto a una treintena de físicos y químicos, la mayoría asistentes al de Como. A este Solvay todavía no fue invitado Cabrera, que sí lo fue a los dos siguientes: 6.º (1930), sobre «El magnetismo» y 7.º (1933), sobre «Estructura y propiedades del núcleo atómico». España empezaba a despuntar gracias a la política educativa y científica de la Junta para Ampliación de Estudios e Investigaciones Científicas creada en 1907 y al apoyo de acreditadas fundaciones como la estadounidense Rockefeller.

El 4 de marzo de 1927 fue inaugurado en Como el Año Voltiano que de mayo a octubre dio cobertura a múltiples celebraciones bajo el Alto Patronato del Rey Víctor Manuel III y el Presidente del Consejo de Ministros Benito Mussolini (1883-1945), que lideró Italia entre 1922 y 1943. El presidente honorario del Comité ejecutivo del Congreso de Física fue Guillermo Marconi (1874-1937). El 11 de septiembre Quirino Majorana, Presidente de la Asociación Italiana de Físicos y director del Departamento de Física de la Universidad de Bolonia, pronunció la conferencia inaugural en el Instituto Carducci, donde del 12 al 16 tuvieron lugar las sesiones científicas; el 18, homenajearon a Volta en la sala que lleva su nombre en la Universidad de Pavía donde H. A. Lorentz (1853-1928), admirado por todos, hizo un balance del estado de la física teórica según fue expuesta en las sesiones que tituló «Sur la rotation d'un électron qui circule autour d'un noyau» y Majorana, lo propio respecto a la física experimental; el 21 y 22, los congresistas se reunieron en Roma junto con participantes de otros eventos y, en el Capitolio, Marconi pronuncia la conferencia de clausura de los actos oficiales sobre la vida y obra de Volta ante la presidencia de Mussolini que expresó su «satisfacción porque la idea italiana y romana, también representada e inspirada por el gobierno fascista, encontró en esta ocasión mucha correspondencia entre la intelectualidad conspicua de cada país» (Gamba e Schiera, 2005).

El Congreso contó con 61 asistentes y entre los intervinientes figuraron 10 Nobel de física (Bohr, Bragg, Compton, Franck, Lorentz, Millikan, Marconi, Planck, von Laue y Zeeman) y dos de química (Rutherford y Aston). Y muchos de los que no lo eran, no tardarían en recibir tan prestigioso galardón. En el elogio dedicado al ingeniero, político, industrial, mecenas, y a la sazón secretario general del Congreso internacional sobre la industria de la seda, el antes citado Enrico Musa, que agasajó con una recepción en su casa a 27 de los científicos asistentes al Congreso, se enumeran las nacionalidades congregadas: «italiani, americani, inglesi, francesi, tedeschi, olandesi, svizzeri, indiani e russi». Sorprende que no se cite a los españoles, cuya presencia e intervenciones constan obviamente en el resto de los documentos relativos al Congreso. Quizá no estuvieran entre los selectos invitados, aunque la hija de Musa, autora del elogio paterno junto con Federico Codelli, consideró que aquellas eran las procedencias de la totalidad de congresistas.

Aula Volta de la Università degli Studi (Pavía)
donde fue clausurado el Congreso de 1927.

La conferencia final de las sesiones científicas en el Carducci corrió a cargo de Niels Bohr (1885-1962) —«El postulado cuántico y los recientes avances de la teoría atómica» que sustituyó a última hora al título inicial «Fundamentos filosóficos de la teoría cuántica»— seguida de un debate en el que intervinieron: Born, Kramers, Heisenberg, Fermi y Pauli. «The Como Lecture», como es conocida aquella intervención, fue expuesta semanas después en el 5.º Solvay (Bruselas, 24-29 de octubre) (French and Kennedy, 1985) al igual que lo hicieron la mayoría de los físicos intervinientes implicados en las teorías cuánticas. Y así se considera en la historiografía, preludio del Solvay, el Congreso de Como de 1927 que, habiendo sido primicia de cuanto se expuso en Bruselas, no rentabilizó científicamente tan trascendental oportunidad. La conferencia de Bohr fue publicada, además de en las Actas del Congreso, en el Suplemento de *Nature* (n.º 3050, 14/4/1928) precedida del breve ensayo de Allen sobre el estado de la física teórica entonces y los cambios a que obliga la mecánica cuántica respecto a la física clásica a la hora de observar y describir los fenómenos y medir las magnitudes que los identifican, rompiendo una lanza por salvaguardar la representación visual de los tiempos precedentes. Termina así: «Hay que confesar que la nueva mecánica cuántica está lejos de satisfacer las exigencias del principiante que busca arropar sus concepciones en lenguaje figurado. De hecho, sus creadores probablemente sostienen que tal representación simbólica es inherentemente imposible. Es de esperar sinceramente que esta no sea

Uno de los medallones del Instituto Carducci en homenaje a los participantes en el Congreso de 1927. En este figuran Alcobé y Cabrera.

su última palabra sobre el tema, y que aún puedan tener éxito en expresar el postulado cuántico en forma visualizable».

Los orígenes de la llamada «teoría cuántica antigua» se concretan en la publicación de tres artículos de Bohr (28 años) bajo el título «On the Constitution of Atoms and Molecules» en *Philosophical Magazine* (1.º, julio; 2.º, septiembre; 3.º, noviembre, 1913) donde propone sus famosos postulados y describe el espectro del átomo de hidrógeno incorporando los «quanta» de Planck a los «saltos» entre «estados estacionarios». H. M. Hansen, compañero suyo en Manchester, conocedor de sus inquietudes por los modelos atómicos, le recomendó echara un vistazo a la fórmula propuesta empíricamente en 1885 por el numerólogo y profesor de física y matemáticas en un colegio de secundaria femenino de Basilea J. J. Balmer (1825-1898) que mostraba una sorprendente regularidad en las frecuencias de las líneas espectrales del hidrógeno. Y por ahí empezó el vertiginoso proceso que en poco más de 14 años fundamentó la revolucionaria física moderna, con pesar, incluso, de algunos causantes.

En Como, Bohr agradece la invitación a la vez que siente «cierta vacilación» al tratar del estado de la teoría cuántica delante del «venerable progenitor de la teoría (Max Planck) presente aquí». También porque «entre la audiencia habrá varios que, debido a su participación en el notable desarrollo reciente, seguramente estarán más familiarizados con los detalles del formalismo altamente desarrollado que yo». Y los había. «Pauli se refería a la mecánica cuántica como *Knabenphysik* —física de niños— porque muchos de sus principales protagonistas estaban todavía en la veintena» (Kragh, 1999). Y allí estaban: Pauli, nacido en 1900, el líder de aquellos niños cuánticos, proponente del principio de exclusión en 1925, Heisenberg (26) que meses antes publicó su principio de indeterminación en *Zeitschrift für Physik* «On the Perceptual Content of Quantum Theoretical Kinematics and Mechanics», ambos doctorados de Arnold Sommerfeld (1868-1951) que también estaba allí, y Fermi (26) proponiendo una teoría cuántica de los gases perfectos. Faltaban algunos «niños» como Jordan (24) y Dirac (25) y algunos veteranos decisivos igualmente en la formalización cuántica y la nueva visión del mundo: de Broglie (35) y Schrödinger (40) aunque sus aportaciones originales figuraron en algunas ponencias del Congreso y sobre todo en el debate último con Bohr. Pero todos se dieron cita en Bruselas. En «The Como Lecture», Bohr trató los siguientes tópicos: el postulado cuántico y causalidad, cuanto de acción y cinemática, medidas en la teoría cuántica, principio de correspondencia y teoría de matrices, mecánica ondulatoria y el postulado cuántico, realidad y estados estacionarios, y el problema de las partículas elementales. Enuncia, en primicia (lo escribe por primera vez en un borrador de 10/7/1927), el concepto de complementariedad como nueva clase de relatividad por analogía con la teoría einsteiniana (Pauli, 1933), cauteloso hasta donde pudo para no desechar los conceptos clásicos (Pais, 1991) pero admitiendo la ya irrenunciable dualidad onda-corpúsculo (de Broglie, 1949) establecida por Louis de Broglie en su tesis doctoral (1924). Este principio es más amplio que el de indeterminación de Heisenberg del que se dudó su procedencia, afirma Helge Kragh, y de naturaleza principalmente filosófica, originado por las reflexiones sobre la teoría cuántica que Bohr había iniciado antes de que Heisenberg concluyera su trabajo. La intervención de Bohr supuso la unificación de las diversas orientaciones dadas a la nueva mecánica —la matricial de Heisenberg, Born y Jordan, la ondulatoria de de Broglie y Schrödinger y la algebraica de Dirac— originadas a partir de las interpretaciones que cada uno hacía de lo que ya se consideraba como la «teoría cuántica antigua».

Al ordenamiento que Como supuso para consolidar la mecánica cuántica como novedosa aportación a la física teórica, el 5.º Solvay, de tan resonante y sólido prestigio internacional, añadió esencialmente el esperado debate entre Einstein y Bohr sobre cómo interpretarla, debate

Tres sonrientes «niños» cuánticos: W. Pauli (Nobel 1945), W. Heisenberg (Nobel 1932) y E. Fermi (Nobel 1938), embarcados en el lago de Como (1927).

que hoy calificaríamos de viral por el contenido, los puntos de partida contrarios, el proceso dialéctico y la difusión que tuvo dada la talla científica de ambos personajes: Einstein desde el «realismo» implícito en su famoso «Dios no juega a los dados» y Bohr desde la indeterminación y la teoría de la complementariedad de la bautizada como «interpretación Copenhagen» (Marage and Wallenborg, 1999). Dos colosos de la física de todos los tiempos.

Largo y fructífero recorrido, el más apasionante de la historia de la física, el transitado desde los inicios —1900, «quanto» de Planck; 1905 relatividad especial de Einstein— hasta el Congreso de Como. Bohr se forma con J. J. Thomson (1856-1940) en Cambridge y Ernest Rutherford (1871-1937) en Manchester. En 1921 se inaugura en Copenhague el Niels Bohr Institute for Theoretical Physics. En la década de los años 20 pasaron por él los físicos más sobresalientes, sosteniendo incansables discusiones sobre los fundamentos, formulación e interpretación de la naciente mecánica cuántica. Fue un auténtico hervidero donde debatieron las propuestas, aparentemente irreconciliables, de los protagonistas de aquella «aventura del pensamiento» con que calificaba Einstein la inmersión en los arcanos de la naturaleza. La metodología dialogante impuesta por Bohr en el Instituto —él prefería pensar en voz alta y discutir al modo socrático— contribuyó además, en un momento social y políticamente crítico a escala internacional, a fomentar el trabajo colaborativo sin distinguir entre vencedores y vencidos de la recién finiquitada I Guerra Mundial (11/11/1918). Como ejemplo del acaloramiento de aquellas discusiones, baste la amenaza epistemológica de Schrödinger a Bohr en 1926: «Si por todo eso (a los 'saltos cuánticos' en los fenómenos atómicos se refiere) debemos limitarnos a esta condenada acrobacia de los 'quanta' lamento haber consagrado parte de mi tiempo a la teoría cuántica» (Heisenberg, 1972). En su conferencia, ya reconocía Bohr lo que se avecinaba: «De hecho, ningún tema puede ser más adecuado que la teoría cuántica para marcar el desarrollo de la física desde el siglo pasado a partir de la muerte del gran genio a quien nos reunimos aquí para conmemorar. Al mismo tiempo, justo en un campo como este en el que vagamos por nuevos caminos y tenemos que confiar en nuestro juicio para escapar de las trampas que nos rodean por todos lados, quizás tengamos más ocasión que nunca para recordar a cada paso el trabajo de los viejos maestros que prepararon el terreno y nos proporcionaron nuestras herramientas».

Había nacido una nueva física, una nueva visión del mundo en que la relatividad de Albert Einstein (1879-1955), obligó a desprenderse de la cotidiana idea de simultaneidad y la mecánica cuántica, derivada de los «quantos» de Max Planck (1858-1947), a admitir las incertidumbres asociadas a la discontinuidad cuántica. Nueva física que no se instala académicamente en España —¡siempre con retraso!— hasta el desempeño de la Cátedra de Física Teórica en la Universidad Complutense de Madrid en 1967 por el joven profesor Alberto Galindo.

De la admiración despertada entre los asistentes por aquella pléyade de físicos y químicos creadores de la mecánica cuántica, sirva el caso de Emilio Segré (1905-1989) animado a ir a Como por su amigo Enrico Fermi. Cuenta Laura Fermi que Segré, curioso ante uno de los participantes, preguntó: «¿Quién es ese hombre de mirada suave y confusa pronunciación?». «Es Bohr», le respondió Franco Rasetti, físico amigo de Fermi que iba con ellos. «¿Y quién es Bohr?», replicó Segré, a lo que Rasetti, casi recriminándolo, exclamó: «¡Fantástico! ¿Nunca has oído hablar del átomo de Bohr?», cerrando Segré el interrogatorio con un sorprendente: «¿Qué es el átomo de Bohr?». Quién iba a decir entonces que tan ingenuo joven compartiría el premio Nobel de Física de 1959 con Owen Chamberlain por la detección del antiprotón en 1955, predicho por Dirac en 1933. Quedó tan impactado por quienes allí tuvo ocasión de conocer y por lo que se dijo, aunque dada su bisoñez enten-

Madre de Heisenberg, esposa de Schrödinger y madre de Dirac, acompañándolos en la estación de tren de Estocolmo. Año 1933, Nobel de los dos últimos; Heisenberg, en 1932.

diera poco, que abandonó los estudios de ingeniería por los de física y se doctoró con Fermi, como él mismo corrobora en la biografía sobre su mentor, Nobel de Física en 1938. Feliz efecto colateral del Congreso, en la medida en que pudo orientar la carrera de Segré. Por otra parte, en cuanto a la, rayana en lo hagiográfico, presentación de Volta como «héroe» local, genial, famoso, trabajador desinteresado y dechado de virtudes, aunque así no lo fuera, que no lo era en aquella totalidad virtuosa, sí que tuvo una estimulante influencia psicológica en las masas populares. Lo que era innegable, y así fue reconocido por cuantos intervinieron en el Congreso, eran los enormes cambios experimentados en la física desde las invenciones de Volta. Respecto a la repercusión en la física del momento en Italia, había poco que destacar, salvo que algunos físicos, como el enigmáticamente desaparecido discípulo de Fermi, Ettore Majorana (1906-1938?), nieto de Quirino Majorana, fueran galardonados con el, a la sazón, prestioso premio Mussolini; otros, como el propio Fermi, no necesitaron el empuje del Congreso para situarse donde ya empezaban a vislumbrar su estancia.

Niels Bohr (1885-1962).

Como anécdota de lo que pudo ser el remate diario de las sesiones científicas, Pancaldi «teatraliza» las cenas: «Tomando en serio la insinuación de Lorentz, he estudiado un plano, que ha sobrevivido en Como, que muestra cómo científicos y dignatarios —118 en total— estaban sentados alrededor de la enorme mesa preparada para las cenas de la conferencia. Por cierto, la mesa tenía la forma de la letra M en honor a Mussolini. La conclusión que he sacado de la disposición de los asientos es que las discusiones fructíferas difícilmente podrían haber tenido lugar durante tales cenas. El asiento de Bohr estaba cerca del Cavalier Musa, uno de los dos promotores de las celebraciones, que no sabía absolutamente nada de física contemporánea. Plank estaba sentado cerca del alcalde de la ciudad de Como, cuyo único mérito científico era haber salvado la conferencia de la bancarrota. Sentados en la parte superior de la mesa, la vieja generación de físicos que no querían mezclarse con las generaciones medias y jóvenes, sentadas a los lados de la M de la mesa. Solo Eddington y Born, que tuvieron la suerte de sentarse uno frente al otro, es probable que mantuvieran algún tipo de

El Templo Voltiano, aunque inaugurado en 1928 albergó actos del Congreso de 1927.

intercambio fructífero durante esas cenas». En cualquier caso, y a esas horas, de lo que se trataba era de degustar la rica gastronomía italiana y rebajar la intensidad de los encuentros que, por el desafío que supusieron para la armónica, y, en cierto modo, cómoda física clásica, debieron ser agotadores.

Sabido que Einstein declinó su asistencia al Congreso y poco se sabe del viaje a Suiza para visitar por última vez (mayo 1933) a su hijo Eduard que vivía con Mileva; en octubre embarcaba para América y ya no volvería a Europa. Molteni (1999) comenta que Einstein, a su paso por Como, visitó el Templo Voltiano y admirado por la obra del ilustre comasco, sentenció que «la pila constituye el fundamento de todas las invenciones modernas». Veamos quién fue y qué hizo Volta, además de la pila, para ser merecedor de celebraciones de tanta envergadura, popularidad, interés mediático, repercusión comercial, turística e industrial y trascendencia científica, aunque el inmediato 5.º Solvay, historiográficamente, no sin fundamento, lo ensombreciera.

COMO, CIUDAD DE VOLTA

UN PUEBLO APACIBLE

La condición lacustre de Como, pueblo de la Lombardía embocado en los Alpes Suizos, le proporciona una quietud y discreción que la vida diaria transcurre embebida en un privilegiado silencio incitador al pensamiento, la contemplación y la creatividad. Por estas características, junto a la favorable meteorología y la variedad gastronómica ha sido y continúa siendo un retiro predilecto. Por allí han pasado Leonardo da Vinci, Napoleón, Stendhal, Liszt, Verdi, Rossini, Churchill, Manzoni que sitúa su novela *Los novios* en el pueblo de Lecco, el papa Vojtyla, admirador de la obra de Volta... En Como nacieron Plinio el Viejo, autor de la enciclopédica obra *Naturalis historia*, y Plinio el Joven, autor de la descripción de la erupción del Vesubio el año 79 que sepultó Pompeya y Herculano en carta dirigida a Tácito. También Cósima Liszt, mujer que puso orden en la azarosa vida amorosa de Richard Wagner con quien se casó en 1870, teniendo ya tres hijos en común. Y entre los episódicos sucesos del acabamiento de la II Guerra Mundial en Europa, la captura y ejecución de Benito Mussolini y su amante Clara Petacci en 1945 cerca de Como (donde se habían quedado su mujer e hijos menores) cuando, disfrazado de soldado en un convoy alemán, pretendían alcanzar la frontera suiza. Las estancias en el Lario, nombre genérico de aquel territorio, del que Como es capital, al borde del lago como en los altos de los pueblos colindantes —Moltrasio, Brunate, Bellagio, Cernobbio donde continúa un sencillo monumento, el primero (1828), dedicado a Volta— alimentan el sosiego y la curiosidad. Cerca de la frontera con Suiza, a unos 50 km de Milán, capital de la región y a casi 100 de Pavía, esta ciudad que dicen fundada por los orobios llegados de Grecia 1200 años a. C., más antigua que Roma por tanto, tenía a mediados del siglo XVIII sobre 13 000 habitantes (actualmente, el Lario supera los 500 000; Como, cerca de 90 000) y 155 telares de seda para atender las demandas de los comerciantes venecianos que hicieron de Italia el primer país productor del mundo, destacando la calidad de la producida en la provincia de Como. Contaban también con telares para fabricar tejidos de lana, algodón y sarga, cererías, curtidos de pieles, sombrererías, imprentas, productoras de tintes y fábricas de vidrio, en definitiva una ciudad altamente industrializada que permitía una vida desahogada a su población. La seda italiana era tan popular en Europa que el rey de Francia, Francisco I (1494-1547), invitó a los productores de seda italianos para crear una industria de la seda francesa. Industrias textiles que perduran, enriquecidas con explotaciones mineras, mecánicas, químicas, agrícolas (castañas, laurel, olivo, coliflor), ganaderas con sus derivados alimentarios, especialmente el queso, y una próspera floricultura.

Así presenta Luigi Rovelli «La società comasca ai tempi del Volta» en *Como a Alessandro Volta en el II centenario de su nacimiento 1745-1945*, publicación-homenaje editada por el municipio de Como: «Los años que transcurren del 1745 al 1827 —nacimiento y muerte de Volta— comprenden un periodo afortunado de revoluciones, de transiciones, de ajustes. Quienes los vivieron como Volta han seguido, podemos decir, todo un ciclo de la historia. De hecho, encontramos en ellos tres momentos característicos del devenir social: 1) El momento de la antítesis en el que las fuerzas revolucionarias surgen y se expanden en el viejo mundo negando y corrigiendo sus instituciones y relaciones en el campo abstracto y en el campo concreto del derecho y la economía. Es el precedente a los días del ochenta y nueve, repercutiendo, sobre todo a través de la obra de los pensadores, en todos los distritos de la Europa. 2) El momento de la crisis en el que las fuerzas revolucionarias explotan con la violencia del huracán en una fiebre incontenible de novedad. Es el momeno de la Revolución francesa hasta el levantamiento del Directorio y, más aún, del Consulado. 3) El momento del equilibrio en el que el viejo mundo parece fundirse con el nuevo mundo en lo que contiene de sana y vital apertura de un nuevo período de la Historia». Abolida la monarquía en Francia y ejecutado Luis XVI, se inician etapas diversas en el gobierno francés: La Convención (1792-1795), incluido el gobierno del Terror; la Revolución francesa (1789-1799) que tras el Directorio (1795-1799), termina con el golpe de Estado de Napoleón, cuyo mandato se configura en dos periodos: el Consulado (1799-1804) y el Imperio (1804-1815). En el período que nos ocupa destacan tres reconocidos eruditos y escritores que, con Volta, resumen en gran medida la vida intelectual de aquella generación: Giuseppe Rovelli, Giovanni Battista Giovio y Carlo Gastone Rezzonico, muy presentes en la vida de Volta e influyentes en la sociedad comasca.

La posición geográfica de Como contribuyó a estar a lo largo de su historia bajo el dominio de varios países, como Francia, Suiza, Austria y España (entre 1522 y 1714) comenzando el dominio en tiempos de Carlos V, Emperador del Sacro Imperio Romano Germánico en el que «nunca se ponía el sol». Estando bajo dominación austriaca, nació (18/2/1745) en las inmediaciones del lago Alessandro Giuseppe Antonio Anastasio Volta, donde vivió y murió (5/3/1827). Meses después de su nacimiento, los austriacos son expulsados por un ejército franco-español al mando de Felipe I de Parma, hijo del rey de España Felipe V e Isabel de Farnesio, de efímero dominio con vuelta de nuevo a la emperatriz Mª Teresa de Austria que influida por el subversivo e innovador movimiento del «despotismo ilustrado» propicia en Como el bienestar del pueblo, sumido en la pobreza hasta entonces atribuida a la inoperancia administrativa durante la larga presencia española en la Lombardía, implantando la primera industria textil apoyando a la familia Guiata, comerciantes de Amsterdam y Bruselas y limitando el poder de la nobleza sobre los ciudadanos que pueden comprar tierras y bienes en manos feudales todavía. Así comienza el crecimiento casi vertiginoso de la prosperidad comasca.

Fallecida la emperatriz, su hijo y sucesor José II avanza en las reformas limitando el poder de la iglesia a la que obliga al pago de un impuesto por sus bienes, establece el número debido de párrocos y obispos, reestructura los territorios de las diócesis, priva del derecho de censura a los obispos, introduce el matrimonio civil, pone a los seminarios bajo control estatal que junto con la abolición de la servidumbre de la gleba y la concesión de una relativa libertad de prensa generó un conflicto entre el Estado de los Ausburgo y la iglesia católica que obliga al papa Pío VI a interceder, sin éxito, ante el ilustrado emperador que continuó con otras reformas en los servicios comunales, en el urbanismo, en la salud, en la previsión de incendios tan destructivos y frecuentes, en las comunicaciones viales y postales. En definitiva, un plan atrevido, espléndido, excesivo como no tardó en comprobarse para acabar con la alargada sombra medieval. En 1790 muere José II, al que sucede su hermano Leopoldo II que se encuentra con una situación internacional inédita: el detonante de la Revolución Francesa en 1789 rompe el aparente equilibrio sociopolítico encabezado por la monarquía y, por primera vez, la burguesía apoyada por las masas populares expresa sus propias demandas de clase. Los Ausburgo, que tienen relaciones muy cercanas, incluidos parentescos, con los monarcas franceses depuestos, lideran la reacción antirrepublicana en alianza con Prusia, Rusia e Inglaterra. En este escenario convulso y bélico donde se dirime la caída del Antiguo Régimen dominado por el absolutismo monárquico, entra en escena Napoleón Bonaparte (1769-1821) que tendrá una influencia decisiva en la vida, obra y reconocimiento internacional de Volta. Napoleón inicia en 1796 la conquista de la Europa Central, alojándose en Como que acaba elevándola al rango de capital del Departamento del Lario en 1800. Sofocada la Revolución Francesa, Napoleón se proclamó en 1799 primer cónsul de la República, Emperador en 1804 y Rey de Italia en 1805 hasta 1814 en que es defenestrado y vuelven aquellos territorios a manos del Imperio austriaco bajo cuyo dominio seguía la Lombardía a la muerte de Volta en 1827 y así se mantuvo hasta la liberación conseguida por Garibaldi en 1854 estableciendo en Como su cuartel general para librar la batalla de San Fermo,

Como en tiempos de Volta.

42

una de las más gloriosas por la unidad del Reino de Italia proclamado en 1861 por Víctor Manuel II contando con casi la integridad de la península, a falta del Veneto, anexionado en 1866, y los estados Pontificios en 1871 pasando a ser Roma la capital de la Italia unificada. Y Como, tras algún tiempo de crisis, continuó creciendo hasta convertirse en la ciudad más próspera de la Lombardía y contar entre los destinos turísticos más apreciados de Italia.

A esta conclusión llega Rovelli sobre la sociedad comasca del setecientos, afectada, al parecer y solo en apariencia, en sus males, perversiones y calamidades por las «desdichadas» influencias de españoles y franceses: «La sociedad mundana de Como también se comportaba con los vicios típicos del tiempo. Pero era un aspecto exterior superficial de la vida: no mostraban en absoluto un loco proceso oculto de corrupción y ruina. Estaban lejos de ser la clase moribunda, tejida de sombras y apariencias, de Francia. La nobleza comasca poseía todavía un cuerpo y un alma sanos, ricos de vigor y energía. Sin duda que sintió los prejuicios y preconcepciones del siglo, pero descubrió una intensa capacidad de adaptación, transformación y desarrollo que no debió escapar ni siquiera a la aguda mirada de Bonaparte. Quienes intentan captar el aspecto de la época no pueden detenerse exclusivamente en las manifestaciones mundanas contemporáneas de la galantería y, peor aún, del cicisbeísmo [cicisbeo, nombre que en el setecientos se daba al caballero cortejador de damas casadas, amantes públicamente reconocidos como caballeros sirvientes de la dama]. Representan, más que una enfermedad de la costumbre, la forma contingente de expresarse y entenderse, en las horas de vaguería y ocio, de una clase social que adquiere contornos más vivos en los países donde la aristocracia se consume en la inercia luchando contra el enemigo natural del lento paso del tiempo. Así encontramos en Como la multitud ceremoniosa y ruidosa de los caballeros sirvientes. Eso también había golpeado incluso el alma de Volta en la juventud que se deleitaba en verso, durante los intervalos de ocio. Cantù, con la precipitación que a menudo lo distingue, definió la obra poética de Volta como un mal 'aprendizaje' de colegial. Practicaba una forma de sátira como era propio de la tendencia crítica del siglo, del Iluminismo».

El joven Volta sostenía una peculiar interpretación del cicisbeismo. Era frecuente la presentación de escenas, pintadas, personificadas o escritas, de disfraces y figuraciones bajo el atractivo popular de la caricatura; también para denunciar, entre bromas y veras, los adulterios tan al uso practicado por nobles, aristócratas, monarcas y reinas, con algún descarriado de las órdenes talares o del clero secular, y del pueblo llano, irrelevante frente a aquellos para los chismorreos y ecos de sociedad. A Volta, el cicisbeo, le parecía una torpe exageración de lo mundano, una manifestación más de la ironía. No compartía considerarlo, como era común entre las gentes, un hecho lúgubre, casi trágico, de una corrupción de las costumbres y, en consecuencia, de las almas. El cicisbeísmo lo interpretó como una «diversión semiinocua de las horas vanas, y lo observó, no con el ceño desdeñoso del pedagogo, sino con la sonrisa benévola del irónico», dice Rovelli. Y continúa:

«¿Que podía hacer? él mismo, el futuro príncipe severo de la ciencia que se había fijado en las inevitables gracias empalagosas de la mundanalidad. Escribió, en verso, sobre las diversas clases de cicisbeos que, según él, podían encontrarse: Hay principales y suplentes / hay novicios todavía, y luego los hay variados / entre ellos, en edad, rango y apariencia».

Pero el cicisbeo no es el personaje infinitamente tonto e insignificante que nos llega de una tradición que no se ajusta del todo a la verdad. Vivimos en el Siglo de las Luces: Francia ha extendido por todo el mundo, especialmente en Italia, ya rica en talento, no solo los empalagosos afeminamientos de la galantería, sino también las producciones de la cultura». Reconocimiento necesario que rebaja las «desdichas» francesas a que se refirió antes.

En estos ripios, que no se corresponden con el verdadero interés de Volta sobre la literatura y la poesía, en particular, como veremos, sigue jugando e intenta definir al supercicisbeo... sin aludir al carácter genérico del caballero sirviente; retrató una condición particular del cicisbeo en Como: giran en torno a esto y aquello / especialmente en cierto distrito / que llamamos hoy la pradera de los Ogros.

No he localizado este lugar ni las acciones a que se refiere Volta en este «devaneo» escolar que diría el mencionado Cesare Cantú (1804-1895) escritor, político e historiador lombardo, fundador del Archivo Histórico Lombardo, Maestro de escuela en Como y académico honorario de la Real Academia Española en 1880, autor de una ambiciosa *Historia Universal* en 12 volúmenes y, entre otras, *Historia de Cien Años, 1750-1850*, en los que se enmarca la vida de Volta, traducida al español

(1852) por Salvador Costanzo. Obra de cerca de 1000 páginas en la que, además, de la detallada exposición de la historia (gobiernos, economía, sociedad, cultura, ciencia, creencias, costumbres) de los diferentes países de Europa, América, Asia, África y Oceanía, está anotado con cientos de meritorias notas del traductor precisando datos, conceptos, protagonistas, actualidad científica, sucedidos españoles a la par con los relatados para otros países, e interpretaciones contradiciendo a veces al autor; un nutricio caladero de aprendizajes a la altura del texto traducido. Costanzo (1804-1869) era italiano de origen que exiliado por sus ideas liberales, profundamente católico como lo era Cantú, españolizó su nombre y desarrolló una productiva labor en España con residencia en Madrid: articulista, historiador, helenista, ensayista, latinista, hispanista, traductor y, sobre todo, eficaz mediador para las relaciones entre ambos países. Firmó un manifiesto con otros intelectuales españoles e italianos a favor de la revolución liberal española de 1868 que desembocaría en la Primera República.

LA NODRIZA DE BRUNATE

Desde la primera publicación de Volta en 1769 y cuantas le sucedieron, hasta el estudio más completo (2003) de Giuliano Pancaldi sobre su vida, obra y contextos en que Volta se desenvolvió, pasando por los documentos, artículos, libros, material museístico y audiovisuales producidos por el Grupo de Historia y Didáctica de la Física del Departamento «A. Volta» de la Universidad de Pavía a partir de 1985, dirigido por Fabio Bevilacqua que culmina en 1996 con el Pavía Proyect Physics son miles las obras a disposición de los interesados en el ilustre comasco. Como es propio en tan prolijos y, a veces, repetitivos trabajos son de dispar credibilidad y relevancia, pero en todos es posible encontrar opiniones, datos o referencias aprovechables. Tanto la bibliografía final como otras obras citadas a lo largo del texto recogen las que considero esenciales.

Los padres de Volta pertenecían a la nobleza, patricios con siglos de antigüedad. El padre, Filippo, que contaba entre sus antepasados con un exitoso comerciante veneciano de la época de Cristóbal Colón, fue en su juventud novicio de la Compañía de Jesús durante once años. Secularizado, se casó con Maddalena dei Conti Inzaghi, perteneciente a una familia noble de Graz, ciudad de la Austria actual. De los hijos que tuvieron, sobrevivieron siete: Luigi, Archidiácono de la Catedral de Como; Giuseppe, Dominico; Giovanni, Canónigo de dicha Catedral; Marianna y Chiara, monjas en Santa Margarita de Como y, por último Alessandro. La nobleza lombarda, como la nobleza en cualquier lugar, se caracterizaba por sus abundantes propiedades, los hábitos rentistas, el compromiso ocasional con la administración pública a través del antiguo sistema de magistrados y los frecuentes servicios a la iglesia. Entre la aristocracia abundaban las familias prolíficas, vergonzosa e inconmensurablemente ricas, y los había manirrotos, inversores y comedidos en el gasto, incluso tacaños, pertinaces solteros muchos de ellos, monjes, dignidades eclesiásticas y novicias que con suculentas herencias engordaban el patrimonio conventual. Para fortuna de algunos sobrinos y parientes lejanos, a veces recaía la heredad en ellos como les sucedió a los Volta.

La evidencia de la prodigalidad con que Filippo disponía de su hacienda se constata en las noticias sobre su forma de vida y, especialmente, en los conocidos menús ofrecidos durante las suntuosas fiestas de carnaval. Volta no heredó la suntuosidad del padre, pero sí el gusto por las fiestas de carnaval y cierta inclinación a los devaneos. El padre murió en 1756 dejando a la familia en una penosa precariedad que pudieron ir superando con la herencia dejada ese mismo año a los hijos Luigi (15) y Alessandro (11) por un pariente que no he conseguido identificar. La madre se encargó de la administración de aquellos bienes hasta su muerte en 1782. Ese mismo año, otro pariente, Nicolò Stampa, hermano de su abuela, nombra heredero universal a Alessandro, sustituido a los pocos meses por Luigi, del que heredaría su hermano si él muriera sin descendencia. No la tuvo porque se hizo sacerdote, llegando a ser arcediano de la catedral de Como, sin perder sus derechos hereditarios, de los que reclamó su mitad cuando Volta se casó en 1794. Este trajín no es irrelevante porque estaban en juego casas y tierras en Como y Milán, beneficios de rentas y los privilegios asociados a la nobleza que permitían una vida cómoda con cambios de residencias según las estaciones, viajar, recibir una educación privilegiada y, como es el caso de Alessandro y tantos otros, dedicarse a su vocación científica con holgura. Despreocupación económica que en realidad ha sido condición generalizada entre quienes engrosan la historia de la ciencia, en la que, junto a aristócratas y clases acomodadas, figuran también clérigos y monjes conocedores de los saberes de su tiempo, dotados de medios para la observación de la naturaleza y liberados de obligaciones civiles.

Como era costumbre entre la nobleza, recién nacido Alessandro fue confiado a una nodriza que lo crió en su casa de Brunate, pueblo situado en los montículos que rodean el lago. Elisabetta Pedraglio, así se llamaba aquella ama de cría; parece que era de raro juicio y amante de la vida retirada, pero no loca, como la calificaban algunas malas lenguas. Estaba casada con Ludovico Monti, constructor de termómetros y barómetros, como así reza en una lápida de la iglesia de Brunate: «Aquí en Brunate Alessandro Volta pasó los treinta primeros meses de su vida teniendo como nodriza a Elisabetta Pedraglio, de quien su marido Ludovico Monti, fabricante de barómetros, infundió en el Volta los primeros amores a la ciencia que lo condujeron a la pila». Una lápida similar fue colocada en la casa de los Monti por «un excéntrico habitante del lugar», en opinión de Bonera y Vanzan (1999), que dice: «Aquí vivió Alessandro Volta al cuidado de Elisabetta Pedraglio, cuyo marido, un gran fabricante de termómetros, le inculcó con la leche materna ese amor por la ciencia que le llevó a la pila». Que le infundiera el amor a la ciencia es mucho decir, dado que la crianza duró tres años. Fantasías asociadas con los genios, como en el caso de Miguel Ángel, criado por la mujer de un cantero, al que atribuyen su inclinación por la escultura. Quizá tenga más fundamento la opinión de quienes asocian la robustez y buena salud de Volta, así como la vivacidad de su ingenio, al haber vivido su primera infancia en un ambiente tan saludable como el de aquel pequeño pueblo, la modesta casa de costumbres rurales y el entorno boscoso de aquellos parajes. Poco más se sabe de aquel periodo de lactancia en Brunate. En 1927, entre las celebraciones voltianas, allí fue inaugurado en su honor el faro voltiano.

Cumplido su tiempo en Brunate, Volta vivió buena parte de su niñez en el campo: en Gravedona con sus tíos Stampa o en la villa familiar de Càmpora. A menudo pasaba temporadas en las casas de campo de los nobles Riva, Reina, Giovio, Mugiesca y Cigalini, todos relacionados con los Volta. Su apego al campo lo mantuvo de por vida; incluso en el apogeo de su fama hizo vida campestre. Y murió en la casa de Càmpora, del municipio de Camnago, donde fue enterrado.

FORMACIÓN INICIAL: CIENCIAS, LETRAS Y RELIGIÓN

Se dice de él que tuvo un desarrollo intelectual lento, tardanza en el hablar y que su primera palabra fue «no» oponiéndose a alguna imposición. Llegaron hasta intentar medicarlo —con rechazo por su parte— para combatir el retraso. Pero cuando «espabiló», su padre pronto reconoció no haberse dado cuenta de que tenía «una joya en su casa». Y todo esto suele airearse en publicaciones contemporáneas, sobre todo las destinadas al público en general y a las lecturas juveniles, con la traída de ejemplos «similares» como Einstein, Feymann, Teller y tantos otros célebres «retrasados» en sus comienzos; lo que el sociólogo y economista Thomas Sowell ha calificado como «El síndrome de Einstein» (Berick, 2019). Lo he sacado a relucir sin convicción, porque es una leyenda que anda por ahí, pero hubiera preferido evitarla porque tengo la sensación de que al amparo de tal «síndrome» puede pensarse que los «retrasos» preludien genialidad. Y no creo que sea así.

Pararrayos en la Torre Gattoni. En el círculo, su amigo Gattoni

Hizo los primeros estudios en la casa familiar, como era común entre la nobleza, dando pronto muestras de su auténtica capacidad mental que despertó en sus padres la esperanza de una brillante carrera en letras o en ciencias. A la muerte de su padre, con las secuelas económicas de su esplendidez aliviadas por las susodichas herencias, la familia hubo de dividirse entre sus tíos, el arcediano Antonio y el canónigo Alessandro, con el que convivieron él, su madre y sus dos hermanas.

Volta ingresa en el Colegio de los Jesuitas de Como en 1757 para iniciar los estudios de humanidades y retórica, seguidos de los de filosofía, nombre genérico que se daba a los estudios «menores», preparatorios para lo «mayores» (Teología, Cánones y Leyes). Aquellos estudios se convirtieron en los estudios secundarios previos al ingreso en la Facultades. Estudia francés que llega a dominar de forma oral y escrita, en prosa y en verso que alterna con poemas en latín e italiano. Incluso interpretó el papel de Urano en una opereta dramática en la Academia Paterno-Pliniana. En los jesuitas coincide con su amigo de juegos y salidas al campo Giulio Cesare Gattoni (1741-1809), noble de familia, estudiante del último año de Retórica, materia de las «menores», que mantenían la estructura medieval del «Trivium» (Gramática, Retórica y Dialéctica) y el «Cuadrivium» (Aritmética, Geometría, Música y Astronomía) incluyendo lecturas de la *Física* de Aristóteles y textos filosóficos. Al parecer frecuentaron vivas discusiones de carácter doctrinal a las que los biógrafos atribuyen la religiosidad —peculiar religiosidad— de Volta, mantenida de por vida, discrepante con su amigo sobre principios fundamentales de la religión católica. Polémico desde su juventud, en una de las controversias entonces en boga sobre si los animales tenían o no alma, se posicionó en contra de Gattoni defensor del sí. Cuando la familia de Volta sospecha que los jesuitas pretenden ingresarlo en la Compañía, su tío Alessandro, canónigo, lo sacó del Colegio en 1761, enviándolo a Gravedona donde también fue trasladado Gattoni. Terminó los estudios preparatorios en el Seminario Benzi.

A las discusiones entre ambos amigos sobre problemas filosóficos, existenciales y religiosos se añadieron las relativas a los fenómenos físicos (problemas de física, meteorología, «historia natural» y sobre todo la diversidad de fenómenos eléctricos) a los que, finalmente, se dedicaron con más interés y profundidad, junto con la llamativa e intrigante actividad química de la materia que desde los precedentes alquímicos también llamaba la atención. En 1768, instalaron en la, con el tiempo, denominada «torre Gattoni» el primer pararrayos habido en Como. Gattoni disponía de una colección de instrumentos experimentales, objetos naturales y antiguos por lo que era conocido, además de una actualizada y nutrida biblioteca. En 1765 fue ordenado sacerdote y luego nombrado canónigo de la Catedral de Como. En 1806, participó en la comisión para valorar las invenciones e iniciativas de los aspirantes al premio establecido por el gobierno del Lario. Murió en 1809 habiendo tenido la satisfacción del reconocimiento del amigo por sus aportaciones científicas.

Aunque la estancia en la Compañía de Jesús fue corta, Volta tuvo la oportunidad de iniciarse en la lectura de libros científicos y seguir clases de física de las que los jesuitas gozaban de reconocida reputación. Lecturas que lo inclinaron hacia la filosofía natural desoyendo las preferencias familiares para que, en principio, siguiera la carrera eclesiástica, y visto que no había sido llamado por ese camino, se dedicara a la magistratura frecuente entre las familias aristocráticas como a la que él pertenecía. Allí pudo leer obras clásicas, griegas y latinas, y obras de Galileo, Descartes, Borelli, Musschenbroek, Gravesande, Boscovich, Riccati, Beccaria, Nollet, y otros tantos. Autores de los que entresacó destinatarios para la correspondencia que inició con médicos, físicos, filósofos, literatos, y el interés por frecuentar los gabinetes

Máquina eléctrica de Martinus van Marum en la Fundación Teyler. Haarlem (Holanda). (Trevor Levere, 1994).

de otros nobles interesados por la espectacularidad de algunos fenómenos físicos y químicos. Su dominio del latín, francés, inglés y alemán facilitaron la comunicación. Teniendo la intuición que muchos fenómenos eléctricos pueden asociarse con las leyes de atracción de Newton, en 1763 expone estas ideas por carta al abate francés Jean-Antoine Nollet (1700-1770), en los inicios de su copiosa correspondencia. Nollet, miembro de la Royal Society y de la Academia de Ciencias francesa, primer profesor de física experimental de la Sorbona, la prestigiosa Universidad de Paris, está considerado como el pionero en la divulgación de los estudios sobre electricidad desconocidos más allá de la minoritaria comunidad científica, si así puede llamarse al conjunto de quienes se interesaban por el conocimiento de los fenómenos naturales abordados de forma inconexa, espontánea y desestructurada. En España circularon sus *Lecciones de Physica Experimental* traducidas por el jesuita Antonio Zacagnini en 1757, entre los aficionados y conocedores de las demostraciones físicas hechas públicamente en el extranjero que intentaron repetir individualmente o en fundaciones privadas. Su interés por la electricidad lo situó entre los protagonistas más destacados de la cuna de esta nueva disciplina experimental: Francia, Holanda e Inglaterra. Por mediación de Maria Guaita —más tarde suegra de Volta— casada con un noble y servidor público que comerciaba con Amsterdam y Bruselas, Volta tuvo ocasión de recibir instrumentos y publicaciones de dos de su preferidos mentores: Joseph Priestley (1733-1804) y Martinus van Marum (1750-1837) con los que mantuvo una provechosa correspondencia y conoció en sus viajes por Europa.

Las obras de Volta sobre electricidad, ampliamente difundidas y traducidas en Europa, así como los instrumentos que construyó y sus experimentos, cuentan entre las primeras aproximaciones del joven comasco a la ciencia que le dio fama, interesado especialmente en las teorías sobre la electricidad diferenciada en positiva y negativa, causante de atracciones, al modo newtoniano, y repulsiones debidas a un fluido único, según el norteamericano Benjamin Franklin (1706-1790), o a dos fluidos según Nollet con su teoría de las «afluencias y efluencias simultáneas». Y más interesado aún en el denominado por Nollet «experimento de Leyden», quien lo reprodujo por primera vez en Francia, así llamado por la ciudad y universidad holandesas donde se realizó por Pieter van Musschenbroek (1692-1761), nacido allí en el seno de una familia constructora de aparatos e instrumentos, y sus colaboradores Jean Nicolas Allamand (1713-1787) y Andreas Cunaeus (1712-1788). Experimento conocido en Francia gracias a la carta enviada (20/1/1746) por Musschenbroek a René Antoine Réaumur (1683-1757) dándole detalles de la conocida como «botella de Leyden», y por Nollet, sobre todo, por la carta recibida de Allamand en las mismas fechas. Johann Heinrich Winkler (1703-1770), profesor de la Universidad de Leipzig, en una carta publicada en *Philosophical Transanctions* dice que, al haberse enterado del experimento de Musschenbroek, lo intentó reproducir sorprendido con grandes convulsiones en su cuerpo, lo que le indujo a hacer modificaciones de la «botella». El clérigo alemán Ewald J. Kleist (1700-1748) propuso un aparato similar en 1745. Hubo quienes interpretaron este experimento como la realización del prodigio de que hablaba el alquimista Halfergen: «el arte de meter el rayo en una botella». Respecto a la paternidad pionera de la construcción del primer condensador eléctrico similar al de Leyden, incluso la «botella» misma, antecedentes de la pila voltaica, hay cuestiones de prioridad que no vienen al caso; están sucintamente enumeradas en Allerhand (2018). Circunstancia, esta, la de quién fue primero, habitual en el inventario, datación y localización de los descubrimientos científicos.

Montaje experimental de Volta para averiguar la inducción eléctrica con una botella de Leyden en medio de dos electrómetros y un condensador de armaduras móviles, construidos por él. Universidad de Pavía.

El experimento de Leyden llamó la atención precisamente por esa violenta descarga producida al tocar la «botella». Así lo describe Brisson en el Diccionario del que hablaremos más adelante: «Teniendo en la mano un vaso de vidrio o de porcelana lleno en parte de agua en la que se ha sumergido una vara de metal electrizada y acercando la otra mano a esta vara para excitar una chispa, se experimenta una violenta y repentina conmoción en ambos brazos, y algunas veces también en el pecho, en las entrañas, y generalmente en todas las partes del cuerpo». El londinense William Watson (1715-1787) miembro de la Royal Society, autor de *Experiments and Observations Tending to illustrate the Nature and Properties of Electricity* (London, 1749) en forma de carta a Martin Folkes (1690-1754), presidente de la Royal Society, refiriéndose en el prefacio a los efectos de la electricidad, considerados parte de la filosofía natural, fervorosamente declara: «Descubrimientos para ponerlos al servicio de la Humanidad. La perfección en cualquier rama de la Filosofía se alcanza mediante lentos avances. Es nuestro deber seguir adelante; lo demás debemos dejarlo a la Dirección de la Providencia, que sabemos con certeza, nada ha creado en vano», manteniendo la creencia de un Creador del mundo, como tantos otros estudiosos de los fenómenos naturales, exaltado a través de teorías y descubrimientos. Watson modificó la bolleta de Leyden, consiguiendo descargas más intensas, y pretendió medir la velocidad de propagación de la supuesta corriente eléctrica, mejor electrostática, a través de un conductor conectado a la botella y, entre otras tantas conjeturas, propuso la idea de un fluido único coincidente con la desarrollada independientemente por Franklin, de quien Watson fue amigo y aliado político; ambos formaron parte de la Comisión encargada de proteger la Catedral de San Pablo londinense con un pararrayos.

La pretensión de Watson, junto con Folkes y Bradley hacia 1747 para determinar la velocidad de la electricidad, despertó curiosidad. La creencia general en ese momento era que la electricidad era más rápida que el sonido, pero aún no se había ideado ninguna prueba precisa para medir la velocidad de una corriente, en realidad una descarga eléctrica. En los campos al norte de Londres, tendieron una línea de alambre de 12 276 pies (6,4 km) sostenida por palos secos y seda. Observaron que la velocidad de la electricidad fue instantánea. Pretendían confirmar la recepción de la descarga a una distancia determinada por el sonido producido a partir de la descarga en el otro extremo. Fue inútil

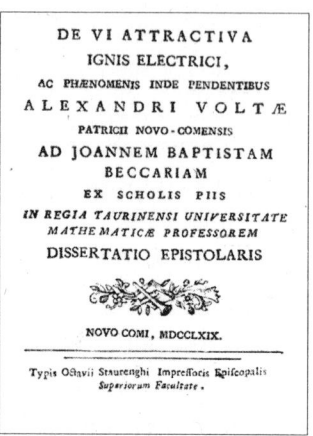

DE VI ATTRACTIVA
IGNIS ELECTRICI,
AC PHÆNOMENIS INDE PENDENTIBUS
A L E X A N D R I   V O L T Æ
PATRICII NOVO-COMENSIS
AD JOANNEM BAPTISTAM
BECCARIAM
EX SCHOLIS PIIS
IN REGIA TAURINENSI UNIVERSITATE
MATHEMATICÆ PROFESSOREM
DISSERTATIO EPISTOLARIS

NOVO COMI, MDCCLXIX.

Typis Octavii Staurenghi Impreſſoris Episcopalis
Superiorum Facultate.

Primera Memoria de Volta.

el intento. No llegaron a ninguna conclusión porque, entre otras dificultades, objetaron desconocer cómo estimar la posible resistencia del cable transmisor del chasquido. Watson decidió no continuar con sus experimentos eléctricos, concentrándose en su carrera médica, aunque continuó apoyando a otros, especialmente a Franklin, en la presentación de evidencias eléctricas a la Royal Society.

A partir de 1763, Volta inicia correspondencia con el escolapio Giambatista Beccaria (1716-1781), profesor de física experimental en la Universidad de Turín, miembro de la Royal Society, quien no compartiendo las ideas de Volta sobre la naturaleza atractiva de las electricidades «vítrea» y «resinosa», siguiendo la denominación del académico de Ciencias parisino Charles François Dufay (1690-1739) —diferenciación que Beccaria mismo le dice haber abandonado— le anima a que ahonde en la experimentación para mejorar sus conocimientos. La obra de Beccaria *Elettricismo artificial* (Turin, 1772) gozó de muy buena acogida europea publicado en Londres (1776) en inglés. Volta procurando su amistad le envía en 1769 su primera memoria científica escrita en forma de carta dirigida a él, *De vi attractiva ignis electrici, ac phaenomenis inde pendentibus* (Sobre la fuerza atractiva del fuego eléctrico y sobre los fenómenos que dependen de ella). Trabajo inspirado en el propio Beccaria y Franklin, en cuanto a electricidad, y en Newton y Boscovich (1711-1787) respecto a los principios mecánicos en general y las fuerzas atractivas en particular. No hay constancia de respuesta por parte del escolapio.

De su formación y práctica literaria da cuenta su nieto Zanino Volta en las conferencias *I letterati amici del Volta* (Real Istituto Lombardi di Scienze e Lettere, Milán, 1880) y *La Cultura Letteraria e gli Scritti di Alessandro Volta* (Circolo Filologico Comense, 1898) desatendidas hasta entonces en las publicaciones sobre el ilustre «cittadini comaschi». Aparte de otras incursiones literarias mantenidas a lo largo de su vida, en prosa y en verso, como las relativas a los cicisbeos, por ejemplo, merece especial atención el Poema en latín con propósito didáctico, sin título ni fecha, que consta de 492 versos publicado en los años 1760, en torno a los 18 años, a pesar del rechazo de Algarotti por este procedimiento para divulgar las ciencias, de quien Volta sabía esta opinión y a quien respetaba por el prestigio europeo debido a su tan celebrada y traducida obra sobre la divulgación de la obra newtoniana dada a conocer en el continente. Con motivo del primer centenario de la Pila (1899), tuvieron lugar en el Real Liceo-Gimnasio de Como —Liceo Volta, a partir de entonces— varias conferencias, entre ellas *Un Poemetto Latino de Alessandro Volta* en la que el profesor G. B. Marchesa Rossi analiza el poema y desmiente las falsedades contenidas en publicaciones anteriores por quienes dice no lo habían leído en su totalidad. El Poema está inspirado en *De Rerum natura* (*La naturaleza de las cosas*) de Tito Lucrecio Caro, nacido en Roma entre los años 98 y 95, fallecido hacia los 55 años, y construido como este, en hexámetros, que era la línea métrica de la épica clásica como la *Iliada* o la *Odisea*. La traducción en castellano fechada en 1791, hecha por el «abate Marchena» (1768-1821), partidario de la Revolución francesa, connivente con el sentimiento profano del autor latino, no se escapó de la postrera reprimenda ultramontana de Menéndez Pelayo (1856-1912). Sobre las intenciones del Poema, escribe Volta en la introducción: «Entre las muchas cuestiones de la física con las que estoy intensamente encantado, obtienen el lugar más importante, y parecen inspirar admiración sobre el resto, a saber, los últimos descubrimientos de los filósofos recientes». Propósito poco satisfecho porque el contenido es prioritariamente sobre la naturaleza de algunas sustancias, fenómenos químicos como la combustión y otras reacciones y fenómenos meteorológicos en un lenguaje con vocablos propios de los antiguos alquimistas. Aunque menciona a filósofos naturales —*philosophers*— como von Guericke, Gray, Dufay, Musschenbroek, Nollet, Franklin, Beccaria y otros relacionados con la novedosa atención por los fenómenos eléctricos, advierte que no se ocupa de la «electricidad natural» porque tiene la intención de dedicarle un poema específico del que, si lo compuso, no hay constancia. Entre las «noticias falsas» comentadas por Marchesa Rossi se cuenta la de quienes dijeron que sí se ocupó de la electricidad. Su nieto Zanino publicó en el Centenario de la Pila *Il Poemetto Didascalico Latino di Alessandro Volta* en versión bilingüe latín e italiano. En ocasiones, Volta elogia los progresos del iluminismo —compartió los principios de la Ilustración— como en las siguientes estrofas refiriéndose a la electricidad atmosférica que fue uno de los campos donde cosechó triunfos:

> También se creía que el relámpago tenía tal origen [espíritu sulfuroso]; / pero, erróneamente, porque desde que ha brillado una edad más ilustrada / y se han descubierto nuevas artes a los genios de nuestro tiempo, ¡cuán transformado ha resultado desde entonces el rostro de Sofía! / Cuán eminentes y a la vez extraños intentan los físicos demostrar con la experiencia la fuerza de las maravillas eléctricas / que primero había descubierto Otto de Guericke por casualidad.

Sí hay que destacar que a tan temprana edad y limitado a un entorno provinciano ya estuviera al tanto del estado muy actual de la ciencia eléctrica, en particular, por la lejanía, de las teorías de Franklin. A pesar de algunos objetores, son innumerables los científicos —y físicos en particular— que han cultivado la poesía. En la apertura del Congreso Universal de Telegrafistas (1899) tenido en Como con motivo del centenario de la pila, el Ministro de Correos y Telégrafos ensalza aquella condición poética: «Volta presentía todo esto [a la telegrafía se refiere] porque además era poeta, y el rayo de la poesía también es necesario para que el intelecto positivo se eleve a las grandes intuiciones».

La exaltación de la belleza natural de los espacios en que se crió, reflejada en sus escritos, responden a lo que él mismo describe como una conducta de vida y de trabajo: «nunca he seguido ideas sistemáticas, mi única guía ha sido la observación... nada he descubierto por casualidad», recogidas literalmente en el programa (23/9/1861) del Instituto Lombardo de Ciencias y Letras. Sobre su método de trabajo insisten quienes lo conocieron porque consideran, ensalzándolo, que no es un «filósofo» al uso, que en él predomina «la marca del inventor», como lo califica François Arago (1786-1853) en el *Éloge Historique d'Alexandre Volta*, con motivo de su fallecimiento, leído como secretario perpetuo de la Real Academía de Ciencias del Instituto de Francia en la sesión pública de 26/7/1831, publicado en las Memorias de la Academia (1833): «Nuestro ilustre colega poseía en sumo grado dos cualidades que pocas veces confluyen: genio creativo y espíritu de aplicación. Nunca abandonó un tema sin haberlo considerado en todos sus aspectos, sin haber descrito o al menos señalado los diversos instrumentos que la ciencia, la industria o la simple curiosidad podría sacar de él». Esta apreciación es necesaria tenerla en cuenta porque, en cierto modo, forma parte de alguna de las frustraciones que hubo de afrontar «el cittadino», al sentirse considerado, en cierto modo, al margen del proceder metodológico de los filósofos naturales que constituían el grado superior de quienes indagaban sobre los fenómenos naturales. Maurizio Monti en el apartado que le dedica en su *Storia de Como* (1832), escribe: «Cuestionó, no adivinó la naturaleza, a diferencia de esos físicos que primero imaginan un sistema y luego rastrean la evidencia. La mayor parte del día la dedicaba a sus especulaciones favoritas, incluso cuando le llovieron las riquezas no abandonó este método, ni dejó invadirse para vivir espléndidamente». Este asunto será recurrente a lo largo del libro.

Respecto al sentimiento religioso de Volta, veamos:

> «En el científico queremos considerar al hombre, un buen hombre, el piadoso Alejandro... Y la gente, que apenas sabía que era un gran físico, conocía que era un buen hombre, y lo vio... socorrer a los pobres, como hermanos en la fe y la caridad, para asistir cada día a esos ritos que solo una impiedad aristocrática puede querer arrebatarnos a los pueblos».

Así prologa Cesare Cantú *La vita di Alessandro Volta narrata al popolo* (Milán, 1899) del presbítero Callisto Grandi. Una de las múltiples publicaciones con motivo del centenario de la Pila, en este caso destinada al público en general; una versión patriótica y hagiográfica de la vida y obra de Volta, impregnada de una permanente exaltación de la fe católica. Un Volta cercano a la sacralización: «Si en medio de las alabanzas del mundo no abandonó su áurea sencillez, su profunda humildad, tampoco creyó nunca que su excelencia científica pudiera dispensarle de los deberes más minuciosos, que la Religión manda a realizar», se dice entre la profusa literatura catequética que acapara las 63 páginas del texto. Y no estaba desencaminado Grandi, porque según los antecedentes familiares de Volta, con un alto predominio de curas y monjas, su destino era vestir el hábito talar o, al menos, desempeñar un alto cargo en la magistratura. Pero no fue así. Sus derroteros iban encaminados hacia la filosofía natural que era como entonces se denominaban los estudios y experimentos para adentrarse en los arcanos del universo. Grandi resume la vida de Volta en la práctica de las tres ocupaciones que engrandecen a los espíritus piadosos: «religión, estudio y caridad, imitémoslo», dice. Como cuantos se ocuparon de biografiar a Volta, ensalza sin contención su descubrimiento por antonomasia: «Si bien es lo suficientemente pequeña como para poder llevarla en el bolsillo, como dijo el propio Volta riendo a sus alumnos, es la más preciosa de todas las máquinas que el ingenio humano haya podido imaginar». En línea con la posterior sentencia atribuida a Albert Einstein en su efímera visita de cortesía a Como en 1933, meses antes de emigrar definitivamente a Estados Unidos, admirado por aquella invención, un hallazgo extraordinario y trascendente en sí mismo, profusamente elogiado por cuantos se ocuparon del comasco.

Si bien Volta procuró mantener una conducta piadosa a lo largo de su vida, su cristianismo como profesión de fe fue debilitándose a medida que avanzaba en lo que podríamos llamar su «carrera científica». El mismo autor, Callisto Grandi, en otra publicación, *Alessandro Volta* (Milán, 1899), dedica casi 350 páginas de las 632 del libro a la Segunda Parte —«Religione e Morale»— encomiando, hasta la beatería, la advocación cristiana de Volta. Sin embargo, en el relato apunta cómo el ya canónigo Gattoni, íntimo de Volta, advierte al Padre Bonesi de la Compañía de Jesús que aquel había cambiado de pensamiento respecto a haber sido considerado por el jesuita «un ottimo figlio di Ignazio». Sin embargo ahonda en el empeño beatífico de Volta, recurre a la presunta profesión del cristianismo de muchos, considerados por él, laicos relevantes en el conocimiento de la naturaleza admitiendo que «el principio de la sabiduría está en el temor de Dios». En la extensa nómina aparecen: Newton, Leibnitz, Boyle, Boerhaave, Locke, Hoffman, Bacon, Galileo, Pascal, Kepler, Copérnico, Descartes. A los que añade los eclesiásticos y a la vez «ingenios universales»: Beccaria, Secchi, Fénélon, Caselli y los «devotísimos» como Galvani, Manzoni, Bucher y, por supuesto, Volta.

La primera biografía datada (1829) sobre Volta, la de Tomasso Bianchi —«¿biografía o elogio?», deja caer el autor—, escrita al poco tiempo de su muerte, está motivada por el deseo del autor de hacer justicia entre los hombres meritorios: «honrar primero a Dios lo mejor por dentro, y luego, por fuera, mediante la vida de los más grandes mortales». Y toma como referencia de la grandeza humana la cultura grecolatina, más terrenal y de efectos tangibles en la vida ordinaria que las recurrentes advocaciones religiosas que prodigaron otros biógrafos «volteanos». Tras una digresión sobre las generalizadas prácticas licenciosas y situando a Volta a la altura del Olimpo proclama le sean rendidos honores por «haberse puesto con la altura de su genio, y con la grandeza de sus virtudes, fuera de la multitud de los hombres, con formas insólitas que se deben distinguir y honrar... es un gran consuelo para nosotros que la juventud de Alessandro Volta sea alabada como la de un ilustre ateniense en las escuelas, y como la de un ilustre espartano en las costumbres... En Volta, buen escolar en el Liceo, buen hijo entre los suyos, se estaba gestando un gran científico para la universidad, y un gran ciudadano para su patria», aunque subraya que a los 19 años, los mismos de «el Galileo» cuando ya reparaba en el periodo de oscila-

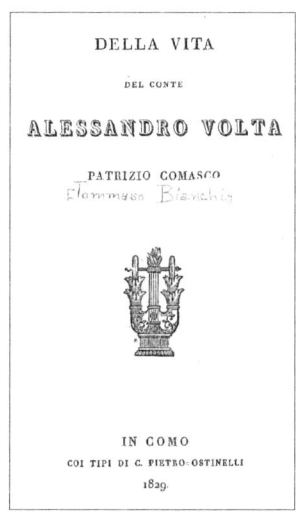

Primera Memoria de Volta.

ción de una lámpara, de Volta solo pudiera destacarse su poema latino. A propósito del poema, escribe Arago: «Se ha dicho que por entonces [a los 19 años] la vocación de Volta era todavía incierta; para mí, no puedo estar de acuerdo en ello: un joven capaz de cambiar su arte poético por lo contrario tan pronto como tuvo el pensamiento singular de elegir la química como tema de sus composiciones literarias. Si exceptuamos unos pocos versos destinados a celebrar el ascenso de Saussure a la cumbre del Mont-Blanc [1787], encontraremos en la dilatada carrera del ilustre físico solo obras dedicadas al estudio de la naturaleza». El *Elogio* de Arago es un primer acercamiento a la biografía de Volta sin excesos laudatorios, centrada en su obra científica, valorando sus pros y sus contras, abarcando sucintamente todo cuanto hizo. El lugar de socio extranjero vacante por la muerte de Volta fue ocupado, efímeramente, por el médico y físico inglés Thomas Young (1773-1829). «¡La corporación académica está feliz, señores, cuando, reclutándose a sí mismos, pueden hacer que el genio suceda al genio!», termina Arago. Análogo final al dicho «¡El rey ha muerto, viva el rey!», no en vano esta apología monárquica tiene su origen en Francia.

Pancaldi en el capítulo 1 —«Tha Making of a Natural Philosopher»— de su *Volta* analiza detalladamente la evolución del pensamiento y las creencias de Volta en su recorrido por la filosofía natural. Volviendo al Poema, escribe: «De hecho, las artes útiles tenían un lugar de honor en el poema, otro homenaje que el joven Volta le rindió a la época ilustrada a la que se enorgullecía pertenecer», aunque Italia todavía estaba alejada del genuino movimiento ilustrado europeo. Durante su permanencia en los jesuitas, y por recomendación de sus profesores, tuvo como libro de cabecera *Imitación de Cristo* del monje católico alemán Tomás de Kempis (1380-1471), cuya lectura continúa siendo usual para la fe católica. Sin embargo, en el Poema se pronuncia a favor de las doctrinas de Demócrito, como el corpusculismo, contrariamente a la filosofía aristotélica, que sería lo esperable en un católico. Asimismo admite su adhesión al laicismo en algunos momentos de su vida: entrevistado en la casa veraniega del conde Porro por Silvio Pellico (1789-1854), instructor de sus hijos, conversación transcrita (1834) en forma de poema —*A. Volta*— a lo largo de la misma, Volta responde a la petición de consejo por el abatido Pellico sumido en una crisis de fe, trufando recomendaciones piadosas con el reconocimiento de sus propios titubeos religiosos.

En la correspondencia deja clara su secularidad respecto a la separación de poderes entre Iglesia y Estado, así como la afinidad al jansenismo profesado por compañeros suyos en la Universidad de Pavía, extendido por Italia en los prolegómenos de la Revolución Francesa que acabó repercutiendo en el gobierno de la Lombardía y otros territorios de la península. Su, digamos, sutil disidencia de la fe católica también estuvo asociada a la admiración que sentía por los países protestantes que visitó en sus salidas al extranjero, constatando su avanzado nivel científico e intelectual respecto a su nativa Italia. Ante los rumores públicos de su tibieza religiosa y otras larguezas, trata de justificar su proyectado matrimonio —frustrado, a la postre, según veremos en su momento— con la joven cantante romana de ópera bufa Marianna Paris a la que conoció en la primavera de 1789 en el teatro de Pavía representando *Il barbiere di Siviglia ovvero la precauzione inutile* de Paisiello con la que mantuvo un idilio durante cinco años. Por tal motivo se cartea con su arcediano hermano Luigi, en evitación de un conflicto familiar —Volta tenía 48 años— reafirmando su religiosidad a la vez que pide sea reconocido su abatimiento por la irresistible circunstancia amorosa que estaba viviendo. En esos años turbulentos —concretamente en junio de 1791— lo encontró el jesuita alicantino Juan Andrés Morell (1740-1817) solo y distraído, encerrado en el laboratorio de química anejo al Jardín Botánico de la Universidad de Pavía (Mazzarello, 2009). Juan Andrés, físico e historiador de la ciencia, se estableció hasta su muerte en Italia tras la expulsión de los jesuitas de España, convirtiéndose en un especialista en la obra de Galileo. Así relata el encuentro con Volta en carta a su hermano Carlos Andrés:

«Junto al Jardín Botánico está el laboratorio químico con sus hornillos, alambiques, redomas y todos los aparejos convenientes, y con su especie de teatrillo para escuela. Aquí encontré solo y ocupadísimo al profesor de física Don Alexandro Volta, que estaba haciendo una diligentísima serie de observaciones para formar una teoría sobre la proporción que sigue la dilatación del ayre con el calor, no solo en un grado determinado, que es como comunmente se había calculado, sino en todos los diferentes grados en que se puede hallar; y por la tarde á fines de junio, cuando todos salen á tomar el fresco, este atento físico estaba cerrado en el laboratorio en medio de los hornillos, sudando de calor para estudiar el modo de proceder de la naturaleza, é iluminar á los físicos con el descubrimiento de la verdad». (Sánchez Espinosa, 2002)

Bien por convicción, bien por el entorno familiar y por la conducta social apropiada de la clase social a la que pertenecía, la moral cristiana de Volta fue ejemplar a los ojos de la gente. Carrara (1918) recuerda la sempiterna devoción que mantuvo sobre el Crucifijo milagroso venerado en la iglesia de la Anunciación de Como del que tenía una reproducción en su casa, en la casa de campo y en el gabinete de física de la Universidad, donde hacía partícipes de esa devoción a estudiantes y profesores. Esta advocación no supuso aliento ni limitación para su prolija actividad científica, que es en definitiva el motivo por el que se le presta atención y justifica las publicaciones sobre su obra. «Aparentemente, escribe Pancaldi, encontró cómo compatibilizar su religiosidad con algunos principios de la filosofía laica de la Ilustración, que él también suscribía».

EL SIGLO DE LAS LUCES

La vida de Volta transcurre en los tiempos históricamente conocidos como la Ilustración —*Enlightement*, en inglés, *Aufklärung* en alemán, *Lumières* en francés, *Illuminismo* en italiano— movimiento identificado por Marie-Jean-Antoine Nicolas de Caritat, marqués de Condorcet (1743-1794) como «Siglo de las Luces» y «Siglo de la Filosofía» en su *Bosquejo de un cuadro histórico de los progresos del espíritu humano* (1794), que, con los riesgos de imprecisión en las acotaciones temporales, hay cierto acuerdo en que los años más determinantes de aquel movimiento abarcan de mediados del XVIII al primer tercio del XIX; otra acotación es la comprendida entre 1715, muerte de Luis XIV, y 1789, comienzo de la Revolución Francesa. Al parecer, el término procede de la pregunta que se hacía el pastor protestante alemán Johann Friedrich Zöller (1753-1804), «Was ist Aufklärung?» (¿Qué es la Ilustración?), a pie de página del artículo «¿Es conveniente que la alianza matrimonial se legitime adicionalmente por la Religión?», publicado en el *Berlinische Monatsschrift* (diciembre 1783). Entre las respuestas figura como la más resonante la de Immanuel Kant (1724-1804) en la misma revista (diciembre 1784). Le precedió Moses Mendelssohn y siguieron respondiendo otros, como J. G. Herder, G. E. Lessing y F. Schiller.

Así comienza la lapidaria respuesta de Kant, siguiendo la traducción del filósofo español Manuel García Morente (1920): «La Ilustración es la salida del hombre de su autoculpable minoría de edad. La minoría de edad significa la incapacidad de servirse de su propio entendimiento sin la guía de otro. ¡*Sapere aude*! ¡Ten valor de servirte de tu propio entendimiento! He aquí el lema de la Ilustración». Consigna de un proceso, aun vivo aseguran los tratadistas actuales (Simon Schaffer, Jan Golinski, William Clark, Anthony Pagden, Steven Pinker, Michel Vovelle, entre los más destacados), en el que se trata de dilucidar el papel de la razón, de la religión, de la libertad de pensamiento, de los derechos humanos, del poder político, de la democracia, del progreso en la vida individual y colectiva de los ciudadanos. Un riesgo del movimiento revolucionario, encadenado con el iluminismo, fue la pérdida de la aparente seguridad asociada a la ortodoxia de la filosofía natural, que se debilitó con la secularización generalizada de la ciencia y la sociedad: las gentes, los filósofos, los artistas, ahora podían obtener libremente poderes para sí mismos, que era preocupante, o para una asociación dudosamente legitimada, que era peor. Podía suceder, y sucedió, que la ignorancia se apoderara de las decisiones públicas sin capacidad y formación para gestionarlas racional, moral y civilizadamente; en el corto, intenso y avasallador periodo del Terror previo a la Revolución propiamente dicha, fue guillotinado Antoine-Laurent de Lavoisier (1743-1794), por nombrar a quien es más renombrado, entre los muchos que cayeron.

Pagden (2015), escribe que su publicación *La Ilustración y sus enemigos. Dos ensayos sobre los orígenes de la modernidad* (2002) fue ideada para refutar a quienes consideran «que los conceptos de ilustración y cosmopolitismo habían despojado al mundo moderno de una dirección y de un objetivo moral», pretendiendo «demostrar que esa opinión ha conseguido ocultar el aspecto más significativo del proyecto filosófico de la Ilustración, que, a grandes rasgos, no fue sino fundar una ciencia absolutamente laica de la humanidad, basada en una visión nueva y secular de los orígenes de la sociabilidad humana», ciencia que llegara a ser capaz de comprender la mente humana siguiendo los procedimientos de observación, investigación, experimentación y matematización que ya habían empezado a dar sus frutos en el ámbito de las ciencias de la naturaleza. Hay quienes defienden que, entre los libros de cabecera del movimiento ilustrado, figuraron los ingleses *Principia* (1686) de Newton y *Essay Concerning Human Undertanding* (1689) de John Locke (1632-1704).

Entre 1751 y 1780 se publican los 35 volúmenes de la *Encyclopédie ou Dictionnaire raisonné des sciences, des arts et des métiers par une société des gens de lettres* dirigida por los ilustrados franceses Denis Diderot (1713-1784) y Jean le Rond d'Alembert (1717-1783). Fue la obra crucial que propagó por Europa y América el llamado, en consecuencia, «enciclopedismo», en el proceso de transformación de una cultura organizada en torno al cristianismo en otra organizada en torno a formas de conocimiento crítico y «un nuevo sistema de valores (tolerancia, igualdad, libertad, filantropía, felicidad, cosmopolitismo, etc.), expresión inmediata de una sociedad civil moderna emancipada y liberada finalmente de la gravosa tutela de la Iglesia», siguiendo a Vicenzo Ferrone en el capítulo «El hombre científico» de *El hombre de la Ilustración* (1992). Una pretendida sociedad a la que la ciencia aportaba métodos, conceptos y resultados básicos para contribuir a generar un espíritu más liberal en las estructuras y acciones sociales, a una alentadora y más igualitaria idea de progreso, pretendiendo inculcar entre las gentes de alta alcurnia la trascendencia de las artes mecánicas, los oficios y manualidades, tenidos como cosa menor, propia de la gleba. Una ciencia, por otra parte, en igualdad de rango con el amplio abanico del conocimiento humano, incluso criticada a veces. Diderot, en el *Prospectus* para hacer propaganda de la obra, explica que la clasificación de los saberes contenidos en la Enciclopedia es el propuesto por el barón de Verulamio, Francis Bacon (1561-1626), que concede un sentido utilitario a las ciencias, sin menoscabo de su carácter racional y filosófico, y desde luego mucho más allá del exhibicionismo en las fiestas que tanto divertían a la realeza, los nobles y el clero distinguido, donde se presentaban, especialmente, fenómenos físicos como hechos antinaturales y mági-

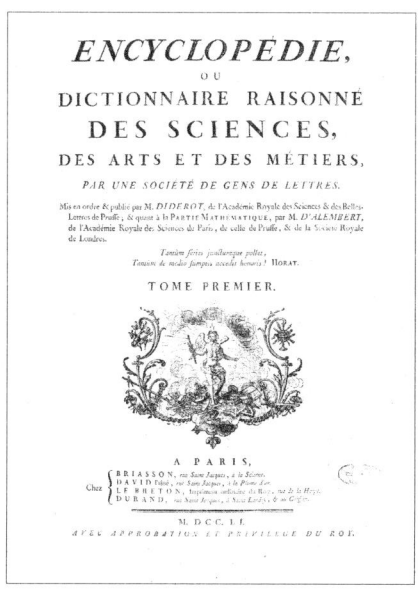

cos, donde los asistentes estaban más atentos al lucimiento y el cortejo que a los aprendizajes facilitando la proliferación de los que el gaditano José Cadalso (1741-1781) denominó «eruditos a la violeta», dedicándoles la obra (1772) *Curso completo de todas las ciencias dividido en siete lecciones para los siete días de la semana compuesto para los que pretenden saber mucho estudiando poco*. Como muestra del ambiente jocoso en torno a la «ciencia galante» practicada en los salones italianos, sirvan las recomendaciones de Eusebio Sguario y Christian Xavier Wabst en *Novella filosofica e galante* (1746): «Este lugar donde ahora paran es un lugar al que nunca le falta entretenimiento, especialmente en esta temporada. Aquí se vive a la italiana... Queridos señores y amigos que favorecéis la electricidad con vuestra presencia, desechad todos los pensamientos tristes de la mente, este lugar es enemigo de la melancolía. Los vahídos hipocondríacos, el aburrimiento y la tristeza son reprobados solemnemente por estos gustos; aquí se permite a todos jugar y reírse para hacer aquellas observaciones que más les agraden». En apoyo del sentido utilitario de los saberes, la Enciclopedia aboga por una metodología experimental y contrastable tanto en los resultados como por su interpretación desde los diversos puntos de vista. En el *Discours préliminaire* a la redacción de los artículos que la componen, establece: «comparar las opiniones en todos los casos; sopesar las razones, proponer medios para dudar o salir de la duda, a veces incluso decidir; destruyendo, en cuanto está en nosotros, errores y prejuicios; y procurando sobre todo no multiplicarlos, y no perpetuarlos, protegiendo sin examen los sentimientos rechazados, o proscribiendo sin razón las opiniones recibidas».

Cantú, que en su *Historia de Cien Años* no alude expresamente a la Ilustración, en ninguna de sus posibles denominaciones, retrata aquellos años con una visión pesimista, considerándolos invadidos por excesos de corrupción y perversión moral, de lucha encarnizada contra la religión, del reprobable protagonismo de los ineptos, aunque en el capítulo «Ciencias, matemáticas y física», por el contrario, escribe: «Mientras que algunos se dedicaban con ahínco al descubrimiento y exploración de nuevos países, otros se esforzaban en revelar los vastos campos que recorre el pensamiento y a dilatar el dominio de las ciencias, brindando a la humanidad con el vivo testimonio de que no es solo la fuerza la que domina el mundo». Y ensalza la labor hecha con la Enciclopedia, «destinada a poner de manifiesto el continuo progreso de las ciencias, en una época precisamente en que se renegaba de lo pasado y pretendía romper la cadena de las tradiciones». Contando con la letra pequeña del traductor, ambos hacen un detallado balance de la actualidad científica. Respecto a la electricidad, dos detalles que nos interesan: «El mundo galante los tomaba [los efectos eléctricos] como un asunto de moda; todos hablaban de la irritabilidad de Haller y de la electricidad, y todos querían experimentar en su persona el sacudimiento eléctrico: esta diversión costó la vida a muchos. Entretanto, los materialistas creían haber encontrado con los nuevos experimentos un arma a propósito para explicar aquel arcano que se llama alma. Sin embargo, la electricidad parecía ser uno de los muchos objetos aislados de todo lo que constituye los demás ramos de la filosofía, los cuales no pueden estudiarse sino en sus relaciones interiores; pero esta opinión dura tan solo hasta que Alejandro Volta, natural de Como, demostró todo lo contrario, alcanzando en esta ocasión la gloria de un descubrimiento supremo». Apuntado queda para cuando lleguemos a la controversia Galvani-Volta.

En cuanto al «ennoblecimiento» de los oficios, es buen ejemplo la decisión del rey Carlos III (1716-1788), ilustrado confeso y practicante, llegado al trono español con 43 años procedente de Nápoles, donde reinó desde 1735, animando a la nobleza española al estudio y reconocimiento de las actividades manuales como útiles y necesarias en el apartado «Las Sociedades económicas fomentan las artes y procuran desterrar la ociosidad» de la Instrucción (8/7/1787):

> Con la creación de las Sociedades económicas y el cuidado que estas han puesto en fomentar las artes [entiéndase oficios y profesiones] podrán desterrar en parte la preocupación [al exceso de ociosidad y manos muertas citados antes, se refiere]; se han incorporado a ellas nobles y conviene animarlos. Será útil también difundir la noticia del ejemplo que dan mis amados hijos, el príncipe e infantes, los cuales emplean muchas horas del día en todo género de ejercicios y trabajos de las artes útiles [entre otros, plantaron árboles]. La nobleza inglesa se matricula en los gremios de artesanos si quiere entrar en los empleos del Estado y deliberaciones del Parlamento.

En el artículo «Elements des sciences», D'Alembert aboga por aligerar las consideraciones metafísicas, abstractas y difíciles de entender con que solían explicarse las teorías científicas. Escribe Thorndike en su estudio sobre la Enciclopedia y la historia de las ciencias: «Cuanto más simple, más fácil y, por así decirlo, más popular es esta metafísica, más apreciada es» porque «la verdad es simple y debe ser tratada como es». D'Alembert (a quien corresponde el entrecomillado anterior) no tenía paciencia con la mera especulación o teorización en la ciencia física, y tanto en sus artículos sobre Física como sobre el método experimental desaconsejaba enfáticamente «dar razones de lo que se nos escapa» y contra «esa manía de explicarlo todo que Descartes introdujo en las ciencias físicas». La revolución social, académica e intelectual que se estaba gestando se vería reflejada en la creación de cátedras de Física Experimental en todo el continente europeo. En España data la primera de 1771, regentada por Antonio Fernández Solano en los Reales Estudios de San Isidro de Madrid. Volta lo fue durante 35 años de la creada en la Universidad de Pavia, sucediendo en 1778 al primero en desempeñarla con continuidad (1772-1778), que estuvo a cargo (salvo unos meses de años anteriores que la impartieron los clérigos Saverio Francesco, Zacchei y Fontana) del escolapio P. Carlo Barletti (1735-1800), quien en el curso 1772-73 todavía impartía la física con la orientación escolástica medieval en la materia Instituciones Physicae et experimenta, dentro de las enseñanzas sobre filosofía natural y moral contempladas desde los fundamentos teológicos de la religión católica. Barletti impartió (1778-1800) Física general y meteorología y dejó obras como: *Nuove esperienze elettriche secondo la teoria di Franklin, e le produzioni del P. Beccaria* (Milano, 1771), *Physica specimina (praecipue de Electricitate)* (Mediolani, 1772), *Dubbi e pensieri sopra la teoria degli Elettrici fenomeni* (Milano, 1776), *Fisica particolare e generale* (Pavia, 1785-1788), entre otras, además de artículos publicados en las Memorias de la Sociedad Italiana de Ciencias a la que pertenecía, casi todos relativos a los fenómenos eléctricos, como el efecto de las puntas, los meteoros, la botella de Leyden, la capacidad... Obras que evidencian el interés despertado por la electricidad en los entornos locales donde Volta se desenvolvió. De la evolución de aquella cátedra, de la dotación y construcción de instrumentos para la enseñanza y la investigación, de los textos y contenidos impartidos y de las actividades diversas desarrolladas en las aulas han quedado testimonios recogidos, custodiados y expuestos, incluso algunos aparatos en pleno funcionamiento en el Museo per la Storia dell'Università di Pavia, donde está reconstruido el gabinete de Volta con buena parte de los instrumentos ideados y utilizados por él. El padre Barletti, durante una estancia (1773) en Florencia, conoció el gabinete del Gran Duque de la Toscana que le sirvió de referencia para la puesta en marcha del gabinete de física de la Universidad de Pavía, aprovechando el reformismo iluminista propiciado por la emperatriz María Teresa de Austria y su hijo José II, que reinaron en el ducado de Milán y la Lombardía desde 1748 hasta la llegada de las tropas de Napoleón en abril de 1796. Un largo periodo de paz que supuso un impulso desigualmente modernizador en los entonces doce estados italianos, algunos regidos por casas reales, como los Borbones (recordemos el caso citado de Carlos III en Nápoles y Sicilia), los Savoya y los Habsburgo; otros, repúblicas independientes como Venecia; y los poderosos Estados Papales.

Sirva como orientación el cuadro adjunto, relativo a la universidad española, incluido en la tesis doctoral defendida en 1988 en la

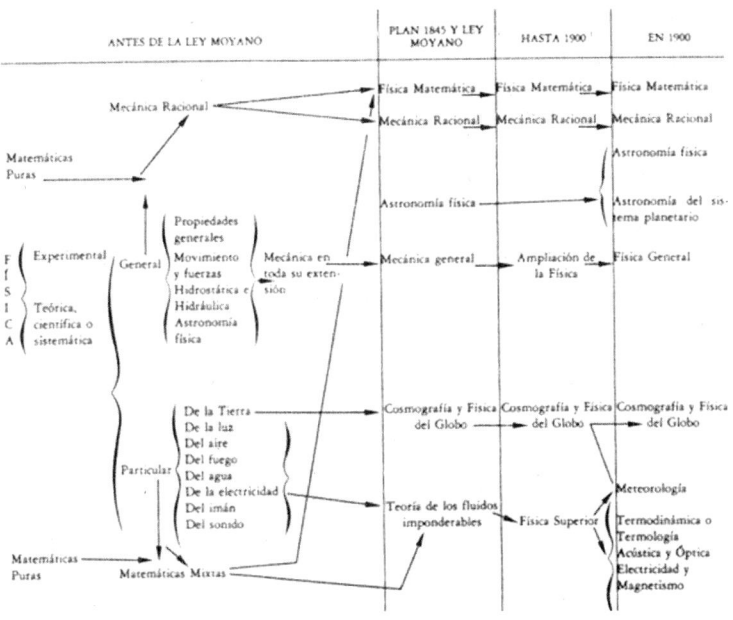

Una ciencia en cuarentena. La física académica en España (1750-1900), A. Moreno.

Universidad Autónoma de Madrid, para hacerse una idea de cómo fueron evolucionando las materias curriculares relativas a los estudios de Física una vez desaparecida la condición medieval y escolástica de ser estudios menores preparatorios para las Facultades Mayores (Teología, Cánones, Leyes y Medicina, en algunas universidades). La física general contenía los principios básicos para describir los fenómenos naturales; la particular describía estos fenómenos aplicándoles los principios generales. Aunque sea referido a la universidad española, fue muy similar en el resto de Europa.

La incorporación de la física, con la denominación específica de experimental, entendida por los ilustrados como ciencia útil, junto con las matemáticas, la metalurgia, la agricultura, la química y la economía, y la concreción de actividades en los gabinetes de física, reduciendo la mera exposición enumerativa y verbal de la metodología escolástica, supuso un desgajamiento de la teología, un comienzo de una ciencia más terrenal, más cercana al mundo real, menos dependiente de la providencia divina. Ese era uno de los principios perseguidos por el ideal ilustrado: secularizar los saberes, dándolos a conocer en las lenguas vernáculas, desplazando al latín del mundo académico en la medida en que fue posible prescindir de las órdenes religiosas en las enseñanzas. A propósito de los cambios experimentados en la Universidad de Roma —la «Sapienza»— en aquel proceso de mediados del XVIII que se abre a la edad moderna saliendo del antiguo régimen, escribe Giuseppe Carafa (1751) refiriéndose a la creación de la cátedra de Física Experimental: «ya que en esta auspiciosa edad de las letras la Filosofía Peripatética revuelve el estómago, aislados estos, los experimentos físicos de Newton triunfaron en esta cátedra, y las mentes de otros reaccionarios se acomodaron». Pero Antoine Libes, en su *Nouveau Dictionnaire de Physique* (1806), advierte: «La física puramente experimental se convierte en una ciencia frívola; pronto presentó solo un montón de juguetes infantiles en medio de unos muebles ricos y suntuosos. Este tipo de espectáculos no podía dejar de atraer la mirada de la multitud ignorante; incluso tuvieron una moda pasajera que, sin embargo, pronto terminó en desprecio. El cálculo es un lenguaje que debe a su extrema concisión el privilegio de la universalidad; se hace verdaderamente física cuando se ejerce el cálculo sobre hechos bien establecidos. En cualquier otra hipótesis, se perderá en la clase de esos seres quiméricos que la imaginación engendra y que la naturaleza niega».

La concepción de esta «nueva física» como un proceso en que necesariamente debían complementarse experimentación y matemáticas, necesarias para la formulación de leyes con el carácter predictivo que estas deben tener, fue una exigencia desigualmente resuelta a lo largo del tiempo en la planificación de la formación del profesorado y en los planes de estudio del alumnado.

Un referente de la implantación de la física experimental en el continente europeo es Holanda. Habiendo sido las universidades holandesas cartesianas a ultranza, donde se publicó en Rotterdam (1692) *Lexicon rationale seu thesaurus philosophicus*, una especie de enciclopedia del cartesianismo, la mayor parte de los físicos y afines, como Huyghens, Boerhaave, Volder, Leuwenhoek, y en particular Willem Jacob Gravesande (1688-1742) manifestaron la necesidad de completar aquella filosofía natural con la experimentación. Gravesande fue alumno y profesor en la Universidad de Leyden, visitó a Newton en Londres y fue el introductor de su obra en los Países Bajos y en Francia. Musschenbroek, coetáneo de Gravesande, que trabajó con Newton y Desaguliers, profesor en Leyden, pasados algunos años sería un referente esencial para Volta, que en su formación conoció las obras de los newtonianos holandeses, entre los que destaca el reverendo John Theophilus Desaguliers (1683-1744) filósofo natural francés emigrado cuando niño a Inglaterra con sus padres por persecuciones religiosas contra los hugonotes, propagador de la física newtoniana, galardonado tres veces con la medalla Copley de la Royal Society, una de ellas por sus contribuciones a las propiedades de la electricidad. Su *A course of experimental philosophy* (1734-1744) fue ampliamente difundido por el continente europeo —España, incluida— fundamentado en que «todos los conocimientos que tenemos sobre la naturaleza están apoyados sobre los hechos: una Física desnuda de observaciones y de experiencias no es más que una ciencia de palabras y una jerga ininteligible. Pero es preciso llamar en nuestra ayuda a la Geometría y a la Aritmética; si no, no podemos establecer los límites entre la Historia Natural y la Física conjeturable».

El alcance del movimiento ilustrado en la Italia de Volta, que hasta la unificación de 1860 no era más que un sumatorio de estados independientes, fue desigual. Pancaldi hace notar cómo los observadores británicos interesados en la posible Ilustración italiana probablemente tenían razón al subrayar la relativa separación en la que las instituciones científicas de aquellos territorios parecían vivir con respecto al resto del mundo. «El aislamiento, escribe, fue el resultado de varios factores. Uno de ellos, el hecho de que estas instituciones (incluso cuando estaban adscritas a las universidades) todavía estaban destinadas principalmente a ser adornos de la corte, símbolos de logros para los servidores públicos a cargo de ellas. Esto trajo consigo funciones y rituales que los profesores, a menudo nobles y directamente dependientes de los patrocinadores del gobierno, suscribieron con demasiada facilidad, reduciendo aún más los márgenes de autonomía otorgados por los gobiernos. A esta circunstancia podría deberse el panorama bien nutrido, aunque desatendido, de laboratorios y máquinas inactivas que atrajeron el sarcasmo de los visitantes británicos». En el informe del clérigo milanés Paolo Frisi (1728-1784) *Stato odierno de la letteratura* (1771) lamenta, frente a la dispersión de universidades, academias, observatorios astronómicos, colecciones de historia natural, gabinetes de física y jardines botánicos por los estados italianos, la falta de un centro aglutinador que atrajera a quienes estuvieran interesados en la experimentación y la divulgación científicas, según él mismo había conocido en París y Viena y a través de sus relaciones con matemáticos, filósofos, físicos, astrónomos extranjeros. Aquella fragmentación y falta de conexión entre la diversidad de instituciones mantenía en desventaja la ciencia italiana respecto al resto de Europa. Sin olvidar el obstáculo que supuso la permanencia de la orientación cristiana en las enseñanzas de la física. Entre tantos que se mantuvieron en esa dirección, aunque ligeramente partícipes de las nuevas ideas, nombramos a Ludovico Antonio Muratori (1672-1750) erudito y eclesiástico, promotor del «catolicismo ilustrado», doctrina en que fue educado en los padres filipinos de San Filippo Neri de Bolonia Luigi Galvani (1737-1798) quien es tan protagonista como Volta en esta historia. Entre las obras de Muratori figura *Delle riflessioni sopra il buon gusto nelle scienze e nell'arti* (1742), traducido en 1782 por el valenciano Juan Sempere y Guarinos (1754-1830), también erudito ilustrado que, contrariamente a su adhesión al liberalismo, hubo de convivir con un ambiente académico donde la física se mantuvo en cuarentena dificultada su modernización por la resistencia clerical hasta bien mediado el siglo XIX. La vida y la carrera de Volta responden miméticamente a los ideales ilustrados, que prestaron atención prioritaria a la precisión en los experimentos y a la exigencia de ajustarse a los hechos en la práctica de observaciones empíricas, más que por influencia directa, dada la escasa relevancia inicial del iluminismo en Italia, siguiendo su propia intuición, condición personal y entendimiento del aprendizaje a partir de los fenómenos naturales. Amén de su conducta en cuanto a creencias, principios sociales, afectos y esparcimientos, que también redundan en su bagaje intelectual, como en la vida y obra de cualquiera.

Que Volta optara por dedicarse a las ciencias y no a la profesión eclesiástica a la que por familia estaba predestinado es un signo de los cambios que se estaban produciendo en Europa y que él iba asimilando. El distanciamiento de los estudios bajo el protectorado de la iglesia por otros más útiles y mundanos en las universidades, según hemos visto, la extendida «secularización» de los saberes tenía que ver con la caída del Antiguo Régimen a favor de una forma de gobierno más civil que desplazaba, en la medida que pudo, el papel preponderante de la religión en la educación. Volta contribuyó a este proceso de aminoramiento religioso, no solo en su dedicación a las ciencias y humanidades, sino también en el ejercicio de su profesión docente, como maestro y profesor de física en Como y como profesor universitario en Pavía, donde se jubiló después de cuarenta años de ejercicio.

Siguiendo las conclusiones de Pancaldi en el capítulo «Enlightenment Science South of the Alps. The Italian Scientific Community in the Age of Volta», a primera vista, la situación de las instituciones científicas parece entrar en conflicto, paradójicamente, con la amplia circulación de la literatura ilustrada al sur de los Alpes. Los círculos intelectuales de la península fueron receptivos a la literatura de la Ilustración, literatura que enfatizaba, al menos en principio, la alianza entre la filosofía y las ciencias, y entre la ciencia y las artes. Su circulación en Italia también implicaba que audiencias más amplias se interesarían por las ciencias, y este fue en sí mismo —como insinuó Frisi en su informe— uno de los impulsos que promovieron la creación de nuevas instalaciones para la educación superior y las ciencias, y apoyaron el mercado ampliado de libros científicos. Siendo así el panorama intelectual y científico, ¿cuál pudo ser la causa del retraso apuntado por Frisi y detectado por los observadores extranjeros? «Una causa obvia pero muy probable —apunta Pancaldi— fue el esfuerzo demasiado reciente y todavía desigual para mejorar la educación superior. El esfuerzo, aunque comenzó vigorosamente y con éxito en estados como Lombardía y Toscana, solo comenzó a dar sus frutos durante la década de 1780, y pronto se vio perturbado por las vicisitudes de la era napoleónica. En tales condiciones, y dada la proliferación de instituciones científicas en toda la península, el personal bien capacitado y altamente motivado siguió siendo un bien escaso. Que ni Volta ni Galvani establecieran una escuela de investigadores, a pesar de sus trabajos en las universidades de Pavia y Bolonia, es un ejemplo».

POCO MÁS QUE DESCARGAS: HACIA LA UNIFICACIÓN DE LAS FUERZAS FÍSICAS

Al margen de los galanteos y veleidades discursivas que debieron satisfacer menesteres ajenos a la ciencia, lo cierto es que la espectacularidad de los efectos electrostáticos, junto con los neumáticos y químicos, llamaron poderosamente la atención de una sociedad en cambio, predispuesta a encontrar novedades en cualquier ámbito. Y aquella misteriosa fuerza de la naturaleza, más intrigante incluso que la gravitación newtoniana, consiguió un espacio tan popular que las inversiones en gabinetes y experimentos relacionados con la electricidad, de la que hablaban incluso los charlatanes callejeros —el fenómeno de moda— gozaron de una beneficiosa acogida en todas partes. Como supuestos antecedentes, muy supuestos en mi opinión, a la producción artificial de fenómenos eléctricos asociados con la pila de Volta, hay quienes consideran la bíblica Arca de la Alianza como un generador electrostático y los jarrores descubiertos en los años 200 d. C., conocidos como «baterías de Bagdad», con el antecedente de la pila eléctrica. No entro en estos asuntos que quedan a la curiosidad del lector.

Sobre la consolidación conceptual y experimental de la electricidad y su institucionalización académica, previamente al desencadenante científico, tecnológico y social inducido por la producción continuada de corriente eléctrica a partir de la invención de la pila, el profesor emérito e historiador de la Universidad de California, (Berkeley), John L. Heilbron, establece cuatro periodos caracterizados por un conjunto de valores y tres variables: contenido, método y apoyos. En el primero, correspondiente al Seiscientos, «los filósofos naturales distinguieron la atracción eléctrica de la magnética y descubrieron que, además del ámbar, otros cuerpos poseían electricidad». Los protagonistas de este periodo fueron jesuitas eclécticos y filósofos naturales que pretendían asociar las atracciones eléctricas con las gravitatorias newtonianas: «Cada cual dedujo de sus principios filosóficos que la causa de la electricidad radica en una emanación material sutil obtenida de cuerpos particulares por medio de la fricción necesaria para hacerlos activos». Los jesuitas gozaban de las facilidades que les procuraba la iglesia, en tanto que los otros habían de hacerlo a sus expensas.

El propósito de distinguir entre conductores y aislantes, desde el punto de vista electrostático como no podía ser de otra forma hasta que pueda hablarse de corriente eléctrica continua y mantenida durante un tiempo, es un paso de vital importancia en la evolución de la ciencia eléctrica, aunque hubiera discrepancias notables al respecto. El británico Stephen Gray (1666-1736), hijo de un tintorero, con escasos medios y brillante intuición, distinguió la condición conductora de diversos materiales: los metales eran conductores; el vidrio y la seda, entre otros, no. Aunque consta que enunció sus averiguaciones en 1729, no fue hasta 1740 cuando Desaguliers introdujo los términos «conductor» y «aislante», diferenciándolos en que los primeros no se electrizan por frotamiento, y los segundos sí. Hecho que Gray contradijo mostrando cómo

Experimento del «muchacho volador» de Stephen Gray consecuencia de la inducción electrostática provocada en el joven cuando era tocado por una varita electrizada.

los metales, aislados de la tierra y cualquier otro cuerpo, frotados con un paño, también se electrizaban. La imagen del joven colgado, que puede ser electrizado y producir chispas fue espectáculo habitual en los salones galantes. Hecho similar al que en los entretenimientos infantiles se atraen trocitos de papel con el bolígrafo frotado en el jersey. Los méritos de Gray fueron justamente reconocidos, siendo nombrado *fellow* de la Royal Society en 1732. Se le atribuye la ideación del cable eléctrico envolviendo un alambre metálico con tela aislante (Poveda Ramos, 2003). A partir de algunas ideas de Gray, Dufay que había introducido la diferenciación entre electricidades «vítrea» y «resinosa» —luego, positiva y negativa, respectivamente— observa que electricidades del mismo signo se repelen y de distinto se atraen; incluso hizo un primer intento de aproximación matemática «que condujo a la ley de Coulomb *vía* Franklin y Aepinus» (Biot, 1801).

Así lo explica Musschenbroek, de familia dedicada a la construcción de instrumentos científicos, en *Cours de Physique Experimentale et Mathematique*, traducido (París, 1769) del original en latín (1726) por el profesor de Matemáticas y Demostrador de Física experimental Sigaud de la Fond (1730-1810), con quien Volta mantuvo correspondencia y medió para él en la compra de aparatos en París, autor a su vez de *Traité de l'Électricité* (París, 1776): «Cuando empezamos a descubrir las propiedades de la electricidad, solo podíamos excitar muy débilmente esta virtud; así todos los esfuerzos se limitaron a atraer y repeler los cuerpos ligeros: pero cuando los físicos por puro uso y por su trabajo habían imaginado métodos particulares de excitar más poderosamente esta virtud, se observó que los cuerpos idioeléctricos atraían hacia ellos, cuando se frotaban, todo tipo de cuerpos, grandes, pequeños, sólidos o fluidos; porque los flujos eléctricos, siendo realmente materiales, actúan contra todos los cuerpos que encuentran a su paso: chocan entre sí, chocan sus partes sólidas y se llevan consigo esos cuerpos, porque penetran fácilmente sus poros y fluyen libremente por sus espacios». Significado de «idioeléctrico», en el Diccionario de Brisson: «Epíteto que se da a los cuerpos que pueden ser electrizados por rozamiento: tales son el vidrio, las resinas, la seda y, en general, todas las sustancias que no contienen agua ni metales».

Hagamos un inciso sobre el «flujo eléctrico», esa «emanación material sutil» cuya presencia es relevante para el titubeante proceso de identificación de los orígenes y fundamentos de los fenómenos eléctricos, aunque nadie supiera a ciencia cierta de qué estaba hablando. Hubo igualmente «materias sutiles» para los fenómenos magnéticos, luminosos, caloríficos y químicos. Me estoy refiriendo a los fluidos imponderables que ocupan un espacio destacado en la historia de la ciencia; también se los nombró como dinamídeos e incoercibles. «Hacia 1800, escribe Pancaldi, algunos filósofos naturales admitían la existencia de fluidos "imponderables" (sin peso), fluidos especiales que, cuando se agregan a la materia "ponderable" ordinaria, se espera que expliquen una amplia gama de fenómenos. Dependiendo del autor y la teoría, se han introducido hasta seis de estos fluidos para explicar los fenómenos de cohesión, afinidad química, calor, luz, electricidad, magnetismo y, según algunos, también la vida, o al menos el galvanismo, o electricidad animal». Heilbron se refiere a estas «sustancias» como el Modelo Estándar de aquellos tiempos, por analogía con el Modelo Estándar de la física de partículas ideado en la década de 1970 como una «teoría del todo», porque aquellas sustancias abarcaban, en su conjunto, todos los fenómenos físicos conocidos a finales del XVIII bajo el paraguas común de la experimentación y las matemáticas. Los imponderables eran un reflejo del avance en la secularización de los saberes al ser introducidas «como un modelo, no como una transcripción directa, del proyecto de Dios para la creación». Supusieron la supresión de las causas primeras del tomismo que ineludiblemente se reducían al poder divino, tratando de describir los fenómenos como una extensión de la síntesis mecánica newtoniana. En realidad, se trataba de un artificioso recurso para explicar determinados fenómenos físicos a partir de una suposición todavía inexplicable: la estructura atómica de la materia. El profesor de física y matemáticas del Liceo Condorcet y de la Universidad de París, astrónomo colaborador de Le Verrier, Achille Cazin (1832-1877) de quien se difundió en castellano su muy oportuna obra *Las Fuerzas Físicas. Breve exposición de las teorías e hipótesis más generalizadas sobre el origen y la esencia de las mismas* (Madrid, 1850) escribe a propósito del calórico: «fluido que se componía de partículas imponderables, es decir, no obedientes a la atracción universal, y que se rechazaban mutuamente atrayendo las moléculas de los cuerpos [careciendo de gravidez, por supuesto]» y que según se quedaran en ellos o los atravesaran, calentaban o enfriaban: «¿Satisfacía esta hipótesis al deseo que la había inspirado? ¿Qué se había hecho al querer ver dar forma al calor? ¿Se dotaba a las partículas del fluido calórico de mutua repulsión y atracción sobre las moléculas de los cuerpos? ¿Cuál era la causa de estas dos fuerzas? Sin figurarla, se le admitía. Evidentemente, se apartaba la dificultad sin resolverla». Explicaciones similares se daban al resto de fuerzas físicas, excluida curiosamente la gravitación universal. Sugiere que, ante la imposibilidad de llegar a la esencia de esas fuerzas, se deje «a la metafísica la investigación de las causas con sus incertidumbres y decepciones»; incluso «sería deseable renunciar en la enseñanza a la teoría de los fluidos eléctricos, en la que nadie cree y que todo el mundo utiliza; porque no es imposible presentar los hechos en un orden racional y demostrar su conexión sin recurrir a alguna hipótesis».

En España, en el Reglamento del Marqués de Corvera (7/9/1858) desarrollando la Ley Moyano (1857), creadora, por fin, de la Facultad de Ciencias Exactas, Físicas y Naturales, se incluye como asignatura de lección diaria en la licenciatura de Físicas, Tratado o Teoría de los fluidos imponderables en la Universidad Central, única en el Reino que tenía Facultad de Ciencias completa. De estos «fluidos» ya se venía tratando años antes en los libros de texto de autores españoles inspirados en los franceses, como *Nuevo sistema fundado en las leyes materiales del mundo material para explicar el calor, la luz, la electricidad y el magnetismo* (1870), de Rafael Chamorro Abad, catedrático de Física del Instituto de Noviciado de Madrid, o traducidos como *Tratado elemental de física* (1825) de Despretz o el de Beudant del mismo título (1830). De cómo algunos se revelaron contra la modernidad de los fluidos, es singular en España el catedrático de Metafísica y Filosofía Natural de la Universidad Central Juan Manuel Ortí Lara (1826-1904): «lo que llaman ciencia moderna no es menos contraria a la ciencia verdadera que las tinieblas a la verdadera luz» o el anatema «el espíritu moderno, cuyas son todas estas obras e inspiraciones satánicas, no es, no puede ser el espíritu de Dios», dice en su *Discurso sobre el Espíritu Moderno* (1865). Otros, como apunta Pancaldi, optaron hábilmente por incorporar la modernidad a las creencias cristianas, como el reverendo escocés Thomas Dick (1774-1857) autor de *The Christian Philosopher; or Science and Religion* (1826): «Asoció claramente la naturaleza especial y la universalidad de los imponderables con los mensajes universalistas que quería transmitir, que incluían, además de la religión cristiana, la mejora de las clases medias, el pacifismo y la abolición de la esclavitud». Juan de Dios de la Rada (1827-1901) catedrático de Física en la Facultad Menor de Filosofía de Granada va más allá en *Principios elementales de Química* (1839). Se refiere a los imponderables como cuerpos simples, «gaseosos por sí», eminentemente elásticos para los que no se ha encontrado balanza que los pese, cuyas modificaciones conducen al «galvanismo o electricidad animal y al magnetismo o electricidad de los metales». Y respecto al fluido eléctrico, que destaca entre los demás, considera: «Este por su acción extremadamente vivaz y activa, influye en todas las composiciones y descomposiciones; preside la formación de los metales, de los minerales y sus modificaciones; caracteriza la movilidad vital de los seres orgánicos; y por su desprendimiento y chasquido veloz trastorna el estado atmosférico; destruye la forma de todos los seres y deja en libertad los principios constitutivos de ellos para nuevas formaciones. Este es el fuego central de los antiguos; el *gnormon* de los griegos; el *impetum faciens* de los latinos; y la electricidad de los modernos». ¡Ahí queda eso! Estas ideas formaban parte de las enseñanzas de la física en España a mediados del siglo XIX.

Entre las obras más difundidas y representativas en torno a las teorías sobre los fluidos imponderables y su cuestionamiento, figura, a mediados del siglo XIX, la del jesuita Angelo Secchi (1818-1878) hijo de un carpintero de Reggio Emilia, profesor de física, destacado astrónomo —iniciador de la espectrometría estelar que le permitió clasificar miles de estrellas— meteorólogo interesado en los servicios de salubridad pública, mediador, en los tiempos convulsos que vivió en su Italia natal, entre católicos y liberales laicos, director del Observatorio de Roma, académico correspondiente de la Academia de Ciencias francesa y distinguido con premios nacionales y extranjeros. Visitó España con motivo del eclipse de 1860. Su obra *L'Unità delle forze fisiche* (Roma, 1864) fue pronto traducida a francés, inglés, alemán y ruso. No me consta traducción española, sí múltiples referencias y elogios a esta obra, como las de Francisco de Paula Rojas (1832-1909) en su Discurso de recepción —*Algunas reflexiones sobre la unidad de las fuerzas físicas*— en la Real Academia de Ciencias (1894): «La popular obra del padre Secchi es un bellísimo tratado de este género, donde el angelical astrónomo hace gala de su erudición científica, de su profundo saber y de su peregrina perspicacia». Como curiosidad, esta obra de Secchi era obsequiada como premio «a la aplicación en la clase de física» —escribe un profesor en su dedicatoria manuscrita al alumno distinguido «durante el primer semestre de 1880»— en la Escuela Naval «Fragata Asturias». Sobre la contribución de Secchi al nacimiento de una nueva disciplina científica —la Astrofísica— es ilustrativo el capítulo «I significati della precisione. Per una storia socioculturale dell'astrofisica italiana» de Massimo Mazzotti en *Storia, Scienza e Società. Richeche sulla scienza in Italia nell'età moderna e contemporanea*, coordinada por Paola Govoni (2006). Analiza la aportación astronómica de Secchi —«uno de los científicos eclesiásticos más acreditados de su tiempo»— a partir de su concepción unitaria de las fuerzas físicas.

En la Introducción a su obra magna escribe Secchi: «Este libro pretende mostrar cómo los fenómenos de la física pueden integrarse en las leyes generales del movimiento de la materia; admitiendo, con pruebas de apoyo, que, además de la materia comúnmente conocida como ponderable, existe otra materia invisible no sujeta a la gravedad llamada éter o imponderable». Hecha la revisión de los fenómenos caloríficos, asociando «el calórico con un modo de movimiento de la materia» y los luminosos al «movimiento de una cierta sustancia» que no identifica, se extiende en la electricidad que dice haber experimentado «el avance más serio». Basa la interpretación dinámica de ese fenómeno en el estudio de la pila de Volta por considerarla una máquina que aporta reflexiones útiles sobre la naturaleza de la electricidad más allá de «invocar analogías y de buscar las hipótesis más probables», como han hecho con el calor y la luz. «Los fenómenos de tensión que presentan los cuerpos electrificados estáticamente nos dan prueba de la existencia de una fuerza que reside en la superficie de los cuerpos, pero nada nos enseñan acerca de las modificaciones interiores que pueden ser determinadas por ella: felizmente, el electromotor o pila imaginado por Volta nos permite estudiar estos efectos bajo aspectos diferentes. Cuando, estando aislado este aparato, uno lo estudia bajo el prisma de la tensión, se encuentra sus dos extremidades electrificadas, una positivamente, la otra negativamente, pero sería imposible aún en el presente [recordemos que lo publica en 1864] decir en qué consisten físicamente estos dos estados eléctricos diferentes. Solo una cosa está perfectamente demostrada, y es que las atracciones, las repulsiones, los efectos caloríficos y fisiológicos producidos por la batería no difieren de los fenómenos de la misma especie producidos por un cuerpo electrizado por medio de la fricción. Esta identificación reconocida desde el principio por el propio Volta ha sido definitivamente establecida por Faraday. De donde se concluye que la misma fuerza eléctrica podría tener orígenes diferentes... la línea afectada por la fuerza eléctrica es el asiento de una determinada acción sobre la materia, y nos aporta nuevos datos sobre el modo de acción de esta fuerza, y nos permitirá arrojar luz sobre los fenómenos de tensión. Por brevedad de lenguaje, llamaremos con los físicos —corriente eléctrica— a esta misma línea afectada por la fuerza eléctrica, sin embargo por el momento sin suponer que cualquier fluido real está en circulación... De lo cual se sigue que el agente puesto en movimiento es único, pero que se traslada al exterior por dos series de efectos diferentes... en todos los cuales aparece una dirección definida de la acción, que se distingue por las sencillas influencias ejercidas sobre cuerpos ligeros y por simples movimientos oscilatorios». Cuando habla de líneas, no se está refiriendo a las líneas de fuerza del campo eléctrico ideado por Michael Faraday (1791-1867) que ya formaban parte

Otto von Guericke (1602-1686), alcalde de Magdeburgo, construyó una esfera de azufre mezclado con varios minerales, que podía electrificarse por frotamiento (fig.V) Esta esfera se cargaba de «virtud» eléctrica suficiente para mantener, repelida, una pluma en el aire, colocando la esfera electrizada sobre un soporte aislante (no con la mano, porque se descargaría) (fig. VI). Este ingenio se tiene como la primera máquina electrostática (*Experimenta nova*, 1672).

de la literatura sobre electricidad. Precavidamente, escribe: «Se ha pretendido que la fuerza inductora de la corriente se propagara en líneas curvas» (en nota del traductor francés Deleschamps atribuyéndolas a Faraday). Y más adelante, definiendo la corriente como «un modo de movimiento con una dirección definida y reversible», vuelve en el pie de página —en esta ocasión no atribuido al traductor— a decir: «Esta definición de corriente no se aleja demasiado de la de Faraday».

«Lo que llamamos —escribe— corriente eléctrica consiste en un verdadero flujo de materia en el interior de los conductores; resta saber si este flujo está constituido por materia pesante o por otra más sutil». Hecho un recorrido sobre efectos distintos, descartando posibilidades, llega a «atribuir los hechos observados al movimiento de una materia muy sutil que llamamos éter, para simplificar el lenguaje». Integrando finalmente los fluidos eléctricos, positivo y negativo, y los magnéticos, boreal y austral, con el calorífico y el lumínico, que en definitiva abarcan todas las ramas de la física, recurriendo al movimiento de un fluido único, el éter, admitiendo a la vez que la luz, el calor, la electricidad y el magnetismo se transforman unos en otros asociados a formas distintas de los movimientos moleculares como establece al «principio llamado por los físicos modernos principio de conservación de la energía, que en el fondo no es más que el primero de los enunciados por Newton al formular las leyes de la comunicación de un movimiento, es decir el de la igualdad entre la acción y la reacción». Lamenta que haya todavía seguidores de «esta legión de fluidos y fuerzas abstractas... sobre todo en Italia, donde muchos autores se han pronunciado contra las actuales tendencias científicas». En la segunda edición francesa (1874) destaca en las conclusiones como uno de los más sobresalientes introductores de novedades a James Cleck Maxwell (1831-1879) en su obra *A Treatise on Electricity and Magnetism* (1873) «donde, en medio de la mayor prudencia inglesa y peculiar nomenclatura, la teoría del éter forma la base de la explicación de estas dos clases de fenómenos. Los que aman las discusiones matemáticas pueden estar satisfechos, aunque por esto los principios no se vuelven más claros». Algo diremos más adelante.

La deliberada incursión en los imponderables ha adelantado inevitablemente algunas consideraciones que cronológicamente pertenecen a momentos posteriores, a las que aludiré cuando sea preciso, pero creo que no es un anacronismo perturbador para comprender y valorar la obra de Volta, sobre todo cuando se trata de contar lo que otros, no demasiado lejanos del comasco, dijeron de él. Y porque los imponderables no quedaron claramente eliminados hasta que se impuso la teoría cinético-molecular para los fenómenos relativos al calor, y con el descubrimiento del electrón para los relativos a la luz, la electricidad y el magnetismo, que Maxwell unificó con su teoría electromagnética, en la que no obstante perduraba el éter, propuesto a lo largo de la centuria como el depositario de la fuerza unificadora de las variadas fuerzas físicas, aunque en la teoría de Maxwell su significado fuera como soporte para la transmisión de acciones electromagnéticas. Tal fue el arraigo de tan sutiles fluidos entre doctos y profanos que siguieron protagonizando controvertidas páginas en libros de textos, artículos, conferencias y discursos académicos a lo largo del xix. Dicho esto, concluyamos el repaso a los frotamientos, chispas y descargas eléctricas, atrapados todavía en las arenas movedizas de los susodichos fluidos; no en vano, cuando «se va la luz» hablamos, y nos entendemos aunque no sabríamos explicarnos, de «cortes en el suministro del fluido eléctrico».

La profusión de efectos eléctricos por diversos mecanismos llegó a estar al alcance de cualquiera, provocando a veces, por ignorancia, fallecimientos. Aquello llamaba la atención. Pero aclarar el insuficiente, confuso y divergente soporte conceptual, incluso unificados los fluidos en el éter, era un reto para la incipiente y dispersa comunidad científica que, obedeciendo a sus inquietudes, aspiraba a dar respuesta a la tan simple como extraña pregunta: ¿Qué es la electricidad?

Una vía para desentrañar la enigmática electricidad fue tratar de explicarse las interacciones químicas que en el siglo xviii habían alcanzado un destacado desarrollo. Pullman (1998) refiriéndose a Newton como el primero en proponer explícitamente reemplazar las interacciones mecánicas de contacto por el efecto de las fuerzas físicas a distancia, «sorprendentemente, habiendo descubierto la ley de la gravitación universal, se dio cuenta de que no era suficiente para explicar las interacciones químicas y que para ello sería necesario complementar las fuerzas gravitatorias con fuerzas magnéticas y eléctricas, sin mencionar las fuerzas de repulsión. Fue su discípulo Ruggero G. Boscovich quien avanzó en el planteamiento del equilibrio entre fuerzas de atracción y repulsión. De meramente posible, el papel de las fuerzas eléctricas conjeturado por Newton pasó a ser probable en el siglo xix, como resultado de las investigaciones sobre los fenómenos eléctricos. Proporcionó la primera prueba decisiva de que las reacciones químicas tenían que ver con los fenómenos eléctricos. A pesar de sus muchas deficiencias, la teoría electroquímica de las combinaciones de Berzelius (1779-1848) logró concretar la idea de las cargas eléctricas partícipes en estas combinaciones. Finalmente, de meramente probable, el papel decisivo de las fuerzas eléctricas en la formación de asociaciones interatómicas pasó a ser cierto a finales del siglo diecinueve con el descubrimiento del electrón, y más tarde con la estructura planetaria del átomo». Síntesis para la que hubieron de mediar muchos años a vueltas con el asunto.

En el segundo periodo (1700-1740) propuesto por Heilbron, que se corresponde con el surgimiento de la física experimental, la electricidad desempeña un papel protagonista en las indagaciones sobre los fenómenos físicos y químicos. La chispa eléctrica, el rayo, las emanaciones luminiscentes de algunas sustancias abren un nuevo camino experimental que encuentra acogida y facilidades en el mundo académico; «el jesuita culto se hizo a un lado», dejando espacio a una pléyade de curiosos, *amateurs* y profesionales con medios propios o estatales para tantear aquella fenomenología. El tercer periodo (1740-1769), la «era de Franklin», al que llegaron a llamar «el Newton de la electricidad», el de la infancia y primera juventud de Volta, sitúa la electricidad en un primer plano en publicaciones y manuales en forma cualitativa, sin tratamiento matemático, manteniéndose en la categoría de ciencia baconiana, según la clasificación de Kuhn, junto con otros como magnetismo, óptica física, calor y química. Se produce el apogeo del divertimento eléctrico; atraídos, la gente en general, por un fenómeno tan llamativo que además se aplicaba a la curación de enfermedades, se asociaba con la producción de terremotos y se manifestaba aparatosamente en las tormentas mediante rayos y relámpagos. Por último, el cuarto periodo (1760-1790), en la inmediatez de la pila, incorpora a la teoría y la experimentación la medida, la cuantificación y la formulación matemática. La electricidad pasa a la categoría kuhniana de ciencia clásica en igualdad con astronomía, hidrostática, mecánica, óptica geométrica y estática en relación con las máquinas, diferenciándose del carácter baconiano, caracterizado por el empirismo y el utilitarismo, en la fundamentación matemática, formulando leyes que avanzaran hacia la predicción en la ocurrencia de los fenómenos exigible a una ciencia exacta y experimental: «Los físicos matemáticos sometieron parte de la electrostática al yugo de las fuerzas newtonianas. Aumentaron el grado de precisión de los instrumentos y los inventos».

El concepto de electricidad anterior a Volta queda precisa y ampliamente recogido en el citado *Dictionnaire raisonné de physique* publicado en París (1781, 1.ª edición) de Mathurin Jacques Brisson (1723-1806) sucesor en 1770 en la Cátedra de Física Experimental del abate Nollet en el Colegio de Navarra de la Universidad de París. Obra de referencia en su tiempo, y muy posteriormente, traducida en España por el mallorquín Cristóbal Cladera, diputado en las Cortes de Bayona y alto funcionario de José Bonaparte. Se publicó en Madrid entre 1796 y 1802 en 10 volúmenes. Dedica 144 páginas a la entrada «electricidad», y otras tantas relativas a conceptos, experimentos, fenómenos, usos, artilugios, entretenimientos, aparatos e instrumentos eléctricos. Es el ámbito que más espacio ocupa en el Diccionario, muestra del tirón innovador, social y académico de la electricidad en sus albores como disciplina científica. A lo largo del secular proceso, dificultoso y marginal, de superación de las limitaciones escolásticas, se fueron sucediendo intentonas —algunas incluidas en el Diccionario— para identificar qué

Descarga eléctrica producida en una botella de Leyden
transmitida del profesor a sus alumnos .

es la electricidad. La única referencia a Volta es a propósito del electróforo, datado en 1775, del que nos ocuparemos en su momento, y del que Volta se sentía más orgulloso que de la propia pila. El término batería eléctrica, con que a veces se denomina la pila de Volta, no dada a conocer hasta 1800, era utilizado antes de esta invención, refiriéndose a «un número mayor o menor de jarrones de vidrio, guarnecidos por dentro y por fuera de chapas de estaño (excepto la parte superior que queda sin guarnición), y contenidos en una caja de madera aforrada también de chapas de estaño». Lo asemeja a la botella de Leyden en cuanto a que ambos dispositivos producen conmociones que, en el caso de la batería, «podría derribar a un hombre o quizá matarle». Se trataba de un montaje electrostático productor de chispas y descargas eléctricas.

«Llámase Electricidad, define Brisson, la acción de un cuerpo puesto en estado de atraer á sí, y de repeler cuerpos leves que le presenten á cierta distancia; de causar en la piel de un ente animado cierta impresión suave y sensible al tacto, y bastante parecida á la de una telaraña que se encontrase fluctuando en el ayre; de hacer que se perciba frente de sus partes angulosas un vientecillo fresco; de esparcir cierto olor comparable al del fósforo de horina; de despedir penachos de una materia luminosa; de producir chispas brillantes; de hacer que los cuerpos animados que se acercan sientan picazones bastante vivas; de causarles conmociones violentas; de inflamar licores ó vapores espirituosos, y algunas veces cuerpos inflamables; finalmente de comunicar á otros cuerpos la facultad de producir estos mismos efectos durante cierto tiempo».

Tras exponer la analogía entre los efectos del trueno y los de la electricidad, afirmando que «el mismo trueno es una gran Electricidad que se excita naturalmente», concluye: «Luego podemos distinguir dos especies de Electricidad, que solo se diferencian por su origen ó modo de producirse, y por la magnitud de sus efectos; a saber, la Electricidad natural que se excita por sí misma en la atmósfera, y la Electricidad artificial que excitamos nosotros por el rozamiento, ó por algunos otros medios». Otro medio de electrificación es «por comunicación» producida en los cuerpos «arrimándolos, ó haciéndoles tocar ligeramente a un cuerpo electrizado». En consecuencia clasifica los cuerpos en idioeléctricos, cuyo significado hemos adelantado, los que se electrizan preferentemente por frotamiento como el vidrio, el lacre, el azufre las resinas, las gomas, los pelos de los animales, el aire… y an-eléctricos, los que se electrizan mejor por comunicación, las sustancias metálicas y el agua. En cualquier caso la adquisición de la «virtud eléctrica» dice deberse a «una materia ó fluido eléctrico que está en movimiento, ya dentro, ya alrededor del cuerpo electrizado». Materia que identifica con la causante del calor y de la luz, incluso apunta que pueda ser la misma materia para los tres fenómenos —«y en ello convienen casi todos los Físicos»— la misma que «sirve para abrasar a los cuerpos, y que la por cuyo medio vemos los objetos». En definitiva, un fluido imponderable que ya nos es familiar. En torno a las especies de electricidad, se remite a la controversia entre Volta y Galvani, que veremos más adelante, sobre las contracciones provocadas en las ancas de rana, «controversia de la que Volta salió triunfalmente victorioso, alcanzando su mayor descubrimiento», se dice en el prólogo de la edición nacional de sus Obras Completas (1918), y por la que fue situado en la cima de los «eléctricos», aunque, anticipándonos al momento de tratarlo, el «triunfo» fue temporal y, cuando menos, confuso. En cuanto a los fenómenos eléctricos, Brisson los divide en dos clases: los relativos a atracciones y repulsiones y «en general todo lo que se efectúa por una causa que permanece invisible» y los que «vienen acompañados de luz, de chispas, picazones, inflamaciones, conmociones, etc.», en definitiva, descargas eléctricas. Según «el grado de energía de la virtud eléctrica» —el término energía con un significado todavía más literario que científico— los fenómenos son desigualmente intensos, distinguiendo así entre electricidad vítrea y resinosa (positiva o en más y negativa o en menos, respectivamente), como consecuencia de «la diferencia de la actividad del fluido eléctrico». Reconocidos los fenómenos eléctricos y las categorías de la electricidad asociada a ellos, se produjeron diversas teorías para explicarlos, siendo las más difundidas, analizadas, cuestionadas y sometidas a experimentación las de Dufay, Nollet, Jallabert, Franklin y Aepinus, que dicho queda sin poder profundizar en cada una por las características y dimensiones de esta publicación. Basten algunos apuntes. De aquel largo recorrido de la fenomenología eléctrica y magnética, Segrè (1983) hace este balance: «Durante casi doscientos años la electricidad y el magnetismo hicieron grandes progresos debidos al trabajo de muchos insignes físicos que a día de hoy nadie recuerda, exceptuando a los historiadores profesionales. No hay, en este campo y en este tiempo, alguna figura particularmente dominante, pero, en el conjunto, el trabajo realizado fue excelente. Debemos llegar a los tiempos de A. Volta, doscientos años después de la publicación del *De Magnete* [William Gilbert (1544-1603), 1600], para encontrar un avance que podemos calificar de revolucionario».

Sobre el estado de la reciente ciencia eléctrica a principios del siglo XIX, el profesor de Física y Química en el Real Colegio de Toulouse y en los Liceos de País, Antoine Libes (1752-1792), hace balance en su *Tratado de Física completo y elemental presentado bajo un nuevo orden con los descubrimientos modernos* (primera edición francesa, París 1802) traducido por el doctor en cirugía médica Pedro Vieta (1779-1856), «catedrático perpetuo de física de la nacional junta de gobierno del comercio de Cataluña», publicado en Barcelona (1821). Fue el primer texto de física explícitamente recomendado en los Planes de Estudio para la enseñanza de la Física Experimental en las todavía facultades menores de filosofía de las universidades españolas (Plan Calomarde, 13/10/1824). La presencia de la Física Experimental en la Real Orden, en la declaración de intenciones, respondía más a una apariencia de modernidad que a una decisión determinante en esa consuetudinaria tendencia de amagar y no dar en la legislación española, porque en las aulas de filosofía siguieron con los sempiternos textos en latín del jesuita mexicano, acogido en Roma tras la expulsión de México de la congregación, Andrea Guevara (1748-1801), *Institutionum Elementarium Philosophiae ad usum Studiosae Juventutis* en varios tomos, entre ellos uno de *Physicam Generalem* y otro de *Physicam Particularem*, editada en Madrid varias veces entre 1824 y 1833, y como complemento el del fraile mínimo Francesco Jacquier (1711-1788), *Definitiones et Epitome doctrinae quae Ethica sive Philosophia Morali Institutionum Philosophicarum*. Ambos conocedores de las teorías newtonianas, en particular el P. Jacquier que junto al también mínimo P. Tommaso Le Seur editaron los *Principia* de Newton en Ginebra (1739-1742) en su versión original latina. Pero escasamente recogidos, cuando no confusos con los principios cartesianos y los «modernos Peripatéticos», en los textos citados para los estudios españoles. El Libes quedó reducido a las academias de Matemáticas y Ciencias físicas «donde hubiese cátedras de estas enseñanzas» reguladas en aquel Plan, a Centros públicos y privados para la preparación de ingenieros y militares —los estudios politécnicos— y a los centros creados por las Sociedades Económicas de Amigos del País para el fomento de las ciencias, de donde surgieron Reales Academias que en sus principios fundacionales tenían objetivos pedagógicos de sus respectivas disciplinas.

En el Libro XII, tomo tercero del Libes, dedicado a la Electricidad considera que «entre las numerosas hipótesis imaginadas hasta ahora para explicar los fenómenos eléctricos, las de Franklin, Aepinus y Coulomb son las únicas que, en el estado actual de conocimientos, merecen fijar la atención de los físicos». En cuanto a la influencia en Volta, además de las citadas, hay que añadir a Nollet y Beccaria con los que mantuvo una fructuosa relación. Las dificultades para deducir de los fenómenos sus causas, atribuidas al fluido eléctrico, condujeron a hipótesis muy variopintas, sustentadas con la artificiosa explicación de algunos fenómenos; otros servían como justificación para corregir y aumentar hipótesis, según hemos visto en el inciso sobre los imponderables. Veamos algunos detalles. William Henley (¿-1779), miembro de la Royal Society, propuso que el calórico, el fluido eléctrico y el fuego no son más que modificaciones de «un solo y mismo elemento», que el primero indica el estado en reposo, el segundo los primeros grados de actividad y el tercero representa una agitación violenta. Propuesta apoyada, por ejemplo, en *A Complete Treatise on Electricity* (1777) del napolitano afincado en Londres, también de la Royal Society, Tiberius Cavallo (1749-1809). Esta combinación de fluidos era refutada alegando que el fluido eléctrico desprende olor a azufre o fósforo, en tanto que los otros no. «Otros físicos, escribe Libes, suponen que el fluido eléctrico resulta de la combinación del fluido luminoso con el gas hidrógeno; pero ninguna experiencia lo ha confirmado todavía». Las hipótesis más asumidas, dentro de las discrepancias, como apuntaba más arriba, fueron la ya citada de un único fluido eléctrico (teoría unitaria) propuesta por Franklin opuesta a la dualista de Dufay, que facilitaba la explicación de los fenómenos producidos por la botella de Leyden, pero no la repulsión de cuerpos ligeros cargados negativamente, es decir, con poco fluido cada uno. La de Aepinus consideraba el fluido compuesto por moléculas a corta distancia que pueden ser atraídas y repelidas por los cuerpos en general, con la ventaja sobre Franklin de que podía justificar, muy artificiosamente, las fuerzas de atracción y repulsión; y la de Coulomb proponiendo dos fluidos, siguiendo la teoría de Symmer que resolvía las deficiencias de las anteriores.

Robert Symmer (1707-1763) observó un extraño efecto al calzarse con dobles medias, una blanca y otra negra, para defenderse del frío en el invierno de 1758: al calzarse la blanca sobre la negra y viceversa, se mantenían alejadas, repelidas entre sí, y se hinchaban ligeramente. Symmer asoció este hecho al comportamiento eléctrico de las calzas, interpretándolo como que ambas se cargaban con diferentes agentes eléctricos, diferentes fluidos, que manifestaban su plena actividad cuando se separaban y se equilibraban cuando se juntaban, es decir, como una suma algebraica nula entre una electricidad positiva y una electricidad negativa, pero en la forma en que dos poderes antagónicos «ambos realmente positivos» se equilibran entre sí «actuando en direcciones opuestas», resume Fregonese. Hipótesis contraria a la teoría de Franklin de un solo fluido, justificada por Beccaria ante la contrariedad provocada por las calzas de Symmer recurriendo a su hipótesis sobre la electricidad «vindice», comunicada por carta a Franklin en 1767, y rebatida por Volta en *De vi attractiva* (1769).

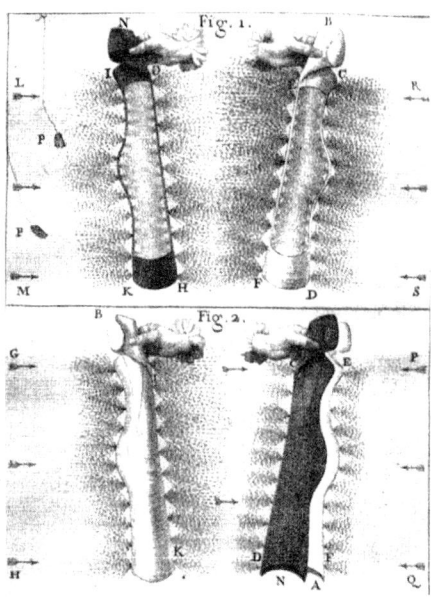

Las calzas de Symmer.

Franklin, que compatibilizó la actividad científica con otras muchas ocupaciones, entre ellas la política activa, que no recibió una educación formal en las ciencias, no se ocupó de la actividad científica a tiempo completo; lo hizo como un *amateur* autodidacta, interesándose pronto por la ciencia de moda, la electricidad. Sin embargo, su capacidad para profundizar en los asuntos le llevó a ser uno de los primeros hombres de ciencia internacionalmente reconocido. «En particular, fue un apasionado lector de literatura sobre la ciencia experimental y se identificó completamente con el concepto de Newton del éter como medio para explicar la atracción; su propia concepción de un "fluido" o "fuego" eléctrico estaba basada en el modelo newtoniano», escribe Cohen. Este es el principio de la analogía neumática con que plantea los fenómenos eléctricos, basado en la elasticidad de ese fluido «más sutil que nuestro aire que puede contener partículas intentando alejarse unas de otras». Su obra *Experiments and Observations in Electricity made at Philadelphia in America,* fundamentada en el análisis de la botella de Leyden, publicada en Londres en 1751 en la que introduce términos como conductor y aislante, más o positivo, menos o negativo, batería eléctrica, etc. y por encima de todos, la ley de conservación de la carga eléctrica, tuvo una amplia difusión y varias ediciones, en inglés y francés; también traducida a alemán e italiano por el P. Carlo Giuseppe Campi. En ella da cuenta de sus primeras investigaciones eléctricas, entre las cuales destaca «el maravilloso efecto de los cuerpos puntiagudos que pueden igualmente comunicar el fuego eléctrico a los demás cuerpos y arrebatárselo», el llamado «efecto de las puntas» que sirvió de guía para su invención del pararrayos, ensayado públicamente en 1752.

La electricidad «vindice» (traducida en algunos textos españoles como electricidad «vengadora») fue una propuesta atrevida con escaso fundamento que Beccaria no acabaría de aclarar, aunque promete en la memoria enviada a la Royal Society en 1766 explorar «la causa última de este principio mío». Por la trascendencia que tiene en la obra posterior de Volta y su relación con Beccaria, en cierto modo su mentor, trascribo parte del texto de Pancaldi en el apartado «Vindicating Electricity», concepto que introduce el fraile intentando explicar los resultados de un experimento hecho en Pekín por los jesuitas en 1755 y difundido en Europa por Aepinus tres años después:

«Una placa de vidrio electrizada por frotamiento se colocaba y se retiraba alternativamente de la tapa de vidrio de la caja de una brújula. Cuando el vidrio electrizado se colocó encima del vidrio de la caja de la brújula, la aguja de la brújula se elevó hasta la parte superior, permaneció un rato y luego cayó. Cuando se quitaba la placa superior, la aguja se elevaba de nuevo, para caer cuando se volvía a colocar la placa. Los efectos duraron horas, sin volver a frotar. Variando el experimento, combinándolo con la línea de investigación indicada por Symmer y utilizando conceptos básicos franklianos, Beccaria desarrolló la teoría de la «reivindicación de la electricidad», que describe en un ensayo dedicado a Franklin en febrero de 1767. Volta supo de ese ensayo ese mismo año, y la teoría de la «reivindicación de la electricidad» se convirtió en el mayor acicate para la realización del electróforo [por Volta].

La teoría de Beccaria fue aplicada a placas electrizadas de diferentes materiales unidas y luego separadas. En su formulación más general, el principio de «reivindicación de la electricidad» de Beccaria afirmaba que (a) cuando un aislante se une a otro aislante de carga opuesta o a un conductor, las electricidades de los dos cuerpos se anulan, y (b) que los mismos dos cuerpos recuperan («reivindican») sus respectivas electricidades cuando se vuelven a separar. El sofisticado relato de Beccaria fue admirado, pero no atrajo adeptos. Presentado como un compromiso satisfactorio entre el clásico enfoque frankliano de un solo fluido y la problemática realidad de los fenómenos simmerianos convencieron al joven Volta solo de forma limitada, e incluso eso solo temporalmente. A juzgar por la primera publicación de Volta, una de las razones de su disconformidad con la «reivindicación de la electricidad» fue que Beccaria ni siquiera tratara de basar sus nociones en lo que sucedía a nivel microscópico, y no mencionara la atracción. Al parecer, el joven Volta consideraba previos estos requisitos para cualquier explicación convincente de los fenómenos eléctricos».

Volta, a partir de la traducción francesa de la obra de Franklin considerada fundamental para los interesados en los fenómenos eléctricos, sabía que este admitía una fuerza de atracción activa entre las partículas de la materia ordinaria y una fuerza de repulsión activa entre las

FAMILIAR INTRODUCTION

TO THE STUDY OF

ELECTRICITY.

By JOSEPH PRIESTLEY, LL.D. F.R.S.

Nunc opus est leviore lyra.

OVID.

LONDON:

Printed for J. DODSLEY, in Pall-Mall; T. CADELL, Suc-
cessor to Mr. MILLAR, in the Strand; and J. JOHNSON,
in Pater-noster Row.

M DCC LXVIII.

*DOCTER PHLOGISTON.
The PRIESTLEY politician or the
Political Priest*

partículas del «fuego eléctrico» concebido como una sustancia diferente al calórico del fuego común. Propuesta compleja de entender
que el propio Franklin intentó aligerar introduciendo el concepto de
«atmósfera eléctrica», una especie de envoltura de fluido eléctrico alrededor de los cuerpos electrizados positivamente y que afecta a otros
que puedan entrar en contacto con él, lo que en su opinión disminuía la
complejidad y artificiosidad de la idea. Algunos seguidores de Franklin
parecían estar más interesados que él por reconciliar las nuevas nociones eléctricas con los conceptos mecánicos newtonianos. Beccaria en
sus comienzos se contaba entre ellos. Pero fue distanciándose, como
ya vimos en los consejos que da a Volta a propósito de las ideas del
comasco sobre las atracciones eléctricas al referirse a las electricidades «vítrea» y «resinosa». La determinación de aplicar los modelos
mecanicistas en las explicaciones de los fenómenos naturales en general, y muy particularmente en los eléctricos, influyó decisivamente en la
mentalidad teórica de Volta, afín al newtonianismo practicado en Gran
Bretaña, Alemania, algunos en Italia y los Jesuitas.

Volta manifestó una especial predilección por los experimentos y
publicaciones de Joseph Priestley, quizá por considerarlo referente de
sus admirados filósofos naturales. Priestley, pastor de una iglesia disi-
dente de Leeds —apartada por convicción de la oficial iglesia angli-

cana— fue profesor de lenguas (latín, griego, francés e italiano) en Warrington. Aprendió también caldeo y árabe. En un viaje a Londres, en 1766, conoce a Franklin, que lo anima a profundizar en su naciente interés por la electricidad y otros fenómenos físicos y químicos. Entre sus experimentos cuenta el acercamiento pionero a la ley newtoniana del inverso del cuadrado de la distancia aplicado a las atracciones eléctricas que llamó la atención de Volta y sobre la que Charles-Agustin Coulomb (1736-1806) trabajó en la década de 1780, concluyendo con su famosa ley en 1785. Volta mantuvo correspondencia con Priestley, quizá menos de lo que hubiera deseado, entre 1772 y 1779. En esta última, el británico lamenta la distancia geográfica que los separa, resolviéndola con «la pesadez de escribir cartas, y el gasto y la inseguridad de su conveniencia; aumentada ahora por la presente guerra». Se refiere a la sostenida (1779-1783) entre España y Gran Bretaña, que permitió la recuperación de Menorca, pero no de Gibraltar, que era otra de las aspiraciones españolas. En la primera carta, Priestley le agradece la información que le envió y promete incluir sus trabajos sobre electricidad en posibles nuevas ediciones de su *The History and Present State of Electricity* (London, 1767) de la que Volta conocía la traducción francesa, recibida de su amigo Paolo Frisi en 1771. Esta Historia de la Electricidad gozó durante muchos años de una magnífica acogida, entre «electricistas», curiosos, estudiosos, filósofos, naturalistas y fue utilizada como texto o lectura complementaria en el mundo académico. Para complacer las demandas de quienes, interesados en las lecturas sobre electricidad, que como el resto de ámbitos de la Física Experimental gozaban de una populosa curiosidad, encontraban dificultades para entender los contenidos, a veces muy específicos y profundos de la Historia, publicó en 1778 *A Familiar Introduction to the Study of Electricity* que contiene el anuncio de la venta de Máquinas Eléctricas «igualmente adecuadas para intereses filosóficos, o para entretenimiento, hechas bajo la dirección del Dr. Priestley». Con la compra de cada máquina se regalaba un ejemplar de esta publicación más asequible al público. En cuanto a la Historia, advierte Priestley que la ha escrito para que sea «particularmente útil a los ingleses» con esta curiosa coletilla: «como dicen los Autores Españoles, sin dejarme nada en el tintero». Aunque es obra tendenciosa en cuanto defiende las teorías de Franklin frente a otros, que el traductor francés trata de combatir con notas a pie de página, presenta una panorámica muy actual de los avances en Electricidad, en conceptos, instrumentos y experimentos, así como una serie de «preguntas y consejos ofrecidos para facilitar nuevos descubrimientos sobre la Electricidad», que sin duda no cayeron en saco roto. Alejado de la electricidad en sus últimos años, se entregó a los estudios químicos en los que dominaba le teoría del flogisto, un fluido imponderable — la *terra pinguis* de J. J. Becher (1635-1682)— introducido para explicar la combustión. Priestley se mantuvo fiel a esta ficción, aunque curiosamente él mismo descubrió, entre otros muchos gases, al que nombró como «aire desflogisticado»; el que Lavoisier llamó oxígeno. Los hallazgos de Cavendish y Lavoisier acabaron con el flogisto, abriendo el camino de la química moderna.

Priestley fue también para Volta un referente en el método de trabajo, aceptando los errores sin tapujos y procurando a su vez explicar los resultados de la manera más inteligible: Volta se esforzaba en ser claro en sus tareas docentes. Schofield (1967) en un escueto artículo, apunta algunas claves para conocer la personalidad científica del británico: «Realizó experimentos, incluyendo los químicos, fácilmente explicables de manera asequible, más familiar y otros para los que el más imaginativo de los especuladores aún no ha encontrado una solución... la descripción de Priestley como un corpusculariano dinámico explica las razones de sus experimentos y las conclusiones que, de lo contrario, deberían atribuirse a una ignorancia que se puede demostrar que no poseía y una ineptitud científica que su propia carrera demuestra que no tenía. Reconcilia la metafísica y la teología con sus estudios en psicología, sus investigaciones eléctricas —la clave de su mentalidad científica— su incursiones en óptica y sus estudios pneumáticos. Se disipa así el absurdo histórico que supone como rasgo característico de los racionalistas ilustrados ingleses que experimentaban sin razón y revoloteaban de tema en tema sin diseño previo alguno. Y, al redondear la figura plana de Priestley, junto con análisis similares de otros científicos británicos del siglo xviii, puede incorporarse una tercera dimensión, una dimensión filosófica, a las dos dimensiones, observación y experimento, en la filosofía natural del xviii».

Priestley es un ejemplo relevante de la necesidad habida en su tiempo por conocer la constitución de la materia y vincularla con los fenómenos eléctricos. Respondiendo a los éxitos de Lavoisier, Priestley escribe: «No puedo concluir... sin advertir que los avances que estamos haciendo continuamente en los análisis de las sustancias naturales de que se componen los elementos, nos acercan un paso más a sus diferencias constitucionales, que tanto depende del modo en que están dispuestas, respecto del cual no sabemos nada en absoluto, como de los elementos mismos... ¿Por qué medios podemos llegar al conocimiento de los ajustes internos de las partes elementales de las sustancias naturales? No tengo la menor idea... Sin embargo, el éxito de nuestras investigaciones hasta ahora reconocidas debería alentarnos a no desesperarnos por nada». Se preguntaba insistentemente sobre cómo y por qué se producían aquellas combinaciones. «Lavoisier rechazó explícitamente cualquier preocupación por los átomos o sus modos de combinación, como muchos químicos posteriores, hasta que mucho más tarde, en 1875, James Clerk Maxwell trató de interesar a la audiencia de la *Chemical Society* en el mismo tipo de problemas que Priestley estaba abordando un siglo antes», escribe Schofield que califica a Priestley como un filósofo natural mecanicista en la más pura tradición iniciada por Boyle y sustancialmente modificada por Newton. En 1770 empieza a interesarse por la filosofía pneumática y en su Historia apunta: «la química y la electricidad conocen las propiedades latentes y menos evidentes de los cuerpos; y, sin embargo, la relación entre ellas ha sido poco considerada y sus específicas aportaciones casi nunca se han relacionado... Entre otras ramas de la Filosofía Natural, también se ha de prestar especial atención a la doctrina de la luz y los colores. Esto fue lo que Newton pensó que sería la clave para conocer otras propiedades ocultas de los cuerpos». Por aquí caminó Volta, aunque, digámoslo una vez más, le fuera escatimada la condición de filósofo natural. Nollet, en Francia; Beccaria, en Italia; y Priestley, en Inglaterra, fueron sus más directos objetivos para introducirse en la filosofía natural. Especialmente de Priestley siguió casi miméticamente su trayectoria: química (identificación de elementos, combustión, reacciones químicas), estudio de los gases y más ampliamente los fenómenos meteóricos de la atmósfera y la electricidad en toda su extensión.

No obstante, las divergencias y confusión reinantes en aquella ciencia emergente hacían difícil adscribirse a unas u otras propuestas, lo que justifica que Libes, casi medio siglo después, en su Diccionario reconociera honestamente las limitaciones de los saberes que fueron acumulándose: «El análisis y la síntesis son los únicos medios que nos pueden conducir a conocer la naturaleza de los cuerpos, y el fluido eléctrico se resiste hasta ahora a la acción de nuestros esfuerzos. No podemos, por tanto, ofrecer en el estado actual de nuestros conocimientos, más que conjeturas muy vagas sobre la naturaleza de un fluido cuya existencia misma descanse sobre pruebas que están lejos de responder a ese rigor y severidad que exige la Física moderna». George Ch. Lichtenberg (1742-1799), con quien Volta mantuvo fluida correspondencia y compartieron experimentos en algunas ocasiones, ante las dudas del comasco si había que ser unitario (partidario de un solo fluido) o no, responde: «No soy ni unitario ni dualista, pero estoy listo para cambiarme a uno u otro partido tan pronto como vea un experimento decisivo», porque eran conscientes de que la ciencia física, en lo tocante a la electricidad, no había pasado de la «pubertad». Ningún hecho parecía estar en contradicción con una y otra teorías. Por otra parte, en el caso de Volta, la dedicación a la electricidad estaba muy trufada con otros intereses científicos, con sus propias circunstancias y con las de su tiempo, por lo que, concluye Pancaldi, «es una dificultad para los historiadores distinguir —y probablemente nunca hubo— una separación completa y clara entre las dimensiones teórica, técnica, social y personal de la investigación de Volta. Los diversos objetivos que convergieron en la dirección de Volta

Curso de electricidad experimental en Amsterdam (1801).

interactuaron, en diversos grados de intensidad, en casi cada paso del proceso». La propuesta de hipótesis sobre hipótesis dejaba sin fundamentos sólidos la respuesta a qué era la electricidad y cómo se producía. Los instrumentos y aparatos se concebían desde la perspectiva de los fenómenos para provocarlos, reproducirlos, medirlos, no sobre los conceptos que pudieran subyacer en ellos. Algunos conceptos fueron atisbados como prometedores, pero tardarían tiempo en ser reconocidos e integrados en un cuerpo sistemático de conocimientos.

Así veía el historiador Cesare Cantú, el de los «devaneos» poéticos del comasco, a mediados del XVIII, aquellos comienzos: «La electricidad parecía ser uno de los muchos objetos aislados de todo lo que constituye los demás ramos de la filosofía, los cuales no pueden estudiarse sino en sus relaciones interiores; pero esta opinión duró tan solo hasta que Alejandro Volta demostró todo lo contrario, alcanzando en esta ocasión la gloria de un descubrimiento supremo. Habiendo inventado este varón ilustre el electróforo perpetuo, después el condensador y finalmente un electrómetro más exquisito, se dio a investigar la electricidad atmosférica y de qué manera se forman el granizo, las auroras boreales y otros fenómenos. Pero, aunque experimentador exacto, no estaba dotado de aquella fuerza de mente filosófica que puede establecer doctrinas precisas y aspirar a un rigor matemático; en efecto, no puso nunca el electróforo y el condensador en su verdadero punto de relación con las correspondientes teorías; no supo descubrir la verdadera causa que produce o impide el desarrollo de la electricidad en la evaporación del agua, y finalmente sus hipótesis no fueron sancionadas por los hechos». Un punto exagerado, pero no iba desencaminado respecto al papel desempeñado por Volta en la comunidad científica. Más adelante, refiriendo el experimento de Galvani sobre la electricidad animal, añade: «Pero Volta, renovando los experimentos, sospechó que las partes animales eran pasivas, y que los metales obraban en ellas como un estímulo exterior». Asunto: sigue Cantú, conducente a la invención de «la célebre pila que es el instrumento más poderoso de análisis químico. Volta, aunque vivió treinta años después de su gran descubrimiento, no lo aplicó ni lo enriqueció con nuevas adiciones», que es cierto. Ya veremos quiénes, cómo y qué hicieron otros.

La tumultuosa vida pública de Priestley, perseguido por buena parte de ciudadanos hasta el punto de quemarle la casa por su pensamiento liberal que como predicador de la iglesia unitaria, no ocultaba y hacía público, y la defensa de la Revolución Francesa, le obligaron a dejar su Inglaterra natal. Se instaló en Pennsylvania en 1794, recibiendo una grata acogida por el pueblo norteamericano, como evidencia el saludo de Thomas Jefferson, tercer presidente de Estados Unidos y afín al pensamiento ilustrado, en el encuentro mantenido entre ambos en 1801: «La suya es una de las pocas vidas valiosas para la humanidad, y por cuya continuidad todo hombre pensante estará de acuerdo», recogidas por Ira V. Brown (1962) encabezando la selección de escritos de Priestley.

De la producción de descargas y la breve y momentánea transmisión de electricidad surgió, necesariamente, la necesidad de encontrar la forma de conservar esas cargas producidas en los cuerpos electrizados para alargar su permanencia y efectos. Conservar la electricidad, almacenándola o condensándola, que cualquier término servía para significar el propósito, era otro de los tanteos que ocupaba a aquellos curiosos. Así lo detalla Musschenbroek, el de la «botella de Leyden», condensador primigenio sugerido en el siguiente párrafo de su *Curso de Física Experimental* que conocemos en la traducción francesa (que yo sepa, no hubo traducción española, aunque fue texto, en su original latino, en los estudios superiores españoles del XVIII y XIX) por Sigaud de la Fond:

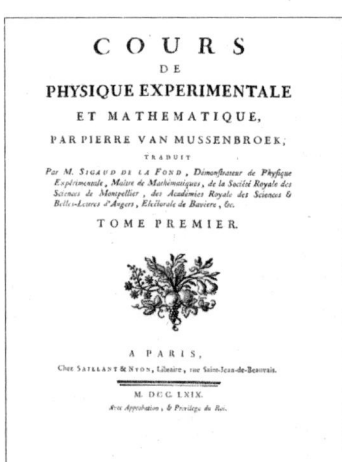 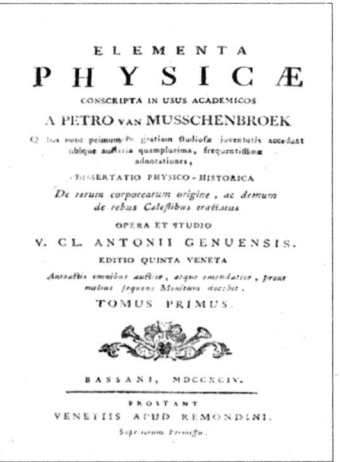

Traducción francesa de la *Física de Musschenbroek* (1769) y una edición latina publicada en Venecia (1794) precedida de una D*w* (100 páginas) con los saberes y personajes más afines a la Física desde la Antigüedad hasta la fecha de su publicación (ejemplar encontrado en un puesto callejero del Rastro madrileño en 1985, 25 pesetas).

«La electricidad, una vez excitada en los cuerpos idioeléctricos, se conserva a veces largo tiempo, si el lugar donde están esos cuerpos es muy fresco y muy puro. Yo he observado en Leyden, en un tiempo muy sereno y de fuertes heladas, que los tubos de vidrio conservan su electricidad una hora después de haber sido frotados; volví a observar que subsistía durante 12 horas cuando electrifiqué globos de una gran dimensión. El célebre Bose, que ha hecho cantidad de descubrimientos curiosos sobre esta materia, nos asegura que había conservado electrificados, durante 3 o 4 horas, globos de vidrio interiormente recubiertos de cera, brea o azufre, y que después de ese tiempo todavía atraían fibras ligeras; lo que M. Jallabert nos ha vuelto a confirmar».

Los fenómenos asociados con la acumulación de electricidad o electricidad acumulada, «latente o disimulada», la denominan Venancio González Valledor (1805-1867) y Juan Chavarri (1813-1876), catedráticos de Física en la Universidad Central, en *Programa de un curso elemental de Física y nociones de química* (Madrid, 1848), produjeron la sucesiva mejora del condensador que, en definitiva, era el aparato diseñado para «guardar» la electricidad. Hubo, como en todo el aparataje eléctrico, múltiples aportaciones, destacando la de Aepinus como quien dio

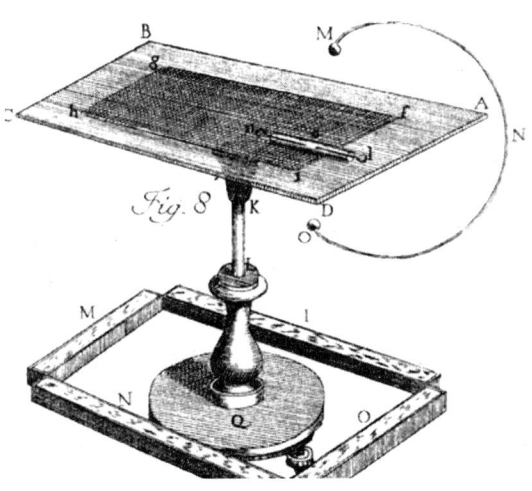

Cuadro de Franklin o cuadro fulminante, en *Elettricismo artificiale* (Turín, 1772) de G. B. Beccaria.

el paso más solvente para producir el efecto buscado de «condensación» de la electricidad. El de Musschenbroek que acabamos de ver es otro destacado. El cuadro de Franklin, por su peculiaridad, puede cerrar la enumeración antes de llegar al definitivo condensador de Volta que culmina el proceso. De este cuadro escribe François S. Beudant (1787-1850) en su *Tratado Elemental de Física* (1.ª edición francesa, 1815; 1.ª edición española, 1830): «Como es inútil en estos experimentos [los de condensar electricidad] que los discos metálicos sean móviles [empleados en los aparatos iniciales], se puede reemplazar el condensador con otros aparatos más sencillos que producen el mismo efecto. Puede, por ejemplo, emplearse una lámina de vidrio cubierta por ambos lados con una hoja de estaño que reemplace al disco. Estas hojas no deben llegar hasta el borde del vidrio, sino que deben dejar descubiertas todo a su alrededor unas cinco o seis líneas de la lámina. Este aparato toma el nombre de cuadro fulminante».

LA FORJA DE UN CIENTÍFICO

Los avances en el movimiento emprendedor para situar la ciencia como actividad autónoma y original, útil para la mejora de la vida de las gentes, se produjeron básicamente al margen de las universidades con desigual fortuna en la cultura occidental. Volviendo a Ferrone, hace estas consideraciones respecto al caso de Italia: «En las academias, el hombre de ciencia inició la larga marcha que debía conducirlo a identificar como profesión la investigación científica. Un proceso largo y laborioso que se desarrolló con éxito a lo largo de dos siglos, a pesar del primer fracaso clamoroso en esta dirección ocurrido en Italia. Allí donde había nacido la ciencia moderna, y aún antes el movimiento académico, la omnipotente figura del teólogo tuvo de hecho la mejor parte y las academias científicas no lograron echar raíces. La condena de Galileo, la experiencia de las academias *dei Lincei*, del *Cimento* y, posteriormente, de los católicos ilustrados guiados por Celestino Galiani (1681-1753) en los primeros años del siglo XVIII son, en este sentido, etapas de una marginación progresiva y melancólica de la figura del hombre de ciencia a favor de literatos y filósofos, sensibles en su mayoría a la "razón de Iglesia" impuesta por el concilio de Trento». Contrariamente a la ventaja del hombre de ciencia inglés desenvolviéndose en un ambiente favorable entre ciencia y religión para el cultivo de ambas, donde destacó el modelo baconiano del *natural philosopher*, aunque a comienzos del siglo XVIII vio desplazada su relevancia por el *savant* francés gracias a la financiación y privilegios otorgados a la Academia Real de Ciencias por Luis XIV, el celebrado Rey Sol, en el trono desde 1654 hasta su muerte (1715). Esta institución, a la que acudían hombres de ciencia extranjeros «en una especie de peregrinación laica», llegó a contar con más de 300 personas de distintos rangos, sueldos y responsabilidades implicadas en lo que puede considerarse la primera «empresa científica» moderna: una «Nueva Atlántida» referente para la multiplicidad de academias y sociedades europeas y americanas afines a la «República de las ciencias» o «de las letras», tanto monta en la denominación de entonces, aunque se prefiriera esta última, que caracterizó el movimiento ilustrado. En Italia, por las razones apuntadas y como vimos en su momento, la debilidad científica del movimiento ilustrado no favorecía a quienes, como Volta, aspiraban a ocupar un puesto en la comunidad científica internacional.

Los comienzos experimentales de Volta se corresponden con la categoría de *amateur*, como se llamaba a los principiantes. Paso previo para, al cabo de los años, llegar al de *natural philosopher*, el grado más alto de quienes se interesaban y dedicaban prácticamente todo su tiempo a descubrir los secretos de la naturaleza, los «arcanos del Universo»

Grabado de Isaac Newton. En *Newton and the Culture of Newtonianism*, B. J. T. Dobbs (propietaria del mismo) y M. C. Jacob.

en lenguaje ilustrado. Nivel compatible con el de profesor en instituciones privadas o públicas, como las universidades. La denominación de «científico», incluso de «físico», que no se entendiera como médico, que así fue durante siglos, se incorpora al lenguaje con el significado actual bien entrado el siglo XIX. No así el término «física», que en el Diccionario de Brisson aparece como «ciencia de las cosas naturales... el arte de conocer los efectos, y de desenvolver sus causas», atribuyendo a la Física experimental los efectos y a la Física sistemática las causas. El británico William Whewell (1794-1866), profesor del Trinity College, Cambridge, autor de dos obras cruciales —*History of the inductive science* (1837) y *The philosophy of the inductive science* (1840)— se interesó por acuñar nuevos términos en el vocabulario usual de las ciencias físicas y naturales para adecuarse a los avances que iban produciéndose tanto en las ciencias mismas como en el ejercicio de las profesiones afines. Físico y científico, entre otras, con los significados actuales fueron ideadas por él. Reparemos en el término «científico» porque algo tiene que ver con Volta. Falconer (*Library of Useful Knowledge. Natural Philosophy*, TI, London, 1829) dice que a finales del XVIII «trabajar como científico no es todavía, por ejemplo, una auténtica profesión capaz de definir una clase ocupacional. En los archivos notariales europeos no aparece nunca —hasta donde sabemos— la profesión específica de científico». Sí se tiene más acordado implícitamente el significado de filósofo natural y sobre todo filosofía natural, terminología mantenida hasta el siglo XX entendida como la que se ocupa de «enseñar las propiedades de los diversos cuerpos que conocemos por medio de nuestros sentidos». Referencia obligada es *Philosophiae Naturalis Principia Mathematica* de aquel «muchacho serio, silencioso y pensativo», como califica Richard S. Westfall a su autor, Sir Isaac Newton, publicado en Londres (1687), libro de cabecera de Volta desde su juventud y de importancia capital en la configuración de la física como la ciencia que conocemos hoy. A medida que Volta fue profundizando en los fenómenos eléctricos y en los procesos químicos y meteorológicos, de crucial importancia en la actividad científica voltiana, así como en la dedicación preferente a la construcción de aparatos e instrumentos, se fue produciendo un acercamiento más efectivo a la otra gran obra de Newton, *Opticks or a treatise of the reflections, refractions, inflexions and colours of Light* (London, 1704).

Respecto al marco de la filosofía natural «pura», fue mirado por los electricistas no como tal, sino como un brillante inventor de aparatos eléctricos: «Estos electricistas, cita Pancaldi, [a Lichtenberg, Gren, Adams, Cuthbertson, Siguad de la Fond y Cavallo se refiere] —junto con sus colegas menos amigables que rechazaron la pretensión de Volta de ser considerado como un genuino filósofo natural— no hicieron más que favorecer o fortalecer la circulación del trabajo de Volta y sus ambiciones porque contribuyeron a la difusión de su estilo de investigación. El estilo de investigación que Volta llegó a adoptar mientras interactuaba con la compleja comunidad de electricistas dejó de ser el estilo del filósofo natural tradicional con el que por influencia había comenzado». Hubo de hacer «de la necesidad virtud» y acoplarse al papel que le permitía aquel escenario, lo que afortunadamente le permitió sobresalir por encima de la resistencia de algunos filósofos naturales a admitir conceptos surgidos de los laboratorios; destacó en la precisión de sus experimentos y sobre todo en conseguir que la construcción de máquinas y aparatos estuviera considerada a la altura de los planteamientos teóricos. No obstante, este asunto es de mínima relevancia, salvo en cómo él hubiera podido vivirlo, porque, como hemos visto, estaba a un paso de que la categoría de filósofo natural fuera desplazada por la de científico.

INSTRUMENTOS VS. CONCEPTOS: ELECTROLOGÍA Y ELECTROMETRÍA

En la trayectoria de Volta como *amateur*, por encima de su pretendida aspiración a integrarse en el selecto ámbito de los limitados filósofos naturales que en el mundo han sido, por la que más ha trascendido su nombre —por la que quizá él menos hubiera apostado— es ciertamente como inventor, diseñador, constructor y manipulador de instrumentos y aparatos científicos. Construcciones que no se limitaron al campo de la electricidad, como sucedía en los núcleos experimentales de la época extendidos por Europa y América. Basta visitar el Museo de la Ciencia de la Universidad de Pavía, donde se conserva su gabinete, para reconocer tan justificada fama. Sus propios amigos, compañeros universitarios y las élites cultas de la Ilustración tardía italiana consideraban sus instrumentos como su logro más visible e importante, no como aportaciones asociadas a la filosofía natural. Sin embargo, tampoco fue estrictamente un inventor como lo fueron James Watt (1736-1819), Narciso Monturiol (1819-1885), Thomas Alba Edison (1847-1931) o Leonardo Torres Quevedo (1852-1936) por citar algunos más conocidos, porque en la amplitud de sus intereses también dejó constancia de las incursiones por fundamentar conceptualmente sus averiguaciones.

A mediados del siglo XVIII proliferó la construcción de máquinas electrostáticas para conseguir electrizaciones más potentes que las, hasta entonces, proporcionadas por frotación manual. Máquinas que fueron exhibidas en los salones donde se practicaban los espectaculares divertimentos eléctricos; también por los pueblos donde magos y charlatanes sobrecogían a la parroquia para atraerlos a la compra de productos caseros, textiles, crecepelos o aliviadores de molestias y enfermedades que tenían más de timos que eficacia.

Francis Hauskbee (1660-1713), trapero londinense dedicado a la construcción de instrumentos, pronto miembro de la Royal Society, donde compartió tareas con Boyle, Hooke, Papin, entre otros, perfeccionó la rudimentaria y pionera máquina eléctrica de Otto von Guericke dada a conocer en 1672, construyendo una propia publicada en *Physico-mechanical Experiments on Various Subject* (London, 1719) traducida al

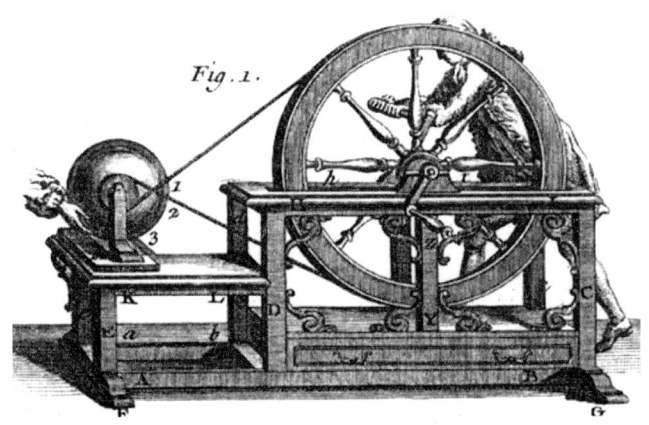

Máquina eléctrica utilizada por Nollet a lo largo de sus tareas como profesor, experimentador y exhibidor recreativo.

alemán, italiano y francés; esta a cargo de Nollet que la utilizó como referencia para la máquina de su creación. La electrización conseguida a través de estos dispositivos ocurre por la acción mecánica de la rueda en movimiento. En realidad, un principio de conservación y transformación de lo que con el tiempo será conocido como energía. Proceso en el que se combinan los fenómenos electrostáticos del frotamiento, la inducción y el poder de las puntas. Fueron utilizadas con fines médicos, para producir descargas espectaculares y para cargar cuerpos conductores. Dejo en manos del lector averiguar el funcionamiento de aquellos artilugios, como necesariamente habré de hacer en sucesivas ocasiones.

La temprana inclinación de Volta por la electricidad y el tesón con que afrontó cualquier circunstancia de su vida fueron cruciales para procurar el acercamiento a quienes supieran del asunto y de los que aprender, que fue otra de sus convicciones: no dejar de aprender y hacerlo con los mejores. Por entonces los saberes estaban en manos, todavía en gran parte, de eclesiásticos de los que estuvo rodeado, o se relacionó por carta, o visitándolos, por condición familiar, posición social y porque él estuvo a punto de profesar. Beccaria, Spallanzani, Nollet, Barletti, Campi, contemporáneos suyos, le sirvieron de apoyo por sus trabajos y por la posesión de libros básicos para avanzar en sus aprendizajes y experimentos. Inicialmente, procuró utilizar el latín como lengua preferida para mostrar su predilección por la, digamos, alta cultura y así lo manifestó en su ambicioso *Poema* de 1764, pero sin ocultar la predilección, también, por el negocio práctico que mejorara su economía tan venida a menos en la casa familiar. Siguiendo a Pancaldi: «Hay indicios de que Volta se volvió cada vez más hacia el lado práctico de la filosofía natural después de la fría acogida que tuvo su ensayo teórico de 1769», su esperanzadora *De Vi Attractiva*. En 1771 envía al profesor de historia natural de la universidad de Pavía, Lazzaro Spallanzani (1729-1799) la memoria *Novus ac simplicissimus electricorum tentaminum apparatus: seu de corporibus eteroelectricis quae fiunt idioelectricos. Experimenta, atque observaciones* (Un aparato de prueba eléctrico nuevo y muy simple: sobre cuerpos heteroeléctricos que se convierten en idioeléctricos. Experiencias y observaciones) acompañándola de un ejemplar de su versión de la máquina de disco y otros accesorios de madera no muy vistosa, según su opinión. Su amigo Paolo Frisi le hizo llegar otra al ministro plenipotenciario de la Lombardia Carlo di Firmian, con quien Volta mantiene asidua correspondencia y de quien obtiene ayudas para instrumentos y viajes, confiado en que era un apoyo merecido a quien con aquella primera invención empezó a ser reconocido en las universidades europeas. De esta máquina da cuenta a Priestley quien le hace algunas consideraciones por carta (14/3/1772): «La idea de su máquina con láminas de cartón me llamó la atención. Por eso la hice construir, y me sorprendió mucho ver los efectos, aunque están muy por debajo de los de nuestros globos de cristal. Sin embargo, puedo apoyarla y pedir que, si se construyera de mejor manera, su fortaleza sería mayor; seguro que si se le introdujeran varias planchas de cartón o de madera (que sería bastante fácil hacer) con un solo frotamiento bastaría para las dos placas». Le agradece el envío de la traducción francesa de su *Historia*, aunque dice no haberla visto todavía. No he encontrado constancia de la opinión de Priestley a las notas del traductor incorporando matices de las teorías científicas procedentes de países no anglosajones, especialmente de Francia. En la carta de 10/11/1773, Priestley le comenta que sus descubrimientos eléctricos —los de Volta— irán en una próxima publicación, *Continuación de la Historia*, no en la tercera edición de la *Historia* ya en marcha. Desconozco si se produjo esa incorporación en algún momento, ni si hubo tal *Continuación*, entre otras razones porque Priestley también le dice no estar ya tan interesado en la electricidad, sino en el estudio de los aires, al que también estuvo dedicado Volta. Recordemos que Priestley fue apodado como «Doctor Flogisto» por su aceptación de este imponderable en el estudio de los gases, la combustión y la fotosíntesis, aunque luego (1783) fuera él mismo quien descubriera el que llamó aire desflogisticado, el oxígeno, sin apearse de la creencia en los imponderables. El parisino Jean Baptista Le Roy (1720-1800), colaborador en la *Encyclopédie*, mejoró la rudimentaria máquina de Volta.

Los efectos electrostáticos producidos por las máquinas eléctricas no iban más allá de producir descargas más o menos intensas, cuya detección y medida fue el objetivo de los «electricistas» a partir de la construcción de electrómetros que Brisson define como: «Instrumento propio para medir los diferentes grados de la virtud eléctrica en los cuerpos; pero el que merecería el nombre de electrómetro sería el que no solo nos indicase si un cuerpo es actualmente eléctrico, sino también cuánto lo es más que otro». Y añade: «Mucho ha que se busca este instrumento, sin que a la hora esta se haya hallado». Si bien considera que «el más ingenioso de todos es el que inventaron Arcy y Leroy» en 1749, que describe y representa en una lámina del *Diccionario* e indica cómo usarlo. Añade algunas variaciones hechas por Nollet y por Waitz sin que superen la deficiencia apuntada. Volta da a conocer en 1784 un electrómetro de cuadrante modificando el construido por William Henley (¿-1779) en 1772. Son sus comienzos en la electrometría que consideraba básica para llegar a una teoría satisfactoria de la electricidad: «Tenía la idea fija de que, sobre todo, la medida cuantitativa de los fenómenos era la única vía que podía permitir captar las relaciones existentes entre los elementos que intervienen en su producción para luego establecer, sobre la base de los resultados obtenidos, las leyes que deben satisfacer las diversas magnitudes que surgen en el estudio de los fenómenos mismos. Le importa especialmente la construcción de instrumentos para comparar la medida de los fenómenos eléctricos diversos», escribe Molteni. El electrómetro de Henley constaba de un péndulo aplicado a un eje vertical que, debido a la repulsión, se mueve en un cuadrante. Este instrumento, tal como estaba construido, solo era capaz de mostrar el fenómeno de la repulsión, al que Volta añade la posibilidad de hacer mediciones relativas de la intensidad del fenómeno. El electrómetro fue un instrumento muy difundido; se construyeron más de un centenar con variantes poco significativas respecto a la mejora en la comparación de las medidas.

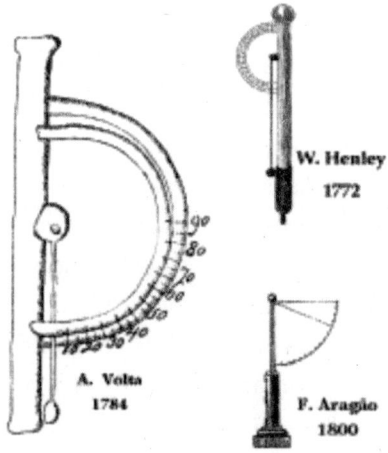

Variaciones sobre el electrómetro de Henley.

Desde sus inicios en la construcción de aparatos, Volta trata de difundirlos entre quienes pudieran utilizarlos o proponer ideas para su mejora en la calidad de los efectos o medidas, modificándolos cuanto fuera necesario. En el caso del electrómetro, con el que se inicia en esta tarea, escribe (Febrero de 1788) a George Ch. Lichtenberg, afín al ideario ilustrado, profesor de la recién creada cátedra de Física Experimental en la Universidad de Gotinga, a quien Volta visitó en 1784, asistiendo a sus conferencias. «Después de recordar con gran placer los días pasados junto a él tres años antes, menciona brevemente sus experiencias eudiometricas, pasa a explicar las mejoras que ha hecho al electrómetro de Cavallo (que ya había sido modificado por Saussure): insiste en los detalles relativos a la construcción de sus electrómetros de paja, sobre la comparabilidad de estos instrumentos con el electrómetro cuadrante (también mejorado por Volta), y en la oportunidad de una serie de cuatro instrumentos de medición (dos microelectrómetros de paja y dos electrómetros de cuadrante), le cuenta su proyecto de un "electrómetro de equilibrio", y termina dándole cuenta de los resultados de los experimentos realizados con el capacitor y con el electrómetro» (extracto del comentario de la Comisión editora del *Epistolario* sobre la carta a Lichtenberg más concreto que las propias cartas).

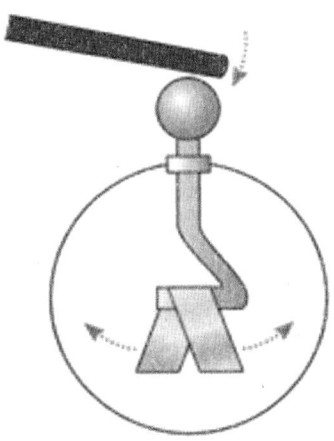

Esquema del electrómetro (electroscopio) de Volta.

El electrómetro diseñado por Volta era una modificación de los ya conocidos electroscopios —instrumentos para detectar si un cuerpo estaba o no cargado eléctricamente— hechos con bolas muy ligeras (médula de saúco, corcho, alambres de plata o de oro) en lugar de las pajitas introducidas por Volta.

En 1773, Volta había expresado a Firmian su deseo de establecer estudios de física en Como. Bien recibida la sugerencia por el ministro, en octubre de 1774 fue nombrado Regente del Gimnasio [centro de enseñanza secundaria] de la ciudad. Apreciado como persona experta en la enseñanza y en la ciencia pedagógica, fue consultado sobre las reformas aconsejables en los nuevos estudios, lo que le granjeó un reconocimiento popular añadido al que ya empezaba a gozar en Europa. Inició una reforma radical en la inclusión de materias y métodos de enseñanza centrada en las cátedras de gramática, humanidades, retórica, física experimental, lógica y metafísica, y geometría. Reforma apoyada por otros profesores a los que Luigi Rovelli considera «una generación ciertamente no de sombras perdidas en las brumas del pasado, sino de mentes trabajadoras, ansiosas de verdad, de moral, de orden». Era un puesto que a Volta no le impedía seguir con sus investigaciones físicas y particularmente eléctricas. Conocedor de las experiencias del doctor Giovanni G. Cigna (1734-1790), profesor de la Universidad de Torino, con una cinta de seda electrificada, que se acerca a una placa de metal bien aislada, indujo a Volta en 1775 al descubrimiento de su aparato preferido: el Electróforo.

En sendas cartas (13 y 22 de junio de 1775) enviadas a Campi le cuenta el envío en primicia a su admirado Priestley del descubrimiento de su nuevo aparato, del que Firmian se congratula por ser «un utilísimo descubrimiento, que honrará a su Patria y a toda Italia como madre de la ciencia y del arte». En la carta a Priestley aprovecha para insistir en la inadmisible teoría de Beccaria sobre la electricidad «vindice». He aquí un fragmento de las cartas a Campi:

«He escrito últimamente a Priestley sobre un descubrimiento eléctrico que creo sorprendente. Construí un pequeño dispositivo muy simple, que cabe en una caja portátil de bolsillo, cargado, por así decirlo, con una cantidad de electricidad tal que no se extingue nunca: lo cargué sin ningún otro equipo, sometido a un primer roce muy ligero solo una vez, y ya tiene más de un mes manteniéndose en él la electricidad; en el efecto de ese primer y único roce, sin más renovaciones, he encontrado una forma muy fácil de asegurarme de que permanezca en todos sus tramos, e incluso sea interminable. Me considero capaz de llamar a este tipo de electricidad Vindice inadecuada, y a mi aparato Electróforo perpetuo. Pronto podré publicar estos hallazgos míos que en la misma carta comparto con Priestley.

Puedo agregar una cosa más a lo que he dicho, que puede hacer crecer la sorpresa, y es que no solo tengo los medios para extraer la electricidad de mi aparato, si después de un largo período de días o semanas se ve debilitado, y llevarlo de nuevo al grado máximo de intensidad, sin ayuda de ninguna otra máquina; pero esto también, y es todo lo mismo, para servir electricidad sin importar cuán débil o fuerte sea un aparato, excitar a otro segundo, y sin propósito de presunción, a un tercero, diez, o cien aparatos, etc., sin que pierda intensidad el primero».

Así describe Volta, brevemente, su excitante y sorpresiva invención: «una placa conductora cubierta con una capa de resina, sobre la cual descansa un escudo de metal con un mango aislante. Frotada la resina con un paño, puesta sobre ella la placa en comunicación con la tierra, se obtienen vivas chispas en la placa, después de haber quitado el contacto con la tierra, y levantada la placa». A partir de la imagen tomada de Pancaldi, este es el funcionamiento del aparato: «Sujetando el escudo metálico superior AA por su mango aislante E, se frota la capa de resina colocada encima del plato metálico CC. Luego se baja el escudo y se coloca encima de la resina. El experimentador ahora toca el escudo con un dedo, mientras toca el metal inferior CC con otro dedo. Al levantar el escudo de nuevo, y acercando un dedo o cualquier órgano conductor a él, salta una chispa. La operación puede ser repetida "cientos de veces" obteniendo gran cantidad de chispas sin volver a cargar la capa de resina». El electróforo es la primera máquina electrostática basada en un principio que Volta llama *attuazione*, como una manera de referirse a una versión peculiar de las trasnochadas «atmósferas eléctricas», de las que acaba alejándose a cambio de otra versión más innovadora y acorde con los hechos: la inducción electrostática. Los términos carga, intensidad, potencia, tensión, resistencia, conducción, capacidad, inducción, fuerza, corriente, velocidad, atracción, repulsión, que sucesivamente venimos y seguiremos nombrando a medida que vayan introduciéndose en la jerga eléctrica, son utilizados prácticamente con el significado análogo y literal del lenguaje doméstico, asociados por lo general a conductas y referentes antropológicos, no exentos de confusión hasta que, sometidos a medición, cuantificados y contenidos en leyes físicas expresables en forma matemática, adquieran el rango específico y diferencial, aun manteniendo el vocablo, de términos científicos. Este acercamiento más nominativo que conceptual, necesario para reconocer cualidades eléctricas, poco a poco fue acercándose a la formulación cuantitativa de expresiones matemáticas entre magnitudes físicas, como era la pretensión de Volta, aspirando a establecer reglas ajustadas a los fenómenos. Así lo hizo para el caso del *condensatore* que veremos seguidamente. Entendiendo por capacidad (C) la cantidad de electricidad que un cuerpo puede retener sin dejarla desvanecer ni escapar al aire, por tensión (T) la tendencia de la electricidad a escapar del cuerpo electrizado y por carga (Q) la cantidad de electricidad, masa de fluido, retenida

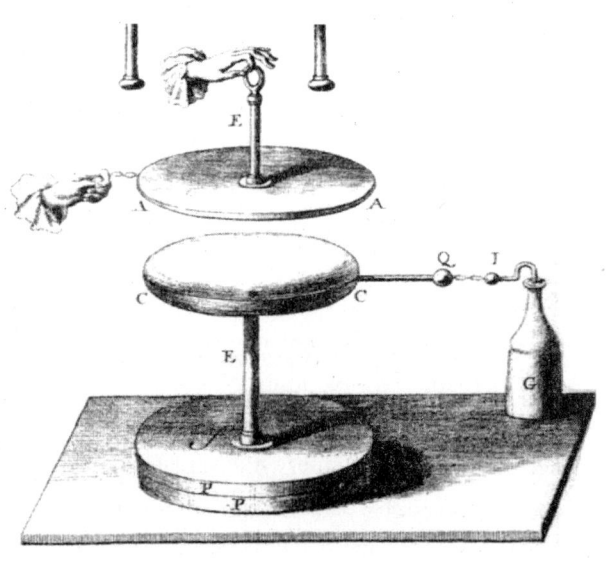

Electróforo de Volta con botella de Leyden auxiliar
por si fuera necesario recargar el aparato.

en cada ocasión, Volta relaciona estos conceptos, y así lo expone en la Royal Society (4/3/1782) en la Memoria escrita en 1780, *Del modo di rendere sensibile la più debole elettricità sia animal che artificiale* (Sobre el modo de hacer que la electricidad más débil, tanto animal como artificial, sea sensible) con la propuesta que la tensión ha de ser inversamente proporcional a la capacidad y que la capacidad aumenta y disminuye con la masa de fluido eléctrico, es decir: $Q = C \times T$, sin que tales conceptos estuvieran dotados todavía de sus respectivas unidades de medida. Además establece que la capacidad es inversamente proporcional a la distancia entre las dos armaduras del condensador.

Una vez más se plantean las cuestiones de prioridad sobre la invención del electróforo: «Las cuestiones de prioridad han sido siempre el suplicio de los inventores», sentencia Arago en el *Elogio histórico* de Volta en la Academia de Ciencias de París (26/7/1831). El sacerdote Callisto Grandi en la extensa (633 páginas) biografía *Alessandro Volta* (Milano, Stabilimento Pontificio A. Bertarelli, 1899), más doctrinaria que científica, afirma que el sueco Johan C. Wilcke a finales de 1762 había construido un aparato similar al electróforo, pero que era «absolutamente ignorado en Europa». Añade que Joseph Klinkosh, profesor de física en Praga, acusó infundadamente a Volta de plagio, porque cuando el comasco trabajaba en el electróforo, desconocía las experiencias de Wilcke y de Aepinus, que solo seguía los estudios de Beccaria y de Cigna, con quien se planteó cuestión de prioridad sobre la invención del aparato. Menciona a quienes lo difundieron, lo ampliaron o lo redujeron, pero «Volta fue su verdadero inventor», manteniendo el tomo hagiográfico de su biografía. Brisson atribuye el fundamento de partida de Volta a un experimento, que detalla, hecho por Nollet. Sobre este asunto, Pancaldi en el apartado «The Path to the Electrophorus», concluye: «Comparando los informes de Priestley y Barletti sobre los experimentos de Aepinus con el aparato de azufre y copa y las primeras descripciones de Volta del electróforo, es imposible pasar por alto la convergencia de las líneas de investigación... Un asunto que ha pasado hasta ahora desapercibido por los historiadores».

Volta escribe a Marsilio Landriani, profesor de física en Brera y compañero de Campi en la revisión de instrumental científico, en respuesta a una carta suya encontrada al regresar de una gira realizada por Valtellina (zona alpina del norte de la Lombardía), señalando las diferencias entre los experimentos citados por Landriani y los relativos a su aparato, «por lo que este verdaderamente merece el nombre de electróforo perpetuo», escribe Volta. Aprovecha para explicarle sus ideas sobre la electricidad vindice de Beccaria superada gracias al electróforo, tal como le comunicó por carta al infundado delator Klinkosh. Y entre sus actividades químicas le cuenta sus experiencias sobre el arsénico, apoyándose en un pasaje de la obra de Scheele, pidiéndole finalmente que interceda ante Saruggia (que no he podido identificar) para completar su eudiómetro, de vital importancia en las ocupaciones químicas por las que siempre se sintió interesado.

Con independencia de la certeza sobre su autoría primigenia, lo cierto es que el electróforo en opinión de los «electricistas», más y menos reconocidos, fue «la máquina más sorprendente inventada hasta ahora» (Encyclopedia Britannica) al mismo nivel de ingenio y trascendencia para la ciencia y técnica eléctricas que la botella de Leyden. En el reportaje del Abate J (así se nombra) de Viena «Sur l'Electrophore perpétuel de M. VOLTA» en Observations sur la Phisique, sur l'Histoire Naturelle et sur les Arts (Janvier, 1776) cuadernos mensuales divulgativos publicados en París que admitían colaboraciones voluntarias editados por el Abate Rozier, de Lyon, dedicado al conde D'Artois, mecenas de la publicación, se lee: «Señor, a decir verdad, anuncio un nuevo aparato eléctrico que ha asombrado a los más hábiles electricistas: se le ha dado el nombre de Electróforo perpetuo. Este instrumento es de los más simples y produce los fenómenos más singulares». Y se extiende a lo largo de ocho páginas describiendo el aparato y experimentos, proponiendo algunas modificaciones y explicando cómo afecta a la electricidad «vindice» de Beccaria y a las teorías del «célebre americano» Benjamín Franklin. En definitiva, el electróforo figura en la historia de la ciencia como uno de los primeros aparatos que sitúa los instrumentos y la experimentación al nivel de prestigio de las leyes y teorías.

Respecto a la explicación de la producción de electricidad por frotamiento, fenómeno conocido como triboelectricidad, asunto crucial para conocer la confusión en que se debatían las, llamémoslas, teorías eléctricas, aunque a veces no pasaban de meras opiniones, Fregonese hace una detallada exposición que tomo como referencia. Volta ya venía ocupándose de este asunto desde 1763, según carta a Beccaria (1764) con el envío de un voluminoso acopio de «recortes» en los que se trata sin suficiente claridad la diferencia entre las dos clases de electricidad: vítrea y resinosa. Volta conocía bien las publicaciones de Beccaria que le sirvieron de guía, *Dell'electtricismo artificiale e naturale* (1753) y *Elettricismo atmosferico* (1758), en los que Beccaria sugería explicaciones mecánicas especulativas sin argumentos convincentes. Por entonces se extendió la opinión de que la seda solo podía electrizarse positivamente por frotamiento, lo que Volta ponía en entredicho porque la frotación se hacía con conductores como la mano o los metales. Para cargarla negativamente «contra lo habitual», bastaba frotarla con el vidrio. En consecuencia, Volta atribuyó la electricidad vítrea y resinosa a los diferentes contenidos de «fuego eléctrico», un imponderable más, con que la naturaleza dotó a este tipo de cuerpos. Asumió que el vidrio era pobre en fuego eléctrico comparado con los cuerpos conductores, por tanto negativo, y que el azufre, al contrario, era rico y por ello positivo. Al frotarlos, el fuego eléctrico se transmitía del más rico al más pobre, por lo que el vidrio se cargaba positivamente y el azufre, que cedía cuerpo eléctrico, negativamente. Volta explica cómo la seda puede ser electrizada positiva y negativamente. Elaboró una relación gradual de productos naturales según el fuego eléctrico contenido en ellos: una tabla a partir de su teoría triboeléctrica. La resina y el vidrio ocupaban los extremos superior e inferior de la clasificación: el fuego eléctrico era el más abundante en la resina (positiva) y el menos, en el vidrio (negativo). Los cuerpos que eran eléctricos *per se* pertenecían a la clase de las sustancias resinosas o a la clase de las vítreas, ocupando cada una una posición relativa determinada por la susceptibilidad para ser electrizados «más, menos o bien» cuando se frotaban con otras sustancias de la serie. Tabla que envió a Beccaria: «Se trata de una carta al P. Beccaria fechada el 2 de abril de 1765 en la que el Volta, de apenas veinte años, expone sus ideas sobre los fenómenos eléctricos provocados por el frotamiento, y sobre solicitudes hechas por él al respecto. Es de las primeras cartas científicas de Volta que conocemos, en la que se recuerdan cartas anteriores que aún no están rastreadas», escribe la Comisión redactora del Epistolario y la Obras Completas. Por su declaración de intenciones, trascribo el principio y el final —son 14 páginas de las OC— el resto es una detallada justificación de su teoría triboleléctrica:

«Aquí estoy de nuevo molestando a v. p. m. r. Aunque me había prometido no volver a molestarte con mis cartas, esta vez considero no hacer algo nada desagradable comunicando mis observaciones sobre la electricidad original de las sedas, y algunos descubrimientos, que he podido hacer. Descubrimientos que a primera vista pueden parecer de poca importancia, y no merezcan dar cuenta de ellos; sin embargo, teniendo en cuenta las luces que nos pueden traer aclarar otros fenómenos más relevantes, y sobre todo la ayuda que espero a lo que estoy preparando para descubrir la causa próxima e inmediata de las dos electricidades contrarias, vítrea y resinosa; estoy convencido que las tomará en consideración. Y además, con razón, me halago a mí mismo para encontrarme con la aprobación de v. p. m. r., especialmente porque podrá ver, desde lo que voy a informar, que en todo he practicado su recomendación para que se mantuviera la experiencia detrás de mí en todas las investigaciones, en lugar de abandonarme al capricho de mis ideas, y a mis pensamientos...

Y esto es lo que tengo estimado comunicar a v. p. m. r.; muchas otras cosas que me hubiera gustado agregar, por ejemplo, en torno a la electricidad del pelo de gato, y del perro que me parecen singulares por varias razones, pero me abstengo porque me doy cuenta de haber ido más allá de los límites de la honestidad, y de haberle aburrido demasiado con una carta tan larga; por lo cual le ruego me disculpe pero puedo asegurarle que le he contado todo el estudio aunque haya terminado con tantas páginas; me perdonará por una incapacidad que tengo de no poder explicarme con precisión y claridad, de estar muy confundido al enunciar mis pensamientos como están en mi cabeza, en fin, que no tengo el don de la brevedad. Con esta ocasión os suplico de nuevo que espero la promesa, que con tanta bondad y amabilidad me hizo de informarme lo antes posible de lo que va a pasar con la difusión del trabajo expuesto, y renuevo el interés para dar trabajos que el público pueda disfrutarlos pronto. Con qué impaciencia me pongo a poder argumentarlos y manifestar la gran estima que tengo por v. p. m. r. y por su experiencia en estos asuntos, y por el genio que tiene para la electricidad. Mientras tanto, con lo más profundo, me declaro de v. p. m. Rda.

Umil.mo Devot.mo Obbl.mo Servitore,
ALESSANDRO VOLTA, Como, el 2 de abril de 1765».

Volta aplicó sus conclusiones triboeléctricas a cambiar algunas piezas en la máquina eléctrica clásica, como la de Nollet: una envoltura de seda sostenida por una rueda de madera ocupó el lugar del globo de vidrio, y una pieza de vidrio ocupó el lugar del cojín de fricción. El arreglo resultó poco útil y de resultados similares a los que pretendía mejorar, pero esta máquina fue la primera de una larga serie de dispositivos que Volta concibió con el propósito de mostrar en la práctica las nociones que conceptualmente iba concibiendo: una teoría establecida con bases puramente instrumentales.

«En 1776 Beccaria enviaba dos importantes memorias a la Royal Society de Londres. En los primeros días de enero de 1767, Volta ya conocía estas memorias directamente recibidas de su ilustre autor. No sin desconcierto, en la primera memoria Volta encontró experimentos que asestaban un golpe mortal a su teoría triboeléctrica. Entre otras cosas, Beccaria había descubierto que bastaba con raspar el cristal para revertir su habitual electrificación positiva frotándolo contra la mano. Según la teoría de Volta, la electrificación del vidrio frotado contra la mano o cualquiera de los otros cuerpos conductores debe ser necesariamente positiva. Beccaria también había descubierto que el azufre frotado contra partículas conductoras, como el papel dorado, se electrificaba positivamente. En la teoría de Volta, la electrificación del azufre frotado contra cualquiera de los cuerpos conductores solo podía ser negativa. No es difícil imaginar cómo se debió sentir nuestro joven electrólogo en esta ardua coyuntura de su incipiente carrera científica», escribe Fregonese. Impactado por las refutaciones experimentales de Beccaria, Volta admitió que el signo de la electrización no depende solo del tipo de sustancias frotadas entre sí, sino también del estado de sus superficies, proponiendo que la triboelectricidad no es reducible a la «naturaleza intrínseca de los cuerpos». De este modo, desechó su primera teoría triboeléctrica que hacía depender la electrización únicamente de la mayor o menor abundancia de fuego eléctrico contenido en el interior de los cuerpos. Así fueron las idas y venidas por la exploración de aquel llamativo territorio que fue la electricidad.

Tras este obligado repudio, Volta buscó amparo en la física de Boscovich para explicar las atracciones y repulsiones eléctricas basadas en la intervención de «fuerzas mecánicas» dependientes de la constitución corpuscular de los cuerpos, así como de la interrelación con los cuerpos del entorno. De manera similar a los estudios de casos de Franklin y la «inducción electrostática», atribuyó la triboelectricidad negativa a un debilitamiento de la atracción eléctrica entre la materia y el fuego eléctrico del cuerpo. Al frotarse contra la mano, la atracción del azufre sufre tal debilitamiento y, por lo tanto, se vuelve insuficiente para contener todo su fuego eléctrico, que luego liberará algo de él en la mano, adquiriendo así la electrización negativa que eventualmente exhibe. En cambio, Volta atribuyó la triboelectricidad positiva a una intensificación de la atracción eléctrica entre la materia y el fuego eléctrico de los cuerpos interactuantes. Esta visión permitió a Volta justificar las acciones triboléctricas de manera coherente. Este tipo de mecanismo natural permitía imaginar que el solo contacto entre dos cuerpos heterogéneos podía ser suficiente para mover el fluido eléctrico entre ambos debido a los cambios inducidos por el propio contacto en las posiciones y en las fuerzas moleculares. Estaba abierto el camino para el condensador, el aparato que conservara la electricidad mejorando la primigenia botella de Leyden y las baterías eléctricas, regido por los novedosos conceptos introducidos por Volta, relacionados entre sí por la expresión ya conocida $Q = C \times T$. En cuanto a la confusa terminología, es oportuno citar, aunque sea algo reiterativo, cómo Volta entiende la tensión en la *Memoria* leída en la Royal Society: «Señalaré aquí que con el término de tensión (que de buen grado sustituyo al de intensidad) denoto el esfuerzo que hace cada punto del cuerpo electrizado para deshacerse de su electricidad o para comunicarla a otros cuerpos: a cuyo esfuerzo corresponde la energía de las atracciones, repulsiones, etc. y en particular las respuestas del electrometro». La mezcla de términos, desde la perspectiva actual con que nos manejamos en la ciencia eléctrica, es obviamente incipiente, tentativa, confusa y de difícil entendimiento.

Respecto a este nuevo aparato, el condensador, tan apreciado por Volta como el electróforo, escribe Polvani en el capítulo «L'opera scientifica di Alessandro Volta» de la publicación homenaje a Volta en el II Centenario de su nacimiento (1945):

> «El principio de Volta de la saturación [condensación o almacenamiento] natural de las fuerzas entre la materia y la electricidad conducía, entre otras cosas y obviamente, a admitir que los efectos eléctricos dependen no solo de la cantidad de fluido

actuante, sino también de la mayor o menor desviación a que las condiciones de saturación pueden dar lugar. Ahora bien, esta desviación, esta *tensione*, como dijo Volta, es una forma particular de representar el estado físico eléctrico, y corresponde cualitativamente a lo que ahora se denomina "diferencia de potencial". Volta, por lo tanto, como corolario de su hipótesis, vino a introducir, en la explicación de los fenómenos eléctricos, el factor intensivo, además del extensivo inherente a la propia hipótesis de la existencia del fluido eléctrico. Cierto es que otros antes que él habían intuido vagamente que no bastaba considerar la cantidad de electricidad para explicar los fenómenos eléctricos; pero nadie había planteado tan claramente la necesidad de considerar una segunda magnitud eléctrica, dado lo que significaba cuando nadie había llegado a saber captar y precisar, en una visión unitaria general, estos elementos fenoménicos esenciales: la cantidad de electricidad y el voltaje o *tensione*.

Y si Volta es admirable por haberlos intuido, es más admirable si se tiene en cuenta que, si bien había llegado al concepto de tensión precisamente a partir de hipótesis, como la de la saturación natural, que involucran mecanismos íntimos entre las últimas partículas de electricidad y materia, en un momento determinado pudo desembarazarse de todas estas conjeturas sobre el mundo físico microscópico, y trabajar directamente sobre los elementos macroscópicos cuantificables: la tensión y la carga. Este proceso, que se produjo entre los años 1769 y 1778, entre la carta a Beccaria y la titulada *Observaciones sobre la capacidad de los conductores eléctricos*, enviada a Saussure, es verdaderamente de una audacia que todavía hoy maravilla. Porque, en definitiva, requería tanto las pruebas experimentales de la nueva entidad introducida, el voltaje, como establecer sus relaciones con la carga eléctrica; es decir, requería, en una palabra, crear una electrometría teórica y experimental. Y esto lo hizo Volta, solo».

Polvani se pregunta por qué la relación entre esas magnitudes —«la cantidad de fluido está en relación compuesta con la intensidad (la tensión) y la capacidad» [$Q = V \times C$]— que Volta incluye en *Lezioni compendiose sull'elettricità* (1784) para sus alumnos de la Universidad de

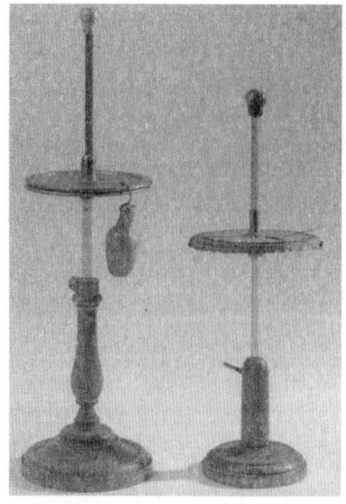

Condensadores construidos por Volta conservados en la Universidad de Pavía.
El primero, a la izquierda, complementado con una botella de Leyden.

Pavía, y que así continúa enseñándose en las aulas de física aunque los significados de las magnitudes se hayan matizado, no ha pasado a la historia como «ley de Volta». Y no es esta la última reivindicación que hacen sus paisanos de leyes que podrían atribuírsele al comasco. No las desvelo, pero veremos alguna otra.

«1780, 27 Junio
Excelencia
He escrito una *Memoria* sobre algunos nuevos experimentos eléctricos que he realizado en los últimos meses, y que arrojan mucha luz sobre la acción de las atmósferas eléctricas: ahora que las lecciones han terminado, daré el toque final a este escrito, que estoy enviando al Príncipe COWPER en Florencia, que querrá presentarlo a la Royal Society de Londres.

Ho l'onore di raffermarmi col più profondo rispetto di V. Eccellenza

Pavia li 27, giugno 1780.
Umill.mo Obb.mo Osseq.mo Servitore
ALESSANDRO VOLTA
Pre. di Fisica Sperimentale».

Carta a su mecenas y protector, el conde Firmian, poniéndolo al tanto de la *Memoria* que está preparando sobre la nueva máquina. Un asunto a resolver era cómo detectar cargas eléctricas extremadamente débiles, como a veces sucede con la electricidad atmosférica natural. En esta, Volta describe «un aparato que, llevando las señales eléctricas hasta un extraordinario aumento, hace que esa virtud se haga observable y considerable, que de otro modo, debido a su extrema debilidad, escaparía a nuestros sentidos». El nuevo aparato que llamó *condensatore* es básicamente un electróforo modificado. Sus orígenes, a los que he hecho alguna referencia, son también borrosos, en los que se mezclan conceptos ya manejados por él, como tensión, capacidad o inducción electrostática, con la perspicacia inventiva de Volta, el conocimiento de aparatos similares con los mismos fines y el deseo de dar a conocer otra novedad personal en un terreno que se había convertido en una desafiante competición más instrumental que teórica.

A partir de los condensadores como el representado en la figura, fundamentados en el electróforo, y de la conversión del electroscopio en electrómetro, Volta diseñó el condensador electrómetro, formado por dos discos conductores —armaduras— uno de los cuales se embadurna con una capa aislante de lacre. Si el disco de metal superior se carga con cualquier fuente débil de electricidad, no detectable con electroscopios ordinarios, mientras se encuentra sobre la superficie aislante, cuando se levanta se vuelve mucho más electrificado que si se carga con la misma fuente débil por otros procedimientos, siendo entonces detectable con el electroscopio, convertido en electrómetro. Por esta cualidad, Volta también llamó al condensador microelectroscopio, aunque haya pasado a la historia como condensador electrómetro. Para justificar este comportamiento, Volta recurrió nuevamente a las «atmósferas

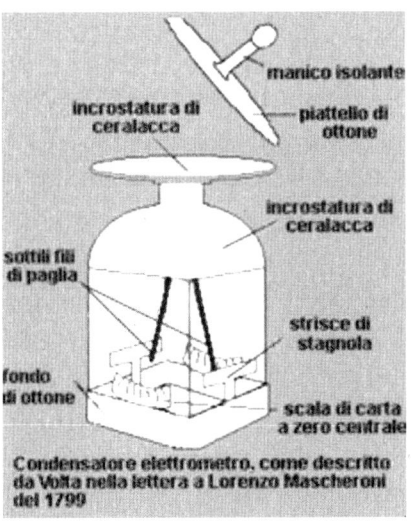

Condensatore elettrometro, come descritto da Volta nella lettera a Lorenzo Mascheroni del 1799

eléctricas» que ya empleara para explicar los fundamentos del electróforo, a aquellas extrañas «nubes» de electricidad que podrían rodear a los cuerpos. Volta subrayó que, asemejándose el condensador al electróforo, su uso adecuado exige que, a diferencia de aquel, no produzca electricidad por sí mismo cuando se utiliza para detectar electricidad débil de una fuente externa.

Sobre los antecedentes que le condujeron a la teoría y práctica del condensador, de los que ideó varios tipos, es ilustrativa, en cuanto ejemplo de motivación del trabajo científico, en este caso, la nota a pie de página en «Sobre la capacidad de conductores contiguos», primera parte de la *Memoria sobre los grandes avances de una especie de aislante muy imperfecta (1780-1783)* que como toda su obra escrita, es extensa, con profusión de detalles, reiterativa y, por qué no decirlo, algo tediosa en su lectura difícilmente comprensible; ya vimos cómo en la carta a Beccaria confesaba no tener «el don de la brevedad». Escribe Volta:

«El Sr. Marqués Bellisomi, uno de esos Aficionados que no se contentan con repetir estérilmente experiencias ordinarias, sino que sabe imaginar otras nuevas, fabricando, como el buen mecánico que es, cuando le da la gana, nuevos instrumentos, o perfeccionando los que ya se conocen. Un día, después de haber colocado accidentalmente su electróforo en una mesa cubierta con una piel, y habiéndola levantado poco después, poniendo su dedo sobre ella, se asombró de que saltara todavía una pequeña chispa. Repitió la misma experiencia varias veces, y siempre con el mismo éxito. Tuvo la honestidad de hablarme de un fenómeno que lo llenó de asombro, y me pidió una explicación. Se la di en el acto, variando más ante sus ojos, y dando la vuelta de cien maneras diferentes a las pruebas e intentos; adivinando en el momento adecuado cuáles serían los resultados; prediciendo que el electróforo retendría o no suficiente electricidad después del contacto, para dar una chispa dependiendo de si toca tal o cual paño. Unos días más tarde, habiendo continuado deliberadamente los mismos intentos, descubrí a partir de ahí casi todo lo que voy a exponer en este escrito, y lo comuniqué primero al marqués Bellisomi, luego a algunas otras gentes [nobles y poderosos de Pavía con los que compartía curiosidades y la afición a la ópera]. Tomamos el camino correcto (lo digo con una especie de complacencia) para avanzar rápido, cuando, partiendo de un principio bien fundado, caminamos en línea recta. Yo siempre tuve la vista puesta en la acción de las atmósferas eléctricas: ya lo había percibido en este principio muy simple de la virtud de las puntas; explicación que di oralmente, hace mucho tiempo, a varios estudiosos amigos míos, singularmente versados en materia de electricidad; como M. DE SAUSSURE, Padre VENINI, Chevalier LANDRIANI y P. BARLETTI. En mi propósito de continuar mi investigación, tendiendo siempre a acercar uno a otro los dos conductores, uno electrificado y otro no, solo tuve que poner dos superficies planas en contacto. He aquí, me dije, lo que quedaba por hacer, de cuanto el Marques Bellisomi había advertido, sin pensarlo; y por lo tanto me hizo querer seguir este objetivo con más entusiasmo».

«La *Memoria* muestra —(Pancaldi, 2003)— que no había un camino fácil a través de la intrincada trama que el mismo Volta planteaba. De hecho, la trama se vuelve más intrincada según las evidencias extraídas de la correspondencia privada de Volta, donde una vez más insinuó que el *condensatore* se había entrometido de alguna manera en su trabajo teórico y lo había desviado de escribir una memoria sobre atmósferas eléctricas. La historia se complica aún más si observamos algunos borradores manuscritos, en los que Volta ilustró las operaciones sobre el electróforo poco después de su presentación en 1775. En estos manuscritos encontramos cómo había notado un fenómeno que, retrospectivamente, se puede decir que le insinuó el principio subyacente del *condensatore*». Recordemos que los primeros condensadores de Volta eran electróforos modificados.

Puede decirse que hacia 1770 la fenomenología electrostática había llegado hasta donde daba de sí: se conocían las dos clases de electricidad, positiva y negativa; que se producían atracciones y repulsiones en función de los signos; que la carga eléctrica se conserva; que hay cuerpos conductores y aislantes; se admitían las primeras versiones de conceptos asociados a la electricidad; y cómo construir máquinas y aparatos para producir descargas, incluso cómo retenerlas durante un tiempo. Conocimientos todos básicamente cualitativos, salvo las medidas relativas de las cargas con el electrómetro; había llegado la hora de cuantificar, de medir y comparar valores de las magnitudes eléctricas. En los inicios de este nuevo estadio desempeña un papel crucial Charles Augustin Coulomb, ingeniero militar francés, que encuentra en la experimentación una salida a la monotonía de la vida militar. Gana un premio para mejorar las brújulas marinas suspendiéndolas de un hilo de cuya torsión extrajo el fundamento de su balanza para medir fuerzas electrostáticas. La ley de Coulomb establece, análogamente a la gravitación newtoniana, que las fuerzas de atracción y repulsión eléctricas son directamente proporcionales al producto de las cargas e inversamente proporcionales al cuadrado de la distancia. Ley que se extendió idénticamente a las atracciones y repulsiones magnéticas.

Sin embargo, Volta rechazó esta ley incluso de manera descortés y tono displicente en cartas sobre *Meteorología eléctrica* escritas entre 1787 y 1788. Veamos algún detalle: «Esta ley de la atracción en proporción al inverso del cuadrado de las distancias era más fácil presumirla que la otra de la proporción directa a las cargas. (Esta opinión han pretendido establecerla con experimentos y demostraciones Milord MAHON en el

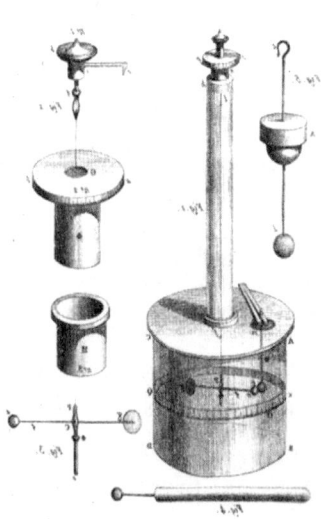

DES SCIENCES. 569

PREMIER MÉMOIRE
SUR
L'ÉLECTRICITÉ ET LE MAGNÉTISME.
Par M. COULOMB.

Conftruction & ufage d'une Balance électrique, fondée fur la propriété qu'ont les Fils de métal, d'avoir une force de réaction de Torfion proportionnelle à l'angle de Torfion.

Détermination expérimentale de la loi fuivant laquelle les élémens des Corps électrifés du même genre d'Électricité, fe repouffent mutuellement.

DANS un Mémoire donné à l'Académie, en 1784, j'ai déterminé, d'après l'expérience, les loix de la force de torfion d'un fil de métal, & j'ai trouvé que cette force étoit, en raifon compofée de l'angle de torfion, de la quatrième puiffance du diamètre du fil de fufpenfion & de l'inverfe de fa longueur, en multipliant le tout par un coéfficient conftant qui dépend de la nature du métal, & qui eft facile à déterminer par l'expérience.

Balanza de torsión y encabezamiento de la *Memoria* de Coulomb a la Academia de Ciencias relativa a la medida de las fuerzas entre cuerpos eléctricamente cargados.

trabajo *Principios de Electricidad*, y más recientemente el Sr. COULOMB
en una Memoria sobre este asunto publicada en la *Revista de Física* del
Ab. ROZIER) ¿Y qué? ¿Si yo demuestro que esto no ocurre; ni por las pre-
siones [actuaciones] de las atmósferas [las eléctricas], las cuales, como
he descubierto, están en razón simple inversa de las distancias; ni para
la repulsión de los cuerpos electrizados; ni aún, en general, para la
atracción eléctrica?». Tras varias muestras de experiencias hechas con
su balanza electrostática, y confiado en que ha abierto «un camino más
directo que lleva más lejos», concluye: «En todas estas combinaciones,
digo, la atracción no sigue razón duplicada inversa de las distancias,
sino la simple o la subduplicada, o una que participe de ambas; como
mis muchas experiencias me han enseñado, recurriendo a placas mayores, iguales o desiguales, esferas, cilindros, puntas y diversas combinaciones, me han llevado a descubrir otras leyes tan curiosas como nuevas
[relativas sobre todo al electrómetro]. Pero no sigamos con este tema,
que ocupa gran parte de mis investigaciones en Electrometría y que
desarrollaré en mis Ensayos. Volviendo ahora a nuestro propósito principal. No será inútil que te describa con algo más de detalle mi forma

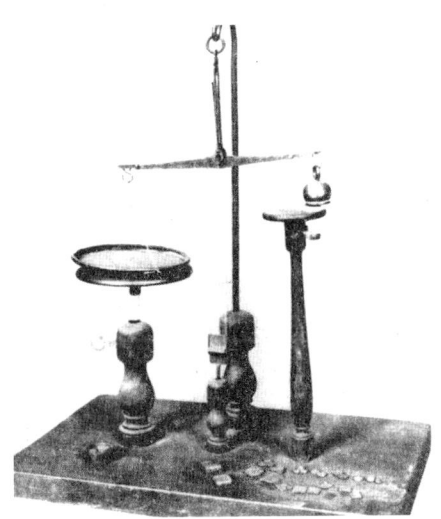

Reconstrucción de la balanza electrostática con la que Volta midió las fuerzas de atracción
y repulsión entre cuerpos de tamaños diferentes. Para una mejor estandarización de las
mediciones eléctricas, Volta utilizó esta balanza con el objetivo de definir el «grado
fundamental de electricidad», un principio de unidad de electricidad.

de experimentar, para que al seguirlo los demás obtengan exactamente los mismos resultados». Y sigue contando algunas formas de proceder sin demasiada transparencia.

En el análisis que hace Pancaldi sobre este comportamiento de Volta frente a la ley de Coulomb, no descarta que una primera razón fuera la frialdad con que Haüy y Coulomb lo recibieron en París, frustración dolorosa para quien iba con la ilusión de introducirse entre la flor y nata de la ciencia eléctrica. Pero, aparte de esta reacción personal, quizá haya otras objetivas de mayor consistencia. Como primer escollo, comprender que Volta no estaba preparado para apreciar el tipo de mecánica analítica involucrada en el equilibrio de torsión. Además, el aparato de Coulomb debió parecerle, como de hecho les sucedió a otros, innecesariamente complicado y sujeto a lecturas falsas, como sugiere que Volta optara por una balanza común para un propósito de medida similar. Además, Coulomb basó su ley en medidas de repulsiones, que Volta había considerado durante mucho tiempo aparentes y, por lo tanto, poco fiables como fuente de información sobre la atracción eléctrica, que era su objetivo fundamental. Y para más inri, Coulomb se adhirió a la teoría de dos fluidos eléctricos, mientras Volta siempre estuvo del lado de un solo fluido, e hizo hincapié, el francés, en las fuerzas de atracción microscópicas como una preocupación legítima de los electricistas precisamente en un momento en que Volta estaba centrado sobre cómo medir y calcular los fenómenos macrosópicos de «actuación», dejando más de lado el controvertido tema de las fuerzas microscópicas involucradas en los fenómenos eléctricos, que fue el asunto central tratado en su temprana *De vi attractiva*, sobre el que había recibido repetidas críticas de sus colegas, pero que nunca abandonó definitivamente. En esta etapa, Volta era más un instrumentista que el propio Coulomb. En el Obituario «Alexandre Volta» (*Biographie Universelle*, París, 1827) escrito por J. B. Biot (1774-1862), con quien mantuvo una excelente relación, cuenta que en 1801, durante la estancia de Volta en París, el comasco defendió con insistencia su punto de vista contrario a la electrostática de Coulomb, a pesar de los reiterados intentos de P. S. Laplace (1749-1827) y el propio Coulomb por persuadirlo.

Aunque no pueda hablarse de controversia en sentido estricto entre Volta y Coulomb. No la hubo porque no se replicaron entre sí; salvo el breve encuentro parisino, lo cierto es que Volta, a pesar de su deseoso propósito de abrirse camino entre *philosophers* y *savants* tenía una especial habilidad para «hacer amigos» allí por donde iba. Quizá pueda inferirse de este comportamiento que tenía convicciones potentes en su trabajo como para no dejarse «doblegar» fácilmente. Quizá porque su caballo de batalla no era la fundamentación teórica, sino los efectos, y también —¿por qué, no?— puede que influyera en esa tozudez su inicial condición autodidacta que, por regla general, dota de cierta prepotencia a quienes inexorablemente han de practicarla arrastrando errores, desviaciones e interpretaciones *sui géneris* de cuanto aprenden en su aislamiento.

Lucio Fregonese hace una detallada exposición en «Two different scientific programmes: Volta's Electrology and Coulomb's Electrostatic» (Blondel and Dörries, 1994) sobre las reacciones internacionales a las investigaciones eléctricas de Volta y Coulomb, la reacción de Volta a las medidas con la balanza de torsión y algunos comentarios sobre el estilo de Coulomb, los intereses eléctricos de Volta en el tiempo que Coulomb hace sus medidas, el concepto de Volta sobre fuerzas eléctricas fundamentales y otros elementos argumentales de Volta rechazando la newtoniana ley de las fuerzas electrotáticas. Los cuadros adjuntos tomados de la publicación de Fregonese resumen aquel episodio:

	PHENOMENA	SUBSTANCES	INTERACTIONS
VOLTA	1) attraction and repulsion 2) Leyden jar 3) Symmerian phenomena 4) rubbing electricity 5) electricity during chemical reactions 6) electrophore 7) condensing electroscope	-1 electrical fluid -matter	-action at a distance, long range(?) short -range(?) -fluid-matter attraction
COULOMB	1) attraction and repulsion 2) distribution of charge on conducting bodies	-2 electrical fluids	-action at a distance, long-range $f = 1/r^3$ -repulsion $(+)(+)$ -repulsion $(-)(-)$ -attraction $(+)(-)$

129

VIAJANDO POR EUROPA

Así como se prodigaron desde tiempos remotos los viajes continentales y transoceánicos a tierras ignotas que desencadenaron descubrimientos y colonizaciones —guerras, también— de buena parte de los territorios hoy conocidos, el movimiento ilustrado puso énfasis, además, en viajes de estudio e intercambio de saberes y sabios, dicho con generalidad, pero reivindicando la sabiduría como el valor que siempre ha sido y lo es, aunque el término haya caído en desuso, quizá porque la ignorancia «empoderada», entre otras consecuencias, produzca marginaciones como esta de la sabiduría. Ahora predominan los expertos y tertulianos, que igual valen para un roto que para un descosido, que por lo apretado de sus agendas no tienen tiempo para aprender de lo que presumen saber. Por otra parte, hoy se viaja más que nunca; muchos de dudoso entendimiento sobre los lugares visitados, aunque hayan servido para inmortalizarlos con *selfis* y las tan frecuentadas redes sociales. Pero vayamos con lo nuestro.

El ambicioso propósito reformista del movimiento ilustrado, alentando la democratización y secularización de los saberes, favoreció las relaciones entre quienes tenían inquietudes, cosas que decir y sobre todo interés por aprender. Las Universidades, Academias, Sociedades Patrióticas y otras instituciones para la ciencia y la cultura fomentaron, en la medida que pudieron, los intercambios epistolares, las pensiones para estancias en el extranjero y los viajes, «viajes literarios» llamados un tiempo porque lo «literario», la «República de las Letras», abarcaba a «entendidos», «letrados», conocedores de cualquier campo de conocimientos hasta que fue diferenciándose de la más específica «República de las Ciencias» propiamente ilustrada. Volta es calificado, a veces, por sus contemporáneos como «literato». Y, por ejemplo, en España se habla de «tertulias literarias» celebradas en el Seminario de Nobles en las que se trata de Física Experimental y Matemáticas, o del «luxo literario», así llamado «a aquella grande profusión del cálculo, a aquel uso inoportuno de los experimentos, a aquella exhorbitante colección de máquinas e instrumentos que se tienen ya por muebles preciosos para quien quiera parecer medianamente instruido», al que se refiere el jesuita Juan Andrés en su *Disertación sobre las causas de los pocos progresos que hacen las Ciencias en estos tiempos*, pronunciado, ya expulsado de España, en la Real Academia de Ciencias de Mantua en 1778. Priestley fue contratado como «compañero literario» por Lord Shelburne (primer ministro británico en 1782) con un buen sueldo, una espléndida biblioteca a su disposición y aparatos para sus experimentos. Estando a sus órdenes, descubrió el oxígeno.

Volta, decidido por el conocimiento científico de la naturaleza que afronta como autodidacta, consciente de la carencia de expertos con quienes formarse en los ámbitos donde se movía, pone en marcha recursos que proliferaron entre los ilustrados: las cartas y los viajes. Ya sabemos de la carta al abate Nollet escrita en 1763, con 18 años, seguida de otras a Beccaria, Barletti, Priestley, Franklin, entre muchos destinatarios con quienes hizo amistad y sobre todo intercambió cuanto hizo en electricidad y otras materias. Respecto a los viajes, apoyado por su incondicional Carlo di Firmian, ministro plenipotenciario de Austria en Milán, estableció contacto personal con los más distinguidos investigadores europeos, visitando sus gabinetes, conociendo sus trabajos, consultando sus publicaciones e importando ideas, aparatos, libros y proyectos a su cátedra en Pavía. Labor favorecida por su pronto dominio de lenguas vernáculas europeas, además del latín. Por la relevancia que tienen aquellos viajes en la vida y obra de Volta, junto a gentes, a veces, de poco o ningún reconocimiento en la historia de las ciencias, pero determinantes para lo que al cabo de los años fue su encumbramiento científico, vamos a relatar algunos episodios.

Para su primer «viaje literario», Volta recurrió a solicitar ayuda, por mediación de Firmian, del ministro de la Corte de Viena, príncipe Wenzel Anton Kaunitz, que lo autorizó incorporando al comasco, por su ya reconocida reputación, en un programa de iniciativa gubernamental promocionando el imperio austriaco a base de combinar las tareas propiamente científicas con las diplomáticas. En la *Relazione* que Volta da cuenta de su viaje al extranjero, refiere la utilidad del mismo para él y para la ciencia que lo motivaba: «Todo esto se consigue solo cuando se viaja con verdadero hábito de observación, con variada erudición, con gran libertad de espíritu, sin demasiada prisa para no hacer estéril el viaje, y con la intención de encontrar las relaciones adecuadas sobre los estudios predilectos» (Grandi, 1899). Le concedieron 50 *zecchini* (moneda de oro equivalente entonces a 10 pesetas, leo en un diccionario italiano) a cargo del Ministerio de Instrucción Pública italiano. El escaso presupuesto le obligó a limitar el tiempo y los lugares a visitar, así como a vivir muy económicamente esos meses. Lo inicia el 3/9/1777, aprovechando un periodo de vacaciones en la escuela superior de Como, con destino a Suiza, que visitó cinco veces a lo largo de su vida. Sale de Como a Lugano en compañía de su amigo el conde Giambattista Giovio por Chiasso. En Lugano se unen al viaje el matemático y poeta abate Francesco Venini, alumno de Condillac en Parma, y el conde Francesco Visconti, interesado en las ciencias naturales. Era costumbre que los viajeros, cuando se trataba de hijos de nobles o adinerados, fueran acompañados por «ayos» que garantizaran el rendimiento formativo de la «inversión». No es este el caso de Volta, que contaba ya 32 años y el aval de una apreciable obra a sus espaldas. En el Gotardo hace observaciones barométricas y en Lucerna visita al filósofo y naturalista Luigi Phyffer, de la Orden de San Luis, Almirante de la Armada y cargo político en aquella ciudad, que le muestra el Modelo en relieve de Suiza construido en su casa, del que queda impresionado por los múltiples detalles, «un monumento a la historia de la Tierra», que describe a Firmian como algo espectacular visto en su viaje. En Zúrich visita la colección de historia natural en casa del profesor Gessner, y conoce al poeta Salomone Gessner con quien mantiene una relación acorde con sus intereses literarios, en sentido estricto, de los que ya hemos mencionado, por ejemplo, su *Poema didáctico*. En Sciaffusa visita gabinetes científicos. Pasa por Basilea y de allí a Estrasburgo, donde explica su linterna de gas, entre otros a Hürstenberger, profesor de Basilea y constructor de máquinas e instrumentos científicos. En Berna, encuentro con el reconocido Albrecht von Haller (1708-1777) profesor de Anatomía, Botánica y Cirugía en Gotinga retirado en Suiza, y en Lossana visita al médico Simone Andrea Tissot. En Ginebra, durante varios días conoce el gabinete del naturalista Senebier y realiza algunos experimentos de física con Oracio-Benedetto de Saussure, profesor de filosofía natural de la Academia de Ginebra, con quienes mantiene frecuente correspondencia y muy provechosamente con Saussure en relación con el elctróforo y otros aparatos eléctricos. Especialmente relevante fue la visita con Saussure al gabinete de Andrea de Luc y la visita a Voltaire en Ferney donde el ya octogenario filósofo pasaba temporadas para reponer su quebradiza salud; murió pocos meses después.

Camino de Saboya visita extensos cultivos de patatas, sorprendiéndose de que fuera un producto comestible para las personas —en Italia era raramente utilizada como alimento animal— y Volta la importó para su «patria», como llamaba a su pueblo, cultivándola a modo de prueba con popular éxito en tierras de la campiña milanesa propiedad de su amiga y confidente Teresa Ciceri Castiglioni (1750-1821) que saldrá a relucir cuando nos ocupemos de la vida amorosa del «comasco».

En Torino conoce al profesor Giovanni F. Cigna (1734-1790) pariente del escolapio Beccaria, de quien fue alumno de Física junto al turinés Luigi (luego afrancesado como Joseph-Louis) Lagrange (1736-1813), reconocido en la historia como célebre matemático francés. Recordemos que con Cigna se planteó una cuestión de prioridad sobre la invención del electróforo, asunto del que debieron tratar. Recibe el nombramiento de miembro de la Sociedad Económica de Berna presidida por Haller y es invitado a colaborar con noticias científicas italianas en su revista. En 1780 fue nombrado miembro de la Sociedad Patriótica de Milán. Por esa vía de las Sociedades Económicas, de tanta trascendencia en la España ilustrada, llegó el químico francés Louis Proust (1754-1826) a la Sociedad Vascongada, estableciendo durante su estancia las leyes

Licencia fotográfica representando a Volta como introductor de la patata en Italia. Monumento en el patio de la Universidad de Pavía.

ponderales de las combinaciones químicas. Desde Torino, Volta escribe al conde Firmian dando cuenta del viaje terminado a finales de octubre, habiendo conocido «*uomini di primo ordine in genere Scientifico*» escribe el comasco, con los que se mantiene en contacto sobre asuntos eléctricos, pneumáticos, químicos, meteorológicos y de otras índoles a lo largo de su vida. Le anuncia que estará de vuelta en Como hacia el 11 de noviembre para empezar el curso académico en la Escuela Superior con cierto retraso debido a las lluvias torrenciales y el desbordamiento de los ríos. Se refiere a la influencia de su viaje como «*giro litterario*», aunque más adelante precisa: «Volviendo ahora a mi viaje, sería demasiado si dijera todo, incluso en lo que se refiere solo a objetos literarios». Le comenta los honores recibidos de los «muchos literatos» con que ha tratado y la invitación del barón de Dietrich de Estrasburgo a mostrar sus experiencias en la Academia de Ciencias de París. Y la petición de «grandes» como Haller —«ay, decrépito», dice; murió ese mismo año— y Saussure para manifestarle a Firmian su admiración por ser un «gran *Protettor delle Scienze e degl'ingegni*». Posteriormente, escribe un extenso informe del viaje muy detallado, incluyendo datos meteorológicos, geológicos, vegetales además de los relativos y resumidos de visitas, gentes y gabinetes. Su acompañante Giovio relata aquel «peregrinaje científico» casi hora por hora: «Mi Volta está en continuas ocupaciones; ¡qué diligencia en los estudios! Cuando no tiene museos, ni sabios, se entrega a la experiencia: toca, examina, medita, anota». Y aprovechó, así lo hizo en tantos otros viajes, para comprar material científico experimental y didáctico y para mostrar los de su propia invención, adaptación de otros y experimentos en los que estaba ocupado. «Al acercarme al Tisino (río de Pavia) —termina Giovio— el aire de la patria me hizo una impresión muy dulce».

Suprimidos los jesuitas por Bula del Papa Clemente VII (21/7/1773), Volta, que, como vimos, ya venía pretendiendo reformas de las enseñanzas básica y secundaria en Como, propone en el manifiesto *Idea para el establecimiento de una escuela pública en la ciudad de Como* (1774) aprovechar el Seminario Benzi regentado por los jesuitas, donde Volta inició sus estudios, para una escuela básica y una escuela superior en el Colegio de Doctores fundado por un legado particular, un colegio preparatorio —Gimnasio en otras citas— para los estudios universitarios superiores que seguían siendo los que ya comentamos. En la básica, propone que junto al latín y otras enseñanzas se preste atención a la lengua italiana. Y para los Doctores, los estudios medios, propone dividir la cátedra de Filosofía en dos: una de Metafísica y otra de Física en la que se estudiara: Física General y Particular, Física Celeste y Terrestre, Física del Hombre, Física de los Vegetales, etc., con tratados particulares de Magnetismo, Electricidad, etc. Y en otro manifiesto se pronuncia sobre el modo de enseñar (1775) donde propone objetivos, métodos, programas, recursos y procedimientos de exámenes. Respecto a las enseñanzas del latín —«no los primeros rudimentos, en el que, junto con la lectura y la escritura, los niños son iniciados por más de un pedagogo en varios sitios privados de la ciudad» y por el que es «visible» la «aversión» en la forma singular en que se les enseña hoy»— hace hincapié en vincularlo con «nuestro italiano que se descuidó demasiado vergonzosamente en el pasado». Aspira con minuciosidad de propuestas a modificar las enseñanzas para hacerlas más útiles, atractivas y asequibles «al genio de esa época, que ama todo menos la constancia». Al parecer, la «cultura del esfuerzo» siempre ha sido una asignatura pendiente. Sin menoscabo para el latín, «una lengua muerta», se pregunta por qué otras «lenguas vivas» —francés, inglés y alemán— no se incluyen en los programas escolares. Las consideraciones de Volta sobre la reforma educativa en aquellos años son ejemplares; la visión de hacia dónde debía ir la formación de la ciudadanía, tanto en lo «literario» como en lo «científico», junto con la formación, moral, ética y religiosa, que a pesar de sus temporales titubeos siempre se mantuvo firme en las creencias y prácticas católicas, merecen resaltarse por el alarde de cultura, en todos los órdenes, que manifiesta, aportando nombres, obras, contenidos y razones por las que debían ser tenidos presentes en las aulas. Al tratar sobre las necesidades para las enseñanzas de la Física Experimental, detalla presupuestos para instrumental y ayudantes versados en su manejo, becas y premios para estudiantes y hace una relación de libros para la biblioteca, esenciales para alumnos y sobre todo para los profesores, de los que requiere una formación moderna en saberes y métodos. He aquí algunos: Buffon, Newton, Cartesio, Malebranch, Locke, Condillac, Franklin, Priestley, Beccaria, Maupertuis, Haller, Malpighi, Desaguliers, Nollet, Beaumé, Montucla, Lalande, De Luc, Siguad de La Fond, Saussure, Boscovich, Frisi, Jacquier, D'Alembert, Duhamel, Diderot. «Así es, y me congratulo —termina el manifiesto— que se dará a nuestra juventud estudiosa una idea menos imperfecta de las *belle Lettere*; una idea del estado en el que se encuentran incluso fuera de Italia; y resonarán en sus oídos las obras y los nombres nunca escuchados entre los estrechos muros de nuestras escuelas, de Racine, de Corneille, de Boileau, de Milton, de Klopstock, de Pope, de Thompson», tratando de convertir las rancias enseñanzas en medios de cultura científica y literaria modernas. El 1/11/1774 Firmian lo había nombrado por decreto profesor estable de física experimental del Gimnasio (estudios medios) de Como con un sueldo anual de 800 liras. En marzo de 1778 es nombrado además Regente con un sueldo total anual por «ambos oficios» de 2400 liras. Se le concede esta distinción «como premio a su aplicación e ingenio por experimentar útilmente». En 1778 pasa a ocuparse de la cátedra de Física Experimental de la Universidad de Pavía.

En el otoño de 1780, invitado por el P. Campi, en los altos del camino de Bolonia a Florencia, examina los campos desconocidos e intrigantes de Pietramala, donde las grietas del suelo exhalan un curioso aire inflamable. Escribe la memoria *Sopra i fuochi dei terreni e delle fontane ardenti e sopra quelli di Pietramala in particolare*, a la que me referiré en el capítulo 8.

Animado por el éxito del primer viaje, tan bien recibido y difundido por el propio Firmian, le solicita ayuda para viajar a Francia, Países Bajos e Inglaterra a finales de 1781. Con el coronel piamontés

Volta, in compagnia del marchese Torelli patrizio pavese, e deḷi' ab. Giuseppe Re assistente al Gabinetto di Fisica della Università di Pavia, intraprende un viaggio a Firenze, e giunto sul colmo della strada da Bologna a Pistoia, esamina i campi igniti di Pietramala, i quali si mantengono in perpetuo fuoco per l'aria inflammabile che esala dai crepacci. A Firenze mostra all'inglese Cowper le sperienze dell'*Eudiometro* ad aria inflammabile (²).

Nota de prensa local de Como haciéndose eco del viaje a Pietramala aludiendo al eudiómetro, otro de los aparatos esenciales en la obra voltiana.

barón Luigi Colli y la condesa Leonora Doria Sforza Visconti parten para Torino y Saboya, pasan por Lyon, Ginebra y durante todo el mes de octubre atraviesan Suiza. Visita Karlsruhe, Radstadt y Manheim. Pasan por Maguncia, Francfurt, Bonn y Colonia. Desde Aquisgrán escribe (3/11) a su madre hablándole de lo bien que fue recibido por el Nuncio Apostólico mons. Bellisomi. Visita Maestricht, y en Lovaina, la Universidad, la Biblioteca y el Jardín Botánico. El presidente del Colegio del Rey y Director del gabinete de Física, Thysbaert, lo acompaña en su carroza a Bruselas, con el profesor Minckelers. Es invitado de los ministros y presentado a la familia Real belga. De Bruselas y Ámsterdam pasa a París a primeros de enero de 1782, donde asiste al curso de química de Balthasar G. Sage (1740-1824), al de física de Jacques A. Charles (1746-1823) y hace demostraciones con la máquina electrostática construida por él. El 10 de febrero tiene un encuentro muy deseado: almuerza con Franklin. Se relaciona con Buffon, Lavoisier, Le-Roy, Laplace entre los distinguidos *savants*, asiste a algunas sesiones de la Academia de Ciencias, de la que es nombrado académico correspondiente, realiza experimentos sobre «atmósferas eléctricas», explica y construye su condensador que esperaban ver con curiosidad y muestra el uso de otro de sus aparatos estrella, el eudiómetro, para las investigaciones sobre el aire inflamable del que pronto hablaremos. Tiene la oportunidad de asistir tanto a reuniones científicas, donde se mezclan *philosophers* y *amateurs*, como a saraos de los distinguidos y selectos «salons» aristocráticos por su doble condición de noble y funcionario público del imperio austriaco. A comienzos de la primavera marcha a Inglaterra, que para él era el núcleo de la «cosmopolita república de los filósofos naturales». Su principal contacto fue el secularizado monje portugués Jean Hyacinthe de Magellan (1722-1790), con quien Volta, que mantenía correspondencia sobre sus indagaciones, había hecho un recorrido por Holanda y Bruselas, como era práctica común del emigrado lusitano acompañando a nobles y gentes de letras y de ciencias. Magellan era *Fellow* de la Royal Society y miembro muy activo de clubs donde se reunían filósofos naturales, químicos, artesanos, médicos y constructores de instrumentos científicos. Entre sus miembros, ordinarios y «honorarios», figuraban los más distinguidos de la comunidad científica inglesa. Volta asistió a algunas reuniones durante las nueve semanas en Londres. El 14/3/1782 en el aula magna de la Royal Society lee su Memoria sobre el condensador. Conoce de primera mano, de James Watt (1736-1819), la máquina de vapor, y al ingeniero y financiero Matthew Boulton (1728-1809) que la financió y difundió; conversa con su admirado Priestley y con el también emigrado italiano Tiberius Cavallo de quien Volta introdujo alguna modificación en su electroscopio de médula de sauco; en el observatorio de Greenwich observa el firmamento con el telescopio Herschell. Visita librerías, factorías, industrias, puertos, minas, centros docentes por diversos lugares del país, acompañado durante tres semanas por Magellan. Satisfizo y acrecentó su anglofilia —se sintió identificado desde su juventud con los ideales de la Ilustración inglesa— para continuar sus tareas investigadoras, impulsado por el sentimiento de la magnificencia con que contempló cuanto pusieron a su alcance, incluidos el paisaje, las ciudades —particularmente impresionado quedó de la univesidad, antigüedades y riqueza artística de Oxford, las industriosas Birmingham y Manchester, y la mercantil Liverpool— y pequeños pueblos, el paisanaje y la organización política y social como reflejó en sus cartas. También sobre el tiempo: «El sol casi nunca se ve debido a las nieblas arriba y el humo del carbón abajo. Largas son las caminatas diarias en esta inmensa ciudad cuya longitud se calcula en 7 millas, donde los habitantes están a punto de llegar al millón... Las calles de Londres, espaciosas y cómodas, no se encuentran en otras ciudades: todas tienen a un lado y otro, para seguridad y comodidad de los peatones, aceras muy bien pavimentadas y anchas con letreros de que pueden transitar seis personas como mucho delante unas de otras; las más pequeñas son siempre capaces para dos», escribe a su hermano, el Arcediano Luigi. Años más tarde, en 1791, fue nombrado *Fellow* de la Royal Society que le concedió (1794) la Medalla Copley por sus investigaciones sobre el galvanismo. Retorna a Como a principios de noviembre, lamentando no haber podido acompañar a su madre fallecida el 28 de octubre. Estando en Londres, muere su padrino Firmian en julio de 1782. Y dos años después fallece la emperatriz María Teresa, que siempre vio con buenos ojos el apoyo institucional a Volta, a la que sucede su hermano José II.

En 1784, Volta, acompañado de su colega en la universidad, el anatomista Antonio Scarpa (1752-1832) viaja a Austria, algunas regiones checas y estados alemanes, organizado bajo el patrocinio y supervisión del ministro Kaunitz, que intenta dar una orientación práctica a la organización de la Universidad de Pavía. Les concede presupuesto para cuatro meses, pero con algunas exigencias: «[Kaunitz] describió sus expectativas, encomendándoles que debían centrarse sobre todo en la "literatura alemana", además de aumentar sus contactos e interacciones con académicos del mundo alemán. Volta, obviamente, estuvo de acuerdo con las reglas básicas de Kaunitz ya que necesitaba un nuevo mecenas». (Berick, 2019). Desde esta perspectiva, los intereses del protector y del científico no coincidían plenamente, pero donde hay patrón no manda marinero. Era un viaje más forzado y restrictivo que los anteriores. Giovio, compañero del primer viaje, comparó este con el vuelo de un águila, por la rapidez que habrían de darse para visitar tantos sitios y a tantas gentes en ese limitado tiempo.

En Viena son recibidos por el Emperador, al que obsequian con sendas memorias científicas y son condecorados con la imperial medalla de oro. Visitaron la Universidad, Institutos, Museos, Hospitales, jardines, la ciudad y la Biblioteca Imperial. A la vuelta al albergue se encontraron con la sorpresa de una buena suma de dinero concedido por el Emperador. Se informan, y les sorprenden, los programas de formación de médicos, ingenieros y militares. Entre los filósofos naturales, Volta conoce al mineralogista el barón Ignaz Edler Born (1742-1791) promotor de programas educativos laicos a gusto del Emperador. De allí fueron a Berlín, donde Volta se reúne con el matemático italo-francés Lagrange, interesado por los trabajos de Volta en electricidad y química; también con Franz Achard (1753-1821) que compartía intereses con Volta, experimentando conjuntamente con condensadores y pruebas sobre el comportamiento de los gases, terrenos ambos en los que Volta hizo aportaciones relevantes; también, sobre el cultivo de la remolacha y la fabricación de azúcar. En Göttingen pasan ocho días junto con su conocido, Georg Lichtenberg, profesor de la célebre Universidad e introductor en la misma de las enseñanzas de la física experimental. Volta, que viajaba con aparatos portátiles para hacer demostraciones experimentales, mostró algunas a Lichtenberg a las que se refirió en una reseña que hizo del tiempo pasado juntos. Heilbron dice que «en 1784 Volta invadió Alemania *vía* Lichtenberg» quien distinguió a Volta con «la newtonianidad de la electricidad». En reciprocidad, Volta introdujo en Italia revistas y libros de texto de física alemanes que utilizó con sus alumnos. En carta a Ambrosio Barth (10/4/1798) que le proporciona libros desde Berlín, además de darle indicaciones de cómo cobrar la compra, la sugerencia de que le haga precios módicos y algunos comentarios sobre libros recibidos con algún deterioro, le pregunta sobre publicaciones últimas que puedan haberse hecho, entre ellas sobre *Neues Journal der Physik* de Gren, muy difundido entre los electricistas, del que Volta le dice tener el último número (1797). La relación del pedido de libros alemanes sobre electricidad, magnetismo, luz y calor es extensa, contándose entre ellos autores como Bergmann, Richter, Achard, Beckmann, Bode, Wilke, Hilderbrant, Ziegle, la Enciclopedia de Hügel, además de otros europeos: Kirwan, Cavallo, Nicholson, Pallas, Prevôt, Pictec. Libros que forman parte de su gabinete en la Universidad y recomendados como ampliación a sus alumnos, para los que diseña un programa de enseñanza de la física con una estructura que bien podría seguirse todavía según los programas oficiales —lamentable indicador de la indolencia educativa española después de cuanto ha pasado en las ciencias físicas— en institutos y primeros años universitarios. En carta dirigida al Magistrado político de la Cámara y a la Junta de los Estudios (julio 1794) expone el programa a impartir de 1794 en adelante, ensayado en el periodo 1791-1794, centrándose en la Física Particular, de la que ya vimos su diferenciación con la Física General. Volta destaca de aquella rama de la física, cuyas enseñanzas a él competían, cómo «se da la mano con la Fisiología, la Historia Natural y la Química, sobre las que esparce una gran luz (usando el término ilustrado)», procurando lo que ahora llamamos, novedosamente, interdisciplinariedad. Como libros de texto a seguir, cita el Musschenbroek, con anotaciones de Orlandi, y el *Curso elemental de química* del médico y profesor de física y química de la Universidad de Gottinga J. Ch. Erxleben (1744-1777), aumentado por su colega Lichtenberg. Resalta, igualmente, la imperiosa necesidad de actividades experimentales en el «Teatro de Física» —laboratorio docente— dos veces por semana, considerando insuficientes las explicaciones a «viva voz». Manifestaciones de modernización, entonces qué bien nos vendrían ahora.

Volta y Scarpa tenían el cometido, por indicación del patrón Kauintz, que les proporcionó dinero adicional, para comprar libros y material científico alemán. Entre otros materiales, Volta compró cronómetros, eudiómetros que él perfeccionó a partir del ideado por Priestley y objetos de cristal para fines diversos. El significado del viaje de Volta a través de los estados germánicos le proporcionó una mayor reputación y respeto por parte de sus superiores del gobierno austriaco porque representaba al Imperio con su trabajo como un científico-diplomático. De vuelta a Como, es nombrado Rector de la Universidad de Pavía el año académico 1785-1786, contando con el apoyo del Emperador José II para mejorar el «Ateneo», como también llamaban a la Universidad. En 1785 es nombrado miembro de las Academias de Ciencias y Letras de Padua y de Berlín, y socio honorario de la Sociedad Agraria de Torino. Nombramientos a los que siguen otros muchos dentro y fuera de Italia. Su reconocimiento científico se estaba consolidando.

Respecto a los propósitos de Volta en la realización de estos viajes, así como de las circunstancias en que se desenvolvía la actividad científica en Europa convulsa por los movimientos sociales y políticos, sobre todo en torno a 1789, que se desencadena la expansiva Revolución Francesa con los consiguientes choques de intereses nacionales, son ilustrativas las conclusiones de Pancaldi en el capítulo 4 de su *Volta*, «The Cosmopolitan Network. Volta and communication among experts in late Enlightenment Europe», por las que me guío en el siguiente balance:

«Los primeros pasos de Volta más allá de su tierra natal estuvieron fundamentados en motivaciones que durante siglos habían alimentado la idea de una República de las Letras transnacional. Su motivo básico era la búsqueda de colegas, no existentes en casa, capaces de inspirar, juzgar y finalmente recompensar las actividades intelectuales del erudito aislado. Entre los electricistas había notables ejemplos [nombrados ya en varias ocasiones] a imitar por el joven Volta. Pero estos no fueron los únicos modelos pretendidos por Volta. La red internacional de la que formaban parte varias familias lombardas de aristócratas, comerciantes, banqueros y manufactureros, y con las que estaba en contacto, le ofreció importantes estímulos para desarrollar sus contactos más allá de las fronteras nacionales. Hasta 1775, cuando aún era un erudito independiente, estas relaciones repercutieron en él solo a nivel cultural. La incorporación a la administración pública de la Lombardía austríaca [como profesor] le ofreció nuevas oportunidades y medios para continuar sus actividades académicas y empresariales a través de las fronteras nacionales, actuando en nombre de sus patrocinadores».

La participación de Volta, como profesor al servicio del Imperio austríaco, en el juego de «imitación-competencia», en palabras de Pancaldi, que jugaron varios gobiernos de la Europa ilustrada en su pregonado apoyo a la ciencia de moda, mejoró sus posibilidades de reconocimiento como filósofo natural a escala europea. Sin embargo, las complejas reglas que regían la evaluación de la excelencia científica y la recompensa dentro de los círculos de expertos lo mantuvieron equidistante entre su búsqueda de reconocimiento como filósofo natural y su actividad como servidor público que trabajaba y viajaba a expensas de su gobierno. Aunque la presión sobre él como servidor público (funcionario, en términos actuales) se acrecentó, no rebajaron la intensidad y rendimiento de sus intereses científicos. En mi opinión, y para los propósitos a que aspiro en este recorrido voltiano, este es un asunto secundario, aunque no de menor importancia en sí, al que no le dedicaré más espacio. Sí era conveniente aludir a estas circunstancias, que ahí quedan apuntadas para quienes deseen profundizar en ellas, y que sin duda influyeron en el deseo primero de este trabajo: qué hizo Volta, cómo lo consiguió, cuáles eran sus puntos de partida y qué alcance tuvo su obra, en su tiempo y después.

Del viaje a París en 1801, su último viaje «literario», en realidad ya un indudable viaje científico de una repercusión internacional insólita en aquel tiempo, apoyado por un nuevo patrón —Napoleón Bonaparte—, hablamos en el próximo capítulo, a raíz del descubrimiento de la pila eléctrica.

LA PILA VOLTAICA, ENTRE
EL GALVANISMO Y LA
TENSIÓN DE CONTACTO

Probando y reprobando, volverlo a intentar, como reza el lema de la Academia italiana *dei Lincei*, es la práctica a la que dedicaron sus pesquisas cuantos «electricistas» invirtieron tiempo y dinero en lo que hasta finales del siglo XIX fueron poco más que descargas y algunos efectos químicos que hemos visto, hasta llegar a la formalización matemática y cuantitativa formulada por Coulomb con la que culmina la ciencia electrostática. La historia de la corriente eléctrica, la electrodinámica, empieza ahora con un protagonista indiscutible, Alessandro Volta, sin que los conatos sobre la prioridad de su descubrimiento alcanzaran niveles dudosos como ocurrió con casi todos sus inventos precedentes. El profesor Carlo Somigliana en el Centenario de la Muerte de Volta (1927) concluye su intervención: «El edificio teórico fundamental de la obra voltiana es la Electrostática. Si pudo crear la electrodinámica es porque había puesto una base segura a la teoría del equilibrio eléctrico y preparado los medios de investigación y medición adecuados para verificarla». Ya se había referido este profesor a la defensa inquebrantable de Volta por su teoría del contacto entre metales diferentes.

W.E.H. Lecky (1838-1903) en *Democracy and Liberty* (1896) relata la anécdota entre Michael Faraday y William Gladstone (1809-1898), siendo este *Chancellor of the Exchequer*, responsable de la elaboración de los presupuestos del Reino Unido, cuando en una visita al laboratorio de Faraday en la Royal Institution, a la vista de los resultados experimentales conseguidos, le preguntó: «¿Pero, en definitiva, todo esto para qué sirve?». «¿Pues, señor, respondió Faraday, hay muchas probabilidades de que usted pronto cobrará tasas por esto». No podía imaginarse el científico británico hasta qué punto llegarían sus premonitorias tasas en el primer tercio del convulso siglo XXI.

La historia puede iniciarse con Luigi Galvani (1737-1798), profesor de Anatomía y Operaciones Quirúrgicas de la Universidad de Bolonia, su ciudad natal, donde estudió medicina y filosofía, persuadido por su familia y amigos que lo apartaron de su inclinación inicial al misticismo y al ingreso en una orden monástica, aunque nunca se distanció de su testarudez religiosa. «Anatomista y cristiano, pasó su vida entera buscando, a través del laberinto de los órganos del cuerpo humano, algún vestigio de nuestra alma», escribe M. Andraud en su drama en cinco actos —*Électricité. Galvani*— en la colección *Théatre Scientifique* (París, 1854). Obra curiosa que entrelaza «dos grandes acontecimientos, de naturaleza diferente, que han marcado el fin del último siglo: el nacimiento del galvanismo y la conquista de Italia por las tropas francesas».

LUIGI GALVANI

Así vio el literato el empeño de Galvani: «Suponía que las contracciones musculares debían atribuirse a una electricidad particular, inherente a nuestro organismo, que se polariza en los nervios y en los músculos; así, cada fibra representa, según él, una especie de botella de Leyden en la que los nervios son los conductores; el fluido, atraído de los músculos a los nervios, pasa luego de ellos a la superficie de los primeros, de modo que en cada descarga de este aparato electro-orgánico, tiene lugar un contacto en las fibras musculares del cual resulta el fenómeno de la vida». El hecho es que Galvani observó hacia 1780 cómo se producían contracciones musculares a distancia en las patas de una rana muerta aplicándole en la médula espinal una descarga eléctrica mediante una botella de Leyden. Tras múltiples experimentos, fue más allá: a partir solo de las ancas de rana, comunicó los nervios lumbares con los músculos crurales mediante la unión de dos conductores metálicos diferentes, sin conexión a cualquier aparato eléctrico externo, y observó cómo se producían las mismas contracciones musculares. Concluyó que el organismo genera una electricidad específica, un fluido vital o galvánico, electricidad animal en definitiva, que sustenta la teoría del galvanismo, definido por Brisson en su *Diccionario* como «Propiedad en virtud de la cual se manifiestan movimientos espasmódicos en un sistema de nervios u órganos musculares en que todo principio de vida parece extinguido, cuando se establece comunicación entre dos puntos de este sistema por medio de ciertas sustancias, y particularmente metálicas, contrapuestas». Tras una detallada y extensa (28 páginas) revisión de los experimentos de Galvani y otros, como Haller, Hunter, Fowler, Valli, Berlinghieri, Volta, Fontana, Humboldt y Jadelot, interesados en la repercusión de la aplicación de la electricidad a la práctica médica en situaciones límites entre la vida y la muerte, resume: «He aquí en el músculo-nervioso animal dos sistemas de órganos muy distintos que obedecen cada uno a una influencia particular: la irritabilidad para el músculo y la sensibilidad para el nervio. Estas dos influencias se modifican recíprocamente; ya dependientes, ya independientes una de otra: pero esta última, la sensibilidad, está en relación inmediata con el alma». Galvani considera haber descubierto una ley general de la naturaleza: el fluido eléctrico, como principio vital, se genera en el «órgano cerebral» y es distribuido por los nervios a todo el organismo animal. Había acariciado la idea de haberse acercado a los «arcanos del Universo». En

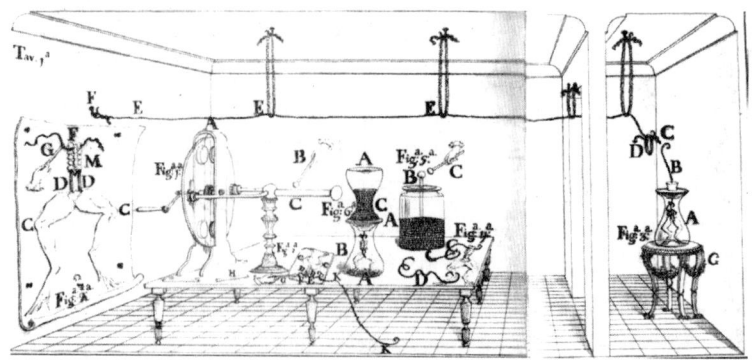

Diseño original del laboratorio de Galvani para sus experimentos con las ranas.

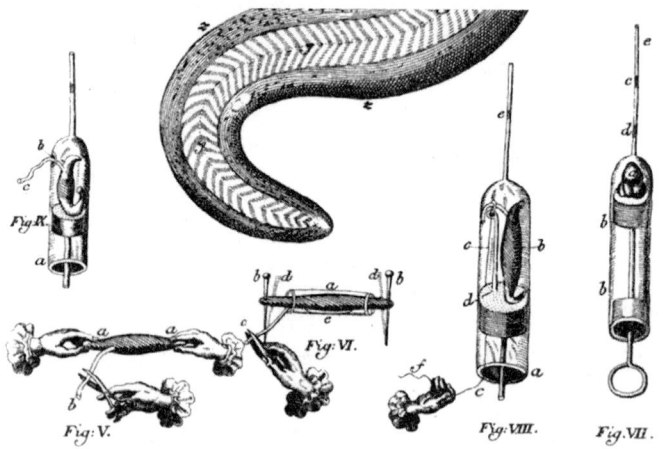

Preparaciones y experimentos galvánicos.

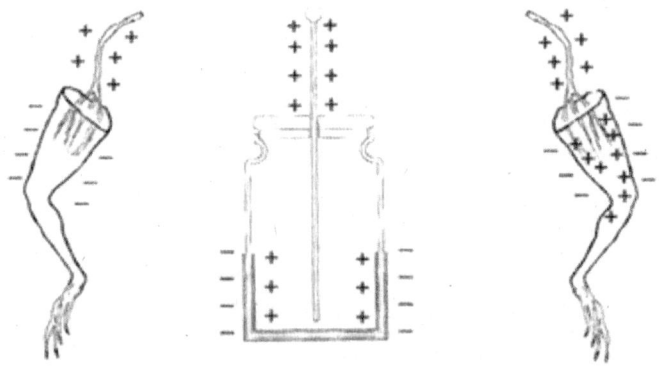

Modelos macroscópicos de Galvani de los nervios y músculos de la rana como «botellas de Leyden animal»., según Marco Piccolino y Marco Bresadola (2013).

esa búsqueda del alma y del principio de la vida, la «fuerza vital», que ocupó a tantos curiosos y tratadistas, cabe destacar al ilustrado español Josef Ponce de León (1753-1819), médico granadino, fundador y regente de la Academia Chîmico-Botánica de la misma, sostenida por la Real Sociedad Económica de Granada. En su texto para las clases académicas *Phisiología Chímica del Cuerpo Humano* (Granada, 1804), asegura en el prólogo haber demostrado «en muchas partes de la obra, que el fluido eléctrico y el galvánico son una misma cosa, y manifiesto sus usos en la máquina animal, y las leyes con que obra y produce todas las operaciones». Principios del gusto de Volta, del que no estoy en condiciones de asegurar tuviera conocimiento de la obra del granadino.

Previamente a sus experimentos, Galvani, inmerso en el ambiente de la «medicina eléctrica» practicada en Bolonia, buscando la relación entre electricidad, anatomía y fisiología, había pronunciado, en latín, varias conferencias en la Academia de Ciencias siguiendo las teorías sobre sensibilidad e irritabilidad animal del naturalista y médico suizo-alemán Albrecht von Haller y sobre los movimientos musculares de la rana. En 1791, recoge en *De viribus electricitatis in motu musculari. Commentarius* los procesos, resultados y conclusiones de su actividad —de frenética puede calificarse— en torno a la electricidad animal intrínseca, como ya había anticipado en *De animali electricitate*, en 1786. Galvani conocía las publicaciones de los *Philosophical Transactions* de John Walsh (1725-1795), John Hunter (1728-1793) y Henry Cavendish entre 1773 y 1776 sobre las descargas eléctricas del pez torpedo para capturar sus presas. El prestigioso mineralogista francés, miembro de la Academia de Ciencias, François S. Beudant, en su *Tratado elemental de Física*, dedica un corto capítulo a la «Electricidad de ciertos pescados» con la siguiente introducción: «Según los experimentos de gran número de físicos y naturalistas distinguidos, no puede dudarse de que muchas especies de rayas, la gymnota-torpedo, el siluro temblador, el tetrodon y el tricluoro eléctrico gozan por sí mismos de la virtud eléctrica, y pueden usarla a su arbitrio para defenderse». Y cuenta cómo Alexander von Humboldt (1769-1859), autor de *Experiences sur le galvanisme, et en géneral sur l'irritaction des fibres musculaires et nerveuses* (traducido del alemán por J.F.N. Jadelot, París, 1799), sufrió cierta conmoción al pisar un pez torpedo. Y añade: «se han sacado chispas de los conductores puestos en comunicación con estos animales, y se han car-

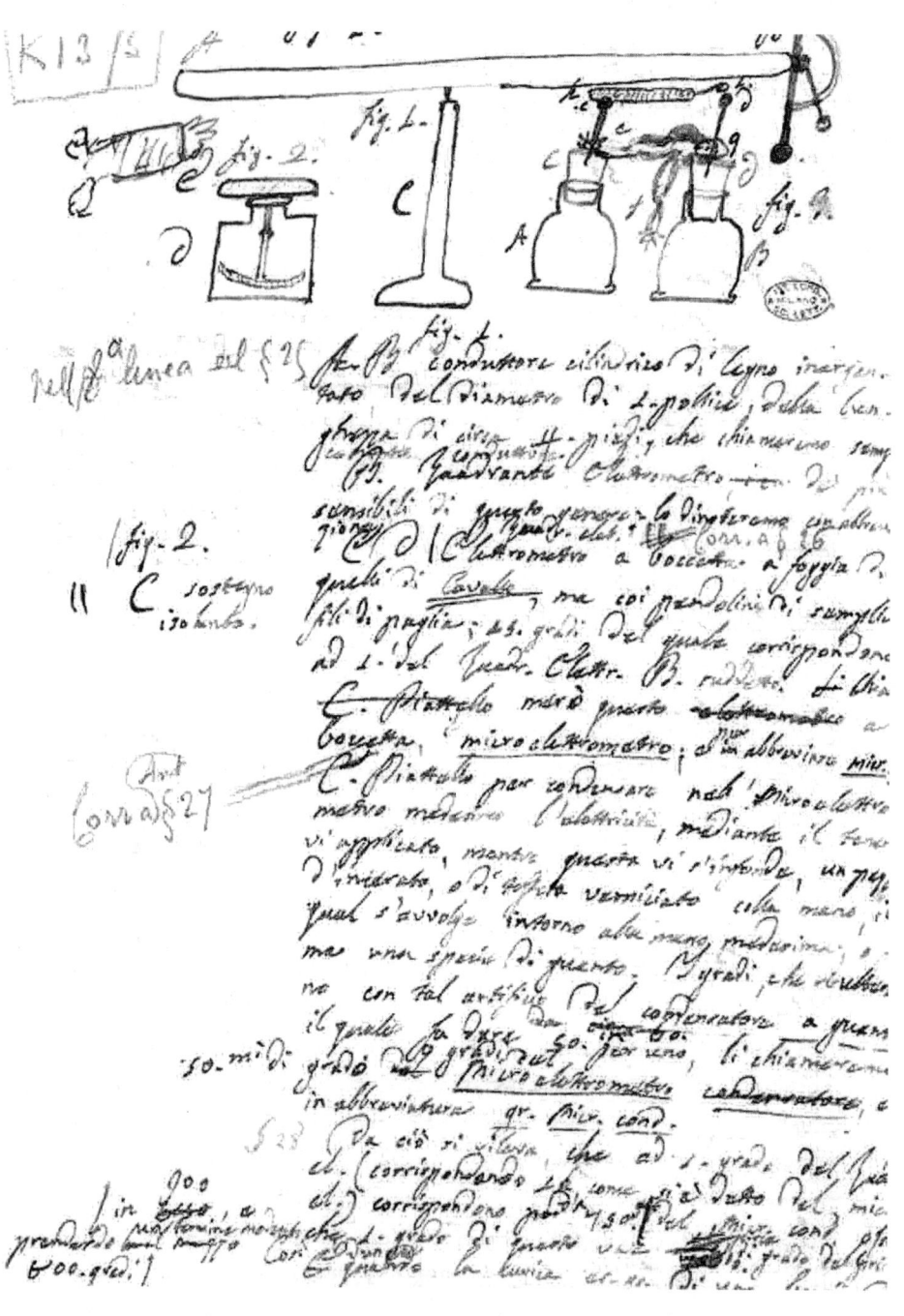

Fragmento de la Memoria segunda sobre la electricidad animal de Volta (1792).

gado botellas de Leyden; y en fin, se han observado todos los fenómenos de la electricidad ordinaria». Comentario concordante con la teoría galvánica de que los nervios y músculos de la rana podían considerarse análogos a «botellas de Leyden». En la *Antología de textos* de Humboldt publicada por Frank Holl y Joaquín Fernández (2002) se hace referencia a este hecho en el capítulo «La pesca de las anguilas eléctricas» que contiene el relato del científico y viajero alemán «Atrapando anguilas eléctricas con caballos» (1797) donde al describir al gimnoto, el más grande de los peces eléctricos, dice: «Dos líneas de manchitas amarillas corren simétricamente por el dorso, desde la cabeza hasta la punta de la cola. Cada mancha rodea un conducto secretor; la piel del animal está además recubierta por una especie de mucosidad que, como ha demostrado Volta, conduce la electricidad veinte a treinta veces mejor que el agua».

Beudant refiriéndose a «la forma y posición del órgano que produce la electricidad en estos seres», apunta más hacia la teoría de contacto voltiana que a la acción a distancia de Galvani: «En las rayas son partes musculares dispuestas en hojillas transversales separadas entre sí por una materia gelatinosa, y encerradas en una multitud de tubillos colocados a cada lado de la cabeza». Y tras referirse a otras estructuras, según el pez, concluye: «La electricidad parece producirse por el contacto de las partes musculosas y las partes gelatinosas; es un hecho muy importante de la fisiología animal que merece estudiarse con sumo cuidado». Por este camino transitó Volta en su rechazo al galvanismo, más interesado en el fenómeno físico que en las presuntas aplicaciones médicas.

Por mediación del profesor de medicina y farmacia de la Universidad de Pavía Bassiano Carminati (1760-1830), Galvani hace llegar a Volta una copia del *Commentarius* que el comasco recibe con curiosidad, calificándolo de «estupendo», e inicia, casi compulsivamente, pruebas con ranas preparadas junto con el profesor de anatomía y fisiología de Pavía Giacomo Rezia (1745-1825). En el entorno más cercano, en Italia, todos expresaron admiración y asombro sobre las conclusiones de Galvani, pero prevaleció la cautela, al menos entre los científicos más autorizados, salvo el caso del abate Spallanzani traductor al italiano —con el título de *Transunto*— del *Commentarius* de Galvani. Llama la atención que la última publicación (1797) de Galvani sobre electricidad animal, dedicada a Spallanzani buscando apoyo en la controversia con Volta, que andaba a la greña con el abate, no se imprimiera de forma independiente sino unida a una obra sobre electricidad de Giovanni Aldini (1762-1831), sobrino de Galvani, profesor de física en la Universidad de Bolonia, y propagandista de «las maravillas del Galvanismo de un país a otro, intentando curar la locura en París y galvanizar el cadáver de un asesino ejecutado en Newgate (cárcel londinense)», escribe Bernard Cohen, que califica al sobrino de «mejor *showman* que científico», en la introducción a la traducción inglesa (1953) del *Commentarius* por Margaret Glover. Según Marcelo Pera, el autor más autorizado sobre el caso Galvani en *The ambiguous frog* (1992), título muy acertado que refleja, como veremos, el salomónico desenlace de la controversia Galvani-Volta, la acogida entre los fisiólogos fue más precavida que entre los físicos: «Pero, al menos a juzgar por el caso de Volta, esta reacción favorable fue efímera y más aparente que genuina. Cierto que Volta se refirió a su paso de la incredulidad al fanatismo. Pero, de hecho, ese fanatismo dejó muy pocas huellas. Si consideramos la secuencia real de sus puntos de vista, es más probable afirmar que la incredulidad fue seguida inmediatamente por la duda». Así lo manifiesta Volta en su pronta publicación, *Memoria prima sull'elettricità animale*, (5 de mayo de 1792) en respuesta al *Commentarius* recibido en marzo del mismo año. Volta nunca tuvo relación, ni personal ni por carta, con Galvani, fallecido en 1798; mantiene la controversia, sin excesivo ardor, con el pariente Aldini, contariamente a la defensa a ultranza que hace de su teoría frente al galvanismo con científicos franceses, alemanes, holandeses y británicos a los que dedica numerosa correspondencia en contra de la electricidad animal inmanente.

Como no podía ser menos, también se plantearon cuestiones de prioridad en la visión y enfoque del galvanismo. Francesco Mocchetti, amigo y colega de Volta en el Liceo de Como, donde ambos fueron profesores de Física, pronunció el 1 de mayo de 1833, con motivo de la inauguración de un busto de su conciudadano en el Liceo, un discurso laudatorio —*Elogio del Conte Alessandro Volta, Patrizio Comasco*— en presencia de la Congregación Municipal del Municipio. Hace un recorrido por su obra y da a conocer cartas inéditas de Volta con anotaciones personales añadidas. Respecto al papel inicial de Volta sobre las teorías de Galvani, escribe: «En vano algunos partidarios del galvanismo, casi arrepentidos de tener que reconocer falsa una doctrina tan plenamente creída, intentaron contradecir los experimentos de Volta. En vano algunos otros, incapaces de resistir la evidencia de su razonamiento, trataron de dar fe a la opinión del francés Libes, que quisieron robarle el elogio de este descubrimiento, atribuyéndolo al profesor Pfaff de Kiel; sin embargo, "creo (añadió con justa y noble complacencia) [párrafo de la carta de Volta a Mochetti] haberme anticipado en dos o más años en todo con mis experimentos, en parte ya publicados, en parte inéditos, pero mostrados a varios hombres inteligentes, tanto nacionales como extranjeros"». Y así fue, como consta en *Histoire Philophique des Progrès de la Physique* de Libes, publicada en París, en cuatro volúmenes entre 1810 y 1814, en plena madurez de Volta. Obra que inmediatamente estuvo a la venta en España, según el sello del ejemplar que he consultado: «En el Almacén de Librería extrangera y del Reyno de los HEREDEROS DE BERTRAND se hallará esta, y otras obras en todas artes y ciencias». Así se pronuncia Libes tras un comentario sobre la teoría galvánica: «Tal era el estado del galvanismo en los primeros días de su infancia, cuando aún estaba concentrado en el lugar de su origen. Pronto abandonó su tierra natal para regresar a Alemania [por medio de Haller]. Los principales hechos que la componen fueron anotados con gran exactitud, y los estudiosos de estos países se apresuraron a proclamar su existencia. La explicación imaginada por los físicos de Italia no recibió la misma acogida. Fue atacada con un arma poderosa, la de la experiencia; y es al profesor Pfaff a quien se debe el honor por haberle asestado el golpe mortal... El señor Volta hubo de renunciar penosamente a una opinión que no había madurado lo suficiente y que por experiencia exigía el sacrificio de comprobarla. Pero no tardó en compensarse con el éxito después de tantos nuevos intentos». Asocia el hecho a la confusión reinante en la naciente ciencia eléctrica y a la profusión de gentes —incluyámoslos en la categoría «*amateurs*»— de las procedencias más diversas experimentando, estudiando o simplemente curioseando, atraídos por la extrañeza y fascinación de tales fenómenos: médicos, militares, ingenieros, alcaldes, magos, nobles, clérigos, astrónomos, jardineros reales, maestros, profesores, terratenientes, boticarios, políticos, artesanos... Algunos llegaron a integrar la nómina de los calificados como «filósofos naturales», condición suprema de quienes aspiraban a descubrir los entresijos de la naturaleza, pasando a la historia con esa distinción. A aquella amalgama se refiere Libes con la esperanza de que algún día se alcanzase la coherencia precisa para que la electricidad consiguiera la categoría de auténtica ciencia física, experimental y exacta: «En el intervalo de medio siglo, la cantidad de fenómenos eléctricos ha aumentado considerablemente. Son eslabones importantes, pero todavía dispersos en el dominio de la Física, o amontonados los unos sobre los otros sin ligazón y sin orden. En este estado de aislamiento o de confusión, necesitan con cierta impaciencia que una mano hábil los agrupe, los organice y dé a cada uno, antes de unirlos, el lugar que les corresponde en la cadena que debe formar la ciencia. Muchos sabios aspiran a cumplir esta difícil tarea».

Christoph H. Pfaff (1773-1852), médico alemán que compatibilizó la medicina con la enseñanza de la física en la Universidad de Kiel donde acabó desempeñando la cátedra de química, amplió sus estudios en París. En 1801 conoció a Volta, que lo puso al corriente del hallazgo de la pila. Allí quedaron zanjados los dimes y diretes de que habla Libes. Pfaff publicó en *Annalen der Physik* en 1801 informes enviados desde París sobre la pila y los experimentos que presenció de Volta en la capital francesa. «Para 1801, escribe Pancaldi, Volta había elegido a Pfaff en lugar de a Ritter como su embajador informal para asegurar lo que él consideraba una comprensión adecuada de la batería en los países de habla alemana». Volta difundió la pila por las vías que consideraba más útiles. Igualmente lo hizo a través de su buen amigo van Marum en Holanda.

Ancas de rana, arcos y corona de copas originales de Galvani y pila en columna (pares metálicos y conductores húmedos) de Volta.

Pero vayamos a cómo Volta dio con su descubrimiento capital, asunto que no está suficientemente claro para los historiadores de la electricidad, entre otras razones porque sus notas de laboratorio son escasas, dispersas y requieren conjeturas sobre sus posibles decisiones basadas en la correspondencia de Volta y en las múltiples publicaciones que se desencadenaron a raíz de las experiencias de Galvani muchas de ellas recogidas en *A Journal of Natural Philosophy, Chemistry and the Arts* editado entre 1797 y 1814 por William Nicholson (1753-1815), que contó con la colaboración de Priestley, van Marum, Abraham Bennet (interesado en la electricidad por contacto de los metales), John Bostock, autor de *History of Galvanism*, Cavallo, entre otros. Realmente, la referencia más socorrida y concluyente es la carta que envía al presidente de la Royal Society, Joseph Banks (1743-1820), en 1800, de la que daremos cumplida cuenta seguidamente, más centrada en la descripción, efectos y experimentos con la pila que en su proceso de construcción. Sin adentrarnos demasiado en el asunto, veamos algunos apuntes sobre la probable génesis de la pila.

«Aunque no se llevó a cabo una nueva conceptualización importante antes de que se construyera la batería en sus dos formas básicas, la pila y la "corona de copas", se requería algo más que la mera manipulación por parte del que, usando la llamativa frase de Derek de Solla Price, tenía el cerebro en la punta de los dedos», plantea Pancaldi quien, asumiendo que Volta había adoptado la estrategia de «prueba y error» en aquella etapa de su investigación, sería útil aplicarla para describir, aunque quizás no para explicar completamente, los pasos seguidos en el hallazgo. Así, tanteando como quizá hiciera Volta, Pancaldi elucubra sobre la decisión última del comasco, apoyándose en sus propias palabras, como estas extraídas de la carta a Banks: «Entenderemos, y podremos incluso predecir el éxito de una amplia variedad de experimentos, que uno puede realizar con este dispositivo de corona de copa, más fácilmente y de una manera más obvia y reveladora, por así decirlo, a los ojos del interesado que con el otro dispositivo en columna. Prescindiré, pues, de describir gran parte de estas experiencias fáciles de adivinar, y expondré solo algunas, que son tan instructivas como entretenidas». Otra opción probable es que intentó, siguiendo sus relatos, construir una batería totalmente metálica interponiendo un tercer metal entre los pares de metales elegidos para generar el contacto en que basaba su teoría, pero no daba resultado.

La pregunta era: «Si, como sostenía Volta, los conductores formaban una sola serie, aunque dividida en las dos clases de metales y conductores húmedos, ¿por qué funcionaba un conductor húmedo donde un tercer metal no lo hacía?» La pila de pares metálicos y cartones húmedos simbolizaba lo que a Volta le gustaba describir como la victoria del contacto metálico sobre la electricidad animal. Sin embargo, cualquier batería que contuviera metales era imperfecta como imitación de un pez eléctrico, que era su punto de partida y referencia determinante. Así, después de dar por concluida su pila 1799, Volta siguió intentando construir una batería no metálica para completar su programa de imitar al pez torpedo. Los resultados poco exitosos hasta 1804, según sus notas de laboratorio, explican por qué Volta no publicó sus intentos anteriores al anunciar su descubrimiento de la batería; estaba indeciso. Estaba convencido de que una batería no metálica funcionaría como era evidente en los peces eléctricos. Aunque no podía asimilarse a los peces eléctricos, la clásica batería voltaica, en su mayoría de metal, tenía la gran ventaja de la comodidad, la robustez y el poder eléctrico sobre las conocidas pero delicadas baterías húmedas (sucesivas botellas de Leyden encadenadas), que se secaban con facilidad. Su pila se prestaba a tipos portátiles como la de bolsillo que llevó a París en el otoño de 1801 para mostrársela a sus colegas científicos y a Bonaparte.

Nicholson escribe en su *Journal* sobre la pila de Volta con segundas intenciones, agradeciendo, por una parte, que hubiera tenido en cuenta «sus» ideas sobre el pez torpedo, y por otra reprochando a Volta no tener en cuenta los fenómenos químicos asociados a la pila de los que él había hecho algunas observaciones. Aunque, opina Pancaldi, Volta no había contraído ninguna deuda con Nicholson, considera que «el artículo de Nicholson fue un evento precipitante, quizás el evento precipitante, en la invención de Volta de la pila».

Volta elige Inglaterra como el país donde dar a conocer la primicia de la pila, un dispositivo capaz de producir «movimiento eléctrico perpetuo» que originariamente denominó «órgano eléctrico artificial». Su recompensada anglofilia con la medalla Copley de la Royal Society en 1794, de la que a su vez ya era *Fellow*, y la correspondencia mantenida con Sir Joseph Banks, a la sazón presidente de aquella internacionalmente reconocida e influyente institución, le impulsa a comunicar por carta (20/3/1800) a Banks su invención. (Bevilacqua y Bonera,

1999) en el prólogo a la edición de la carta —en francés, inglés, alemán e italiano— con motivo del bicentenario de la misma, escriben: «De esta sorprendente manera Alessandro Volta, a sus 55 años de edad, profesor de física experimental durante 22 años en la Universidad de Pavía, comunicó al mundo la posibilidad de producir corriente eléctrica estable. Invención que acarreó un cambio en la forma de vivir en este planeta». Aunque la obra de Volta no se redujo a la invención de la pila, ni esta fue su descubrimiento más admirado, en realidad un feliz efecto colateral en su pertinaz rechazo a la teoría galvánica de la electricidad animal, es indudable que su paso a la historia de la humanidad, ya no de la ciencia, haya sido el electromotor, como también la llamó él mismo. En consecuencia, dedicaremos el espacio que merece la susodicha carta para «escuchar» con sus propias palabras cómo la concibió.

La carta, escrita en francés, se completó con una segunda (1/4/1800) de Volta a Banks, y unidas en una sola, fue leída el 26 de junio en la Royal Society que la publicó en septiembre de 1800 en sus *Philosophical Transactions* con el título «On the Electricity excited by the mere Contact of conducting Substances of different kinds», manteniendo el original texto en francés. Ese mismo año fue publicada en inglés en el *Philosophical Magazine* editado por Nicholson, también destacado electricista que, gracias a la fluida relación con Volta, produjo la electrólisis del agua con el uso de la pila. La publicación de la carta en alemán data de 1900, en el centenario de la pila, y la italiana, de Angelo Chirico, de 1999. La traducción española que conozco es de Emma Sallent Delcolombo de la Universidad de Barcelona, publicada por *Llull* (2000) en el apartado «Fuentes y Documentos».

Antes de extractar el contenido de su larga y minuciosa carta, algunos recordatorios para facilitar la comprensión terminológica. Uno sobre el significado de «batería eléctrica» tomado del *Diccionario* de Brisson, muy próximo a lo que Volta quiere decir: «Llámase así un número mayor o menor de jarrones de vidrio, guarnecidos por dentro y por fuera de chapas de estaño (excepto la parte superior, que queda sin guarnición), y contenidos todos en una caja también de chapas de estaño. Este aparato se electriza a la manera de la botella de Leyde»; Priestley la definió como «una cantidad de frascos combinados, de modo que todos puedan cargarse y descargarse al mismo tiempo». Otro, respecto al pez torpedo. Volta, que descarta en el comportamiento de este pez cualquier analogía electrostática —«ni electró-foro, ni condensador, ni botella de Leyde, ni cualquier máquina eléctrica excitable»—, lo describe así en la carta: «Es bien conocido, por la anatomía que se ha hecho de ellos, que el órgano eléctrico del torpedo o de la anguila eléctrica consta de varias columnas membranosas, lle-nas de un extremo al otro con gran número de láminas o películas, en forma de discos muy delgados, colocados uno sobre otro, o sostenidos a distancias muy pequeñas por algunas láminas, en las que parece fluir un humor [líquido]. Sin embargo, no podemos asumir que alguna de estas hojas sea aislante, como el vidrio, las resinas, la seda, etc., y menos aún, que puedan ser electrificadas por fricción, o dispuestas y cargadas a la manera de pequeños cuadros franklinianos, o pequeños electró-foros; ni siquiera que sean lo suficientemente malos conductores para servir como un condensador bueno y duradero, como ha supuesto Mr. Nicholson». Sobre él hubo mucha literatura y controversia; entre los más destacados: Pringle («Torpedine», *Phil. Trans.* 1774); Ingenhousz («Esperienze su Torpedine», *Phil. Trans.* 1775); Spallanzani, *Elettricità Della Torpedine* (1783).

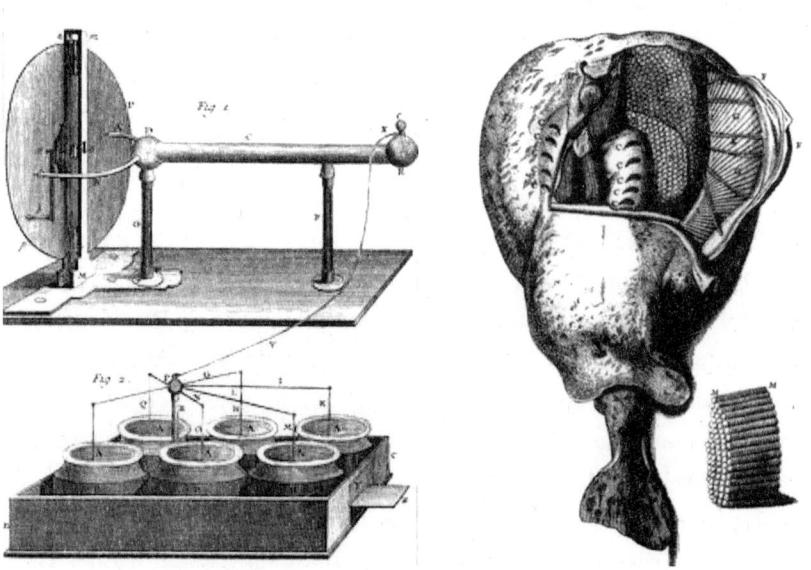

Batería eléctrica (*Diccionario Universal de Física*, Brisson, 1796) y Pez torpedo, representado por Réaumur.

Ahora sí, vamos a la carta:

«Como, en el Milanesado, 20 de marzo de 1800

Después de un largo silencio por el que no pretendo disculparme, tengo el placer de comunicarle, Señor, y mediante usted a la Sociedad Real, algunos resultados sorprendentes a los que he llegado en mis experimentos sobre la electricidad excitada por el simple contacto mutuo de metales de diferente especie, y a la vez por otros conductores también diferentes entre sí, sean líquidos o conteniendo algún humor [líquido] al que deben su poder conductor. El principal de estos resultados, que engloba casi todos los demás, es la construcción de un aparato que se asemeja por sus efectos, es decir, por las conmociones que es capaz de hacer padecer en los brazos, etc., a las botellas de Leyde, y, más todavía, a las baterías eléctricas débilmente cargadas que sin embargo actuarían incesantemente de manera que su carga se restablecería después de cada explosión; que gozaría, en una palabra, de una carga indispendable, de una acción sobre el fluido eléctrico, o impulsión, permanente; pero que también se diferencia esencialmente, además de por esta acción continua que le es propia, porque en lugar de consistir, como las botellas y baterías eléctricas ordinarias, en una o varias láminas aislantes, en finas capas de estos cuerpos que se supone que son los únicos eléctricos, armadas con conductores o cuerpos que se supone que son no-eléctricos [no electrizables por frotamiento], este nuevo aparato está formado únicamente de estos últimos cuerpos, escogidos incluso entre los mejores conductores y por tanto los más alejados, antes de lo que siempre se ha creído, de la naturaleza eléctrica. Sí, el aparato de que os hablo, y que sin duda os sorprenderá, no es más que un conjunto de un número de buenos conductores de diferente especie, dispuestos de una determinada manera. 30, 40, 60 piezas o más, de cobre, o mejor de plata, aplicadas cada una a una pieza de estaño, o, lo que es mucho mejor, de zinc, y un número igual de paños empapados con agua, o de algún otro líquido que sea mejor conductor que la simple agua, como el agua salada, la lejía, etc.; o trozos de cartón, de piel, etc., bien empapados de esos líquidos; tales paños interpuestos en cada pareja o combinación de dos metales diferentes; una serie alternativa, siempre en el mismo orden estos tres tipos de conductores, constituye mi nuevo instrumento; que imita, como he dicho, los efectos de las botellas de Leyde, o de las baterías eléctricas, y produce las mismas descargas que ellas...

Teniendo todas estas piezas en buen estado, es decir, los discos metálicos bien limpios y secos, y los otros no metálicos bien embebidos de agua normal, o, lo que es mucho mejor, de agua salada, y secados ligeramente para que el líquido no gotee, no me queda más que colocarlos convenientemente; y esta disposición es simple y fácil.

Este aparato, parecido en el fondo, como le voy a mostrar, e incluso tal como lo he construido por su forma, al *órgano eléctrico natural* del torpedo, de la anguila eléctrica, etc., más que a la botella de Leyde y a las baterías eléctricas conocidas, quiero llamarlo *órgano eléctrico artificial*. Porque en realidad, ¿no está como aquéllos compuesto únicamente de cuerpos conductores? ¿No actúa por sí solo, sin ninguna carga precedente, sin el concurso de cualquier excitación eléctrica por alguno de los medios conocidos hasta ahora; actuando incesante e implacablemente; capaz de provocar en cualquier momento conmociones más o menos fuertes, según las circunstancias, conmociones que se redoblan a cada contacto, y que, así repetidas con frecuencia, o continuadas por cierto tiempo, producen el mismo entumecimiento de los miembros que el pez torpedo, etc.?»

Seguidamente, describe cómo va colocando parejas de placas metálicas separadas entre sí por un disco húmedo, que nombra como deferente, de manera que si empieza por plata y zinc, en este orden, continúe así formando «una columna hasta la altura que pueda mantenerse sin derrumbarse». En definitiva, la pila eléctrica.

Enumera minuciosamente los efectos del nuevo aparato en quienes lo tocan: conmociones, picotazos, convulsiones, ligeras descargas, contracciones, espasmos, que así los llama en distintos momentos de la carta; en definitiva, calambres, tomando como referencia, en cuanto a su intensidad, los producidos por el pez torpedo y la anguila en las personas o animales en contacto, avanzando su intuición sobre la producción de corriente eléctrica tanto en el caso de los animales como en la pila: «Quiero decir que la provocación y movimiento que se da al fluido eléctrico, es un efecto necesario de su órgano singular, formado, como vemos, de una serie muy numerosa de conductores, de los cuales tengo todo el fundamento de creer con gran diferencia entre ellos para ser también motores del fluido eléctrico en sus contactos mutuos, y suponerlos adecuadamente dispuestos para empujar este fluido con una fuerza suficiente, de arriba hacia abajo, o de abajo hacia arriba, y determinar una corriente capaz de producir la conmoción, &c. súbita, y muchas veces, cuando se produzcan los contactos y roces necesarios». Se reafirma en lo que dice, a la vez que no encuentra explicación al hecho sorpresivo de la producción de corriente eléctrica inédito hasta entonces: «¿Hay prueba más evidente de la continuidad de la corriente eléctrica que mantener durante todo el tiempo en comunicación los conductores que forman el circuito? ¿Y que solamente interrumpiendo la conexión, se suspende la corriente? Esta circulación sin fin del fluido eléctrico (este movimiento perpetuo) puede parecer paradójico, puede que sea inexplicable; pero no deja de ser verdadero y real, y uno lo toca, por así decirlo, con las manos». Y continúa describiendo los efectos irritantes de la corriente del fluido eléctrico en los órganos de la vista, el oído, el gusto y el tacto. En cuanto al olfato, dice haberlo «intentado hasta ahora en vano», aunque «no se puede decir que el fluido eléctrico, por sí mismo, no sea apropiado para producir sensaciones olorosas», pero es menos preciso de describir por su expansión en el aire. Aprovecha el reconocimiento de los efectos sensoriales para afirmar que sus experiencias con el nuevo aparato le han obligado a «combatir la pretendida electricidad animal de GALVANI, y declarar una electricidad extrínseca, impulsada por el contacto mutuo de metales de diferentes especies». Así mismo reconoce inconvenientes en el aparato inventado: no es cómodo de transportar y, sobre todo, no se mantienen en buen estado mucho tiempo porque los discos humedecidos hay que desecharlos en uno o dos días. Hay que humedecerlos de nuevo, pero es necesario desmontar el aparato, para lo que hace alguna sugerencia capaz de conseguir un «instrumento más duradero», del que vislumbra la aplicación de la electricidad a la medicina, en la que insisten los galvanistas, como una contribución de la «ciencia útil» a la sociedad, según los principios del pensamiento ilustrado asumidos tempranamente por Volta: «Todos los hechos que he relatado en este largo escrito y otros que todavía podré descubrir, multiplicando y variando las experiencias de este género, abrirán un campo muy amplio de reflexiones, y desde el punto de vista, no solamente curioso, pueden interesar particularmente en medicina. Habrá muchos resultados para ocupar al anatomista, al fisiólogo y al médico».

Antes de terminar, vuelve al pez torpedo porque su intención primera, insisto por la relevancia científica que tiene, estaba en combatir el galvanismo, sin que se le pasara por la cabeza la producción continuada de corriente eléctrica: «¿A qué electricidad, a qué instrumento debe ser comparado este órgano del pez torpedo, de la anguila eléctrica, etc.? Al que acabo de construir según el nuevo principio de la electricidad [teoría del contacto] que he descubierto hace algunos años y que mis sucesivas experiencias, sobre todo las que me ocupan ahora, han confirmado que los conductores son también, en ciertos casos, motores de electricidad, como en el caso del contacto mutuo de los de diferente especie, etc., para este aparato que he llamado *órgano eléctrico artificial*, y que, siendo básicamente el mismo que el órgano natural del torpedo, que hasta se le parece en la forma, como ya he adelantado».

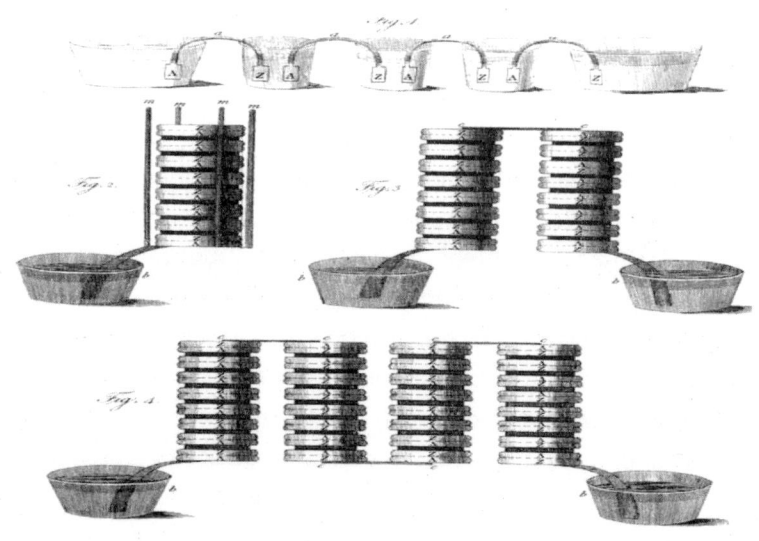

Imágenes adjuntas a la carta de Volta publicadas en *Philosophical Transactions*.

Así, con suficiente claridad, describió Volta su invento. La carta, en realidad el artículo, a lo largo de veintitantas páginas abunda en detalles del aparato primigenio y otros similares, así como en las experiencias más destacadas hechas con ellos. Según la forma en que dispone los elementos o los efectos producidos, da varios nombres al montaje resultante que, en definitiva, son variaciones sobre el mismo objeto: aparato en columna, cadena de tazas y aparato electromotor, aunque finalmente se despida con su nombre preferido: órgano eléctrico artificial.

Con la pila se inicia un nuevo ramo de la ciencia eléctrica: la electrodinámica, en la que la corriente eléctrica es el centro de atención. Se abre un nuevo espacio de experimentos, de ideación de magnitudes, de sus medidas y relaciones matemáticas: empezaba a desbrozarse un escenario inédito con sus correspondientes leyes físicas. En los libros de texto se da cuenta de las novedades, a la vez que se reconoce la precariedad de saberes y la inseguridad en las afirmaciones. En el *Tratado elemental de Física* (1839) de Despretz, por ejemplo, leemos: «Para comprender los efectos de la pila es necesario tener una idea clara de la corriente eléctrica y de la tensión. La intensidad de la corriente depende de muchas circunstancias». Y a propósito de los múltiples tanteos para identificar los buenos y los malos conductores, concluye: «Solo los metales y el carbón conducen bien la corriente galvánica. Según las reglas establecidas por H. Davy también lo son las disoluciones ácidas y alcalinas». Fijémonos, ya lo vimos, que a pesar del presunto triunfo de Volta sobre Galvani, en la denominación de la corriente predominó el nombre de este. En el *Vocabulario científico y técnico* (Madrid, 1996) de la Real Academia de Ciencias Exactas, Físicas y Maturales se define «galvanismo» como «cualquier efecto de la corriente eléctrica continua».

En el capítulo 6 del Pancaldi —«Appropriating Invention. The reception of the Voltaic Battery in Europe»— se hace un estudio de cómo se recibió la invención de Volta en Europa. Me detengo lo imprescindible en estos pormenores, pero sí vamos a ver con más detalle el último viaje de Volta que dejamos pendiente, el viaje a Suiza y Francia iniciado el 1 de septiembre de 1801 del que lo más relevante fue la estancia en París, desde el 26 de septiembre hasta el 4 de diciembre, volviendo a Como pasando por Lyon. De la importancia concedida a este viaje es buena prueba la publicación de su biznieto Zanino Volta, *Alessandro Volta a Parigi. Studio cronistico con documenti inediti e facsimili* (Milano, 1879).

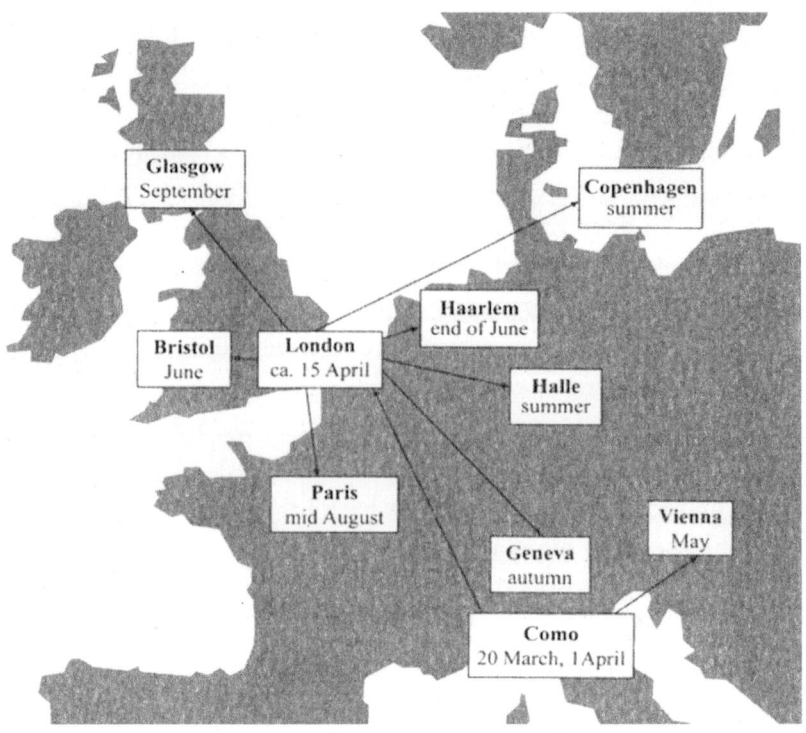

Recepción y procedencias de las noticias sobre la pila.

Volta, acompañado de su mujer, su hermano Luigi y Luigi Brugnatelli, parte de Como con destino a Varese, donde se encuentra con el conde Vincenzo Dandolo, mecenas para los estudios de química, agronomía e industria, que los acoge en su casa y agasaja cumplidamente. Por la tarde, la mujer y el hermano se vuelven a Como. A partir de ahí, Volta y Brugnatelli continúan el viaje en solitario. Dos palabras sobre el compañero de viaje que se encargó de escribir un diario del mismo contenido, el original, en el vol. IV del *Epistolario*, y publicado por la Universidad de Pavia en 1953.

Luigi Valentino Brugnatelli (Pavía, 1761-1817) estudió medicina en la Universidad Ticinense, siendo alumno, entre otros, de Scarpa, Spallanzani, Scopoli y Volta. Sin abandonar la medicina, se orientó hacia la física y la química. Fue de los primeros en introducir la nomenclatura de Lavoisier en Italia. Trabajó con Volta en su «cruzada» contra el galvanismo y, al cabo del tiempo, como aplicación de la pila, fue pionero en los procesos de galvanoplastia, contando con una selecta producción científica, incluyendo una sencilla descripción portátil de la pila publicada en *Journal de chimie et de physique* (6/11/1801). Volta encontró en él un magnífico colaborador y juntos realizaron experiencias iniciadoras de electroquímica. Dieciséis años más joven que Volta, fue de gran ayuda en el viaje a Suiza y París para la preparación de los experimentos que el comasco presentaba a la comunidad científica francesa, para la observación y anotaciones de los fenómenos naturales, para la asistencia a exposiciones artísticas y para el esparcimiento parisino: «Festejamos, bailamos y no faltaron las salidas y las diversiones y, en estas tertulias mundanas, entre bromas y galanterías, mantuvimos discusiones literarias, filosóficas, científicas», escribe el acompañante. De todo ello queda constancia en el susodicho *Diario*, incluido también en la biografía *Luigi Valentino Brugnatelli* (1997) de Alberto Gigli Berzolaria en la colección *Fonti e studi per la storia dell'Università di Pavia*.

En este viaje, Volta contaba con un nuevo patrón, Napoleón Bonaparte, que lo apoyó decididamente desde que tuvo conocimiento de su trabajo. Y sobre todo a partir de 1800, que dominó —hasta 1814— los territorios del norte de Italia tras la derrota a la armada austro-rusa. En 1802, lo hizo nombrar miembro del Real Instituto Lombardo de Ciencias y Letras de Milán. Reabrió la Universidad de Pavía, cerrada por el Imperio austriaco en 1779, reponiendo a Volta en la cátedra de Física Experimental que le fuera concedida por gracia de la emperatriz María Teresa de Austria y en la dirección del Gabinete de Física. Hubo quienes reprocharon a Volta la adhesión y aceptación del mandato francés, acusándole de jurar lealtad a una potencia extranjera, a lo que el «*cittadino*» hizo poco caso, presuponiendo que el manejo de la administración pública y el trato con los filósofos naturales del nuevo patrón estaba en consonancia con los mismos valores y objetivos que había perseguido en décadas anteriores bajo el gobierno ilustrado de Austria, que por otra parte no dejaba de ser también otra potencia extranjera. Veamos algunos pormenores del viaje extraídos del *Diario*.

En Ginebra, ciudad varias veces visitada por Volta, mantienen reuniones con Senebier, Saussure, Désormes, Odier da Ingry, Jurine, De la Rive y algunos más interesados en el galvanismo y la electricidad en general, así como en la pila y otros aparatos construidos por Volta. Pasean por los lagos, toman el té con distinguidas damas, visitan gabinetes y bibliotecas, observan la novedosa iluminación nocturna de la ciudad que utiliza grasas en lugar de aceite, asisten a reuniones literarias nocturnas. Antes de partir, visitan al matemático y filósofo Luigi le Sage, conversando sobre electricidad, afinidad química y meteorología, en lo que Volta estaba dotado de una valiosa experiencia. Viajaban en diligencia, madrugan y comen en casas de postas por el camino. Antes de entrar en París, visitan Fontainebleau, donde un busto de Bonaparte ha sustituido al del rey Luis XIV. En algunos lugares se sorprendieron de la destrucción de mausoleos y monumentos «en el furor de la Revolución». Llegan anochecido a París el 26 de septiembre, donde acuerdan el alojamiento por 90 francos al mes. Como el primer día es domingo, recorren la ciudad sorteando la lluvia y el barro, visitan el Louvre y el Palacio Real, se admiran de los muchos cafés parisinos, de las casas de baño chinos que describen con detalle, como hacen con monumentos, parques y grandes palacios. Contemplan con sorpresa un entierro, como si fuera algo inusual en la Italia de su procedencia.

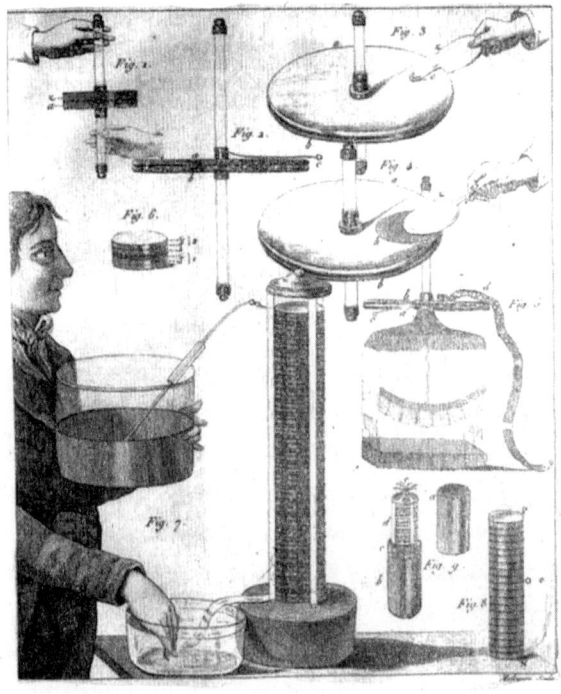

Aparatos de Volta para el viaje de 1801.

Las primeras citas con *savants* fueron con Berthollet, Fourcroy, que no encuentran en sus casas, y Cuvier, que los acompaña a ver el Jardín Botánico. En su laboratorio hacen experiencias sobre la dilatación de los gases utilizando el eudiómetro de Volta, el funcionamiento de la pila y conversan sobre los aspectos fisicoquímicos del galvanismo. En la amplia biblioteca de Berthollet encuentran obras científicas y filosóficas que les interesan: Voltaire, Rousseau, Condillac, Buffon... Durante el almuerzo en casa del anfitrión, entre las personas invitadas que desconocían, les llamó la atención un joven que hablaba sobre el fluido galvánico: era Biot, con quien Volta mantuvo desde entonces una entrañable relación y facilitó la presencia del comasco entre los académicos franceses. Tras la estancia en casa de Berthollet, fueron al teatro con Giuseppe Mangilli, alumno de Volta en Pavía, que casualmente estaba en París. A la salida, cuenta Brugnatelli este sucedido: «Pasamos por el distrito Richelieu, donde fuimos atacados aquí y allá por las *filles*. Una de ellas, atractiva, semidesnuda, se arrojó entre nosotros con ademanes encantadores (éramos Volta, Mangilli y yo) diciendo: Mi primo, mi hermano, mi cuñado, eres amable, dame un beso, ven a mi casa». De estos hubo varios de mayor o menor intensidad.

Tras visitar Versalles, el 3 de octubre, son recibidos en el Instituto Nacional de Ciencias y Artes por el presidente, el abate R. J. Haüy (1743-1822), que les presenta a los miembros de la Comisión sobre galvanismo.

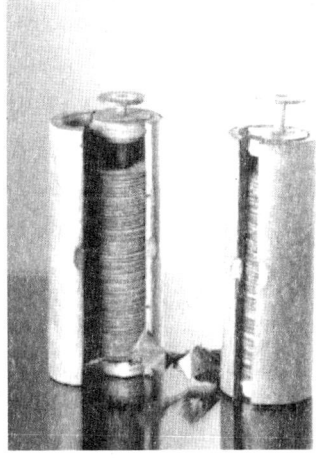

Luigi Valentino Brugnatelli y pilas utilizadas por Volta en su demostración en el Instituto Nacional de París en 1801.

Como balance de la acogida dispensada a Volta por los más distinguidos representantes de la ciencia francesa, basta el *Rapport fait à la Classe
des Sciences Mathématiques et Physiques de l'Institut National, sur les
experiences du citoyen Volta*, leído el 11 *frimaire anno* 10 (2/12/1801) por
«*le citoyen* Biot» en nombre de dicha Comisión integrada por Laplace,
Coulomb, Hallé, Monge, Fourcroy, Vauquelin, Pelletan, Charles,
Brisson, Sabathier, Guyton y Biot. Presentadas las posiciones contrarias de Galvani y Volta frente a la electricidad animal, dice a propósito
de las defendidas por Volta:

> «Esta opinión, que encuentra partidarios y detractores, hizo
> multiplicar las experiencias adecuadas para apoyarla o comba-
> tirla; esto es lo que pasa siempre en la infancia de los descubri-
> mientos. Vimos aparecer con los hechos un sinnúmero de ano-
> malías singulares que hacían más difícil su conciliación, y que
> eran ya entonces absolutamente inexplicables, porque se debían
> a circunstancias muy delicadas cuya influencia no era todavía
> bien conocida.
> Desconocíamos, en ese momento [a un informe anterior
> sobre la confusión del galvanismo se refiere], la investigación por
> la cual el ciudadano Volta, siguiendo el camino que había vis-
> lumbrado, buscó conectar con su primer descubrimiento todos
> los fenómenos que presenta el galvanismo».

Reconocida la «teoría extremadamente ingeniosa» de Volta, dedica
el *Rapport* a describir la construcción y funcionamiento de la pila, a
hacer observaciones sobre los elementos metálicos y húmedos que la
componen y a desarrollar una teoría matemática de la tensión que, en
opinión de la Comisión, es el concepto básico y prioritariamente medi-
ble de la pila en función de los elementos que la componen para establecer su condición eléctrica. Finaliza, Biot, pidiendo para Volta la medalla
de oro del Instituto «como testimonio de la satisfacción de la clase científica por los brillantes descubrimientos con los que ha enriquecido la
teoría de la electricidad, y como prueba de reconocimiento por habér-
selos comunicado», que obviamente le fue concedida y fue nombrado
miembro correspondiente extranjero, como ya lo eran, entre otros,
Watt, Maskelyne, Priestley, Banks, Herschel y Cavendish. Respecto a la

exposición de Biot sobre la pila, matiza Despretz en su *Tratado elemental de Física* (1839): «Volta admitía que el líquido no servía más que para conducir la electricidad de un par a otro [a los pares de metales diferentes se refiere]. Aunque sean falsas estas suposiciones [hace alguna objeción más] y las consecuencias que de ellas se han deducido, no por eso dejó de ser un servicio a la ciencia el informe en que Biot expuso la teoría de Volta». Como vemos, una vez más, el aprendizaje sobre los errores es constructivo.

Siguen el periplo parisino entre jornadas científicas y otras de asueto, a las que no faltaron algunas indisposiciones como la diarrea y vómitos de Brugnatelli, al parecer por beber agua del Sena —«la mayor parte de los forasteros pagamos este tributo», dice— y que remedió, asegura, bebiendo vino con agua. En el Instituto, a cuyas sesiones acuden con frecuencia, se encuentran con un curioso personaje, Benjamin Thompson, con el tiempo conde Rumford, que entre otras conversaciones dedicaron algunas a los fluidos imponderables, en particular al calórico, por el que el militar, ingeniero y *amateur* americano afincado en Inglaterra, Baviera y París tenía especial interés, destacando como pionero de la posterior termodinámica. De él dijeron en la «prensa rosa» —ecos de sociedad, por entonces— que su mayor hazaña científica había sido casarse con la acaudalada viuda de Lavoisier. Compran libros para la Universidad de Pavía y material científico. Asistieron también a las reuniones de la Sociedad de Arcueil, fundada por Laplace y Berthollet en casa de este al sur de París, cónclave del esplendor científico francés durante el mandato napoleónico. Es muy ilustrativo para conocer la historia de las ciencias físicas, químicas y matemáticas relacionada con aquellos encuentros de *The Society of Arcueil: A View of French Science at the Time of Napoleon I* (London, 1967), de Maurice Crosland. La culminación del viaje se produjo el 7 de noviembre cuando fueron invitados por Napoleón, interesado «por ver con sus propios ojos y tocar con sus propias manos el pequeño instrumento voltaico», a una jornada en el Instituto Nacional. Volta lee una Memoria sobre el Electromotor y hace una demostración de su funcionamiento. Napoleón asistió nuevamente el 12 y 22 de noviembre para escuchar las intervenciones de Volta sobre la identidad de los fluidos eléctrico y galvánico, y el manejo de la pila que el Primer Cónsul siguió con atención y formulando preguntas. Volta escribe a su hermano Luigi: «Bonaparte estaba de buen

Volta presenta la pila a Napoleón en el Instituto de Francia.

humor, muy relajado y gracioso, y la conversación duró más de una hora y media. Yo mismo, bromeando aparte, manifesté estar asombrado de cómo mis viejos y nuevos descubrimientos del llamado galvanismo, que tan solo producen la pura y simple electricidad provocada por el contacto de los metales, pueden producir tanto entusiasmo». Con independencia de la atracción que sintió por la pila y sus posibles aplicaciones, comentadas con Volta y sugiriéndole algunas propuestas tan ilusorias como la destrucción de barras metálicas con la aplicación de corriente, Napoleón profesaba ideas próximas a los imponderables. Esto dice, refiriéndose a sí mismo: «Yo, Napoleón, creo que el hombre es producto de los fluidos de la atmósfera, que el cerebro bombea estos fluidos y da vida, que el alma se compone de estos fluidos, y que después de la muerte regresan al éter» (Heilbron, 2001).

La mañana del 4 de diciembre, Volta y Brugnatelli en coche de caballos parten para Lyon, donde llegan tras 5 días de viaje con un equipaje, según cuentan, desmesurado, pagando 25 francos por quintal (100 kilos).

La exitosa recepción de la pila en Europa no fue suficiente para dirimir un «vencedor» en la controversia Galvani-Volta. Ni siquiera, si era esperable que lo hubiera, aunque Volta y sus seguidores se comportaran, no está claro que realmente así lo sintieran, como campeones de la rivalidad. Naum Kipnis ha dedicado tiempo a esta contienda: «Volta insistía en que la electricidad producida por la pila era continua, frente a la electricidad instantánea producida en circuitos sin pila. Esto implicaba una considerable diferencia entre los fluidos causantes de ambas. Podría haber aliviado esta objeción suponiendo que diferentes transmisores de electricidad, como por ejemplo un nervio y un alambre calentado, reaccionan de manera diferente en el tiempo a una corriente eléctrica que pasa a través de ellos. Sin embargo, él nunca hizo esto, dejando la posible objeción sin respuesta. Nadie había notado ninguna de esas discrepancias. De alguna manera, muchos de los antiguos adversarios de Volta estaban convencidos de que nuevos experimentos probarían su teoría. ¿Se engañaron a sí mismos? Si así fue, una de las posibles causas de tal engaño podría haber sido un uso desafortunado del término galvánico». Término que el mismo Volta usaba para nombrar «su» electricidad, como hemos visto en la carta a su hermano Luigi sobre el encuentro con Napoleón. El término se aplicaba igual e indistintamente por los fisiólogos refiriéndose al «fluido nervioso», que por los físicos y químicos refiriéndose a los hechos de su competencia.

«El declive de la electricidad animal —concluye Kipnis— después de 1800 no desmerece la importancia del descubrimiento de Galvani. Lo que logró fue elevar la electricidad animal de una especulación a una teoría científica, y sin eso hubiera sido imposible cualquier desarrollo adicional en electrofisiología... La principal razón de la desaceleración de la investigación electrofisiológica no fue la oposición a la electricidad animal, sino la falta de fundamento físico para ella. En la década de 1840, la física y la química alcanzaron el nivel necesario para continuar con estas investigaciones, y Matteucci y Du Bois-Reymond sentaron las bases de la electrofisiología moderna». Se estaba generando una revolución conducente a la fundamentación científica de una nueva ciencia: la neurología. Piccolino y Bresadola, volviendo a las espectaculares ranas, han dado a conocer este complejo proceso en *Shoking Frogs: Galvani, Volta, and the Electric Origins of Neuroscience* (2013). Proceso en el que desempeña un papel de extraordinaria relevancia Santiago Ramón y Cajal (1852-1934), que compartió el Nobel de Fisiología y Medicina (1906) con Camilo Golgi, profesor de la Universidad de Pavia, que dejó dicho velaran su cadáver al pie del monumento a Volta en el patio de la

Wilhem Ostwald.

José Rodríguez Carracido.

Universidad ticinense. De la polémica entre ambos, Paolo Mazzarelo hace el siguiente comentario en «Golgi e Cajal, due nemici da premio Nobel» del semanario italiano *La Provincia* (27/9/2009):

«Ramón y Cajal se había convertido rápidamente en una autoridad en el estudio de la estructura del sistema nervioso, mediante una aplicación magistral y sistemática de la reacción negra que lo había impulsado a convertirse en el mayor paladín de la "teoría de la neurona", para el que el cerebro estaba formado por muchas unidades fundamentales, las neuronas, físicamente separadas por áreas de "contacto" (que luego se llamarán sinapsis). Golgi, por otro lado, pensó erróneamente que el sistema nervioso estaba compuesto por muchos elementos fusionados (o íntimamente entrelazados) en una especie de superestructura extendida a todo el sistema nervioso, la "red nerviosa difusa". Así dos escuelas de pensamiento opuestas se habían desarrollado, los neuronistas contra los reticulistas. Al igual que había sucedido entre Alessandro Volta y Luigi Galvani un siglo antes, la discrepancia de concepciones se había convertido entonces en un desacuerdo personal. Así, una vez más, un científico de Pavía se convirtió en el protagonista de una polémica que llegó al núcleo magmático de un sector central de la ciencia».

A este respecto merece dedicar unas palabras a las polémicas científicas. Siguiendo a quienes se han ocupado de estas controversias, entre otros Peter Machamer, Marcelo Pera y Arístides Baltas, nos centramos en la categoría de las que califican como controversias profundas, las que se producen cuando la perspectiva desde la que se configura una ciencia está todavía en proceso de concreción. En este ámbito sitúan la controversia Priestley-Lavoisier, germen de la consolidación de la ciencia química con el abandono del flogisto, entre otras novedades, y la Galvani-Volta, en la que «al menos uno de los problemas fue la separación de la fisiología de la física», abriendo una novedosa perspectiva de la fisiología en su vertiente germinal de la que con el tiempo se ha configurado la neurociencia. Controversias, estas, que no se dilucidan con un experimento crucial, como sucede en otros casos, como fue el desenlace de la controversia entablada a finales del XIX entre energetistas, capitaneados por el «enérgico» Wilhem Ostwald (1853-1932), recalcitrante en sus convicciones, hasta el descubrimiento del electrón que dio el triunfo a sus antagónicos, los atomistas. Controversia que tuvo eco en España, donde el prestigioso químico y farmacéutico José Rodríguez Carracido (1856-1928) se alineó con el energetismo, aireándolo públicamente frente a la que él consideraba «la innecesaria ficción de los átomos».

El filósofo y poeta francés Paul Valéry (1871-1945), formado en ciencias físicas y matemáticas, relacionado con científicos como Poincaré, de Broglie, Bergson o Einstein, en *Vues*, obra póstuma (1948) que recoge sus opiniones sobre diversos motivos, en el artículo dedicado al Nobel de Física (1926) francés Jean Perrin (1870-1942), a cuyas lecciones en la Sorbona asistió, escribe: «La atomística, que quería imaginar lo invisible, y que volvía a conducir gustosamente el saber al agrandamiento y al ralentizamiento de lo que pasa debajo del orden de magnitud que nos es sensible, estaba lejos de su potencia y de su precisión actuales. La energética, que es una especie de economía abstracta, o de compatibilidad de las transacciones de la naturaleza, se desarrollaba en antagonismo con las concepciones figuradas». Al igual que pasara con el pertinaz empeño de los energetistas frente al atomismo, sacando leche de una alcuza con tal de avalar sus planteamientos, como por ejemplo proponiendo una «Energética social» cuando ya los había desbancado el electrón, hubo galvánicos que siguieron a lo suyo, llegando a proponerse incluso «galvanizar cadáveres», que pretendía Aldini, y hasta el macabro espectáculo de resucitar a los muertos.

Miembros de la Sociedad Galvánica de París, con el propósito de divulgar en francés —«la mayoría de las obras sobresalientes están escritas en lenguas extranjeras y son poco conocidas en Francia»— las novedades científicas de la «nueva e interesante rama de la física», la electricidad, publican en el año XI republicano (1803) *Précis succint des principaux phénomènes du Galvanisme*, seguido de la traducción francesa de la *Dissertation* de Aldini, *Sur l'origine et les progrès de l'Electricité animale*, a partir del *Commentarius* de Galvani. El ensayo firmado por la Sociedad Galvánica (52 páginas) es ecuánime y no opta por preferencias entre «físicos que consideran el galvanismo como un fluido particular», alineados con Galvani, y los que lo consideran «idéntico con la electricidad común», encabezados por Volta, describiendo los pros y contras de unos y otros, con esta consideración final: «Además de la investigación realizada por todos estos sabios, hay otros proyectos en marcha; pero los resultados son incompletos. No nos abstendremos de hablar de ellos, facilitando a sus autores la ventaja de publicarlos, cuando sus trabajos sean coronados de un resultado exitoso». En realidad, el término *galvánico* que da nombre a la sociedad hay que interpretarlo con amplitud, abarcando la electricidad en su conjunto, como rama de la física, según hemos ido viendo. En el texto, al referirse a la pila de Volta y a las construidas por otros (Robertson, Fourcroy, Vauquelin, Desormes...), las consideran aparatos galvánicos, denominación genérica para todos los aparatos conocidos entonces. Después fueron incorporándose términos como galvanización, galvanoplastia, galvanómetro, galvanoscopio, galvanotipia, referidos todos a efectos de la corriente eléctrica en general. Respecto al galvanismo en relación con la medicina, recordemos que Galvani era médico, y ese vínculo era prioritario para él; el ensayo dedica un apartado «al arte de curar». El objetivo fundamental de Galvani era servirse del galvanismo, que en definitiva era aplicar descargas eléctricas, para el tratamiento de dolencias y enfermedades como afecciones reumáticas, trastornos del nervio óptico, ciática nerviosa, asfixia, sordera, convulsiones, hernia discal, tétanos, parálisis, gota, apoplejías, idiotismo o idiocia, etc. Y también para «evitar inhumaciones prematuras».

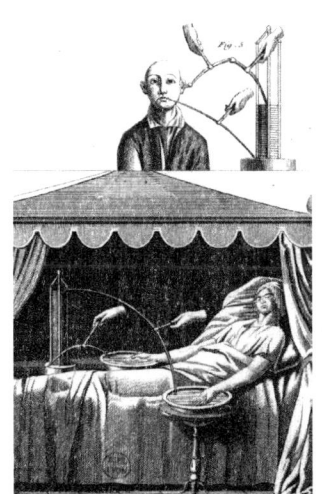
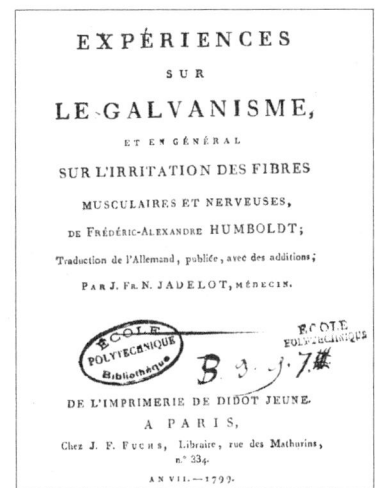

Izquierda: Estimulación cerebral y corroboración de un presunto cadáver en *Essai Théorique et Expérimental sur le Galvanism* de Jean Aldini (París, 1804). Derecha: obra de Humboldt.

Joseph Izarn (1766-1847), profesor de Física de la Sociedad Libre de Ciencias, Letras y Artes de París, miembro de la Sociedad Galvánica, escribe *Manuel du Galvanisme ou Description ou Usages des divers Appareils Galvaniques employés jusqu'à ce jour, tant pour les Recherches Physiques et Chimiques, que pour les Applications Médicales* (Paris, 1804). Valora las ventajas para la vida y la salud de la aplicación de los procedimientos galvánicos y de la pila voltaica, haciendo hincapié en la necesidad de tenerla en cuenta cuando sean precisas. Y pone como ejemplo el descuido de los franceses sobre los procedimientos de desinfección descubiertos por Guyton de Morveau (1737-1816) cuando fueron necesarios: «Tal es nuestra inconcebible indiferencia por todo lo que no ofrece el interés del momento que no recordamos el proceso curativo cuando surge la oportunidad de emplearlo. Los médicos españoles habían remediado, por el proceso de Guyton, la fiebre amarilla que estaba despoblando Cádiz, cuando la misma enfermedad destruyó nuestros ejércitos en Santo Domingo, sin que nadie pensara en combatir sus estragos». Y hace una larga enumeración de aparatos y procedimientos de uso y experiencias apoyando sus beneficiosos resultados.

André Parent (2004) hace un recorrido por las acciones de Aldini en su afán propagandista del galvanismo, algunos tan curiosos como los tratamientos aplicados para combatir la amorosis (glaucoma) cuando se suprimía la menstruación en la mujer; y tantos otros mediante la estimulación eléctrica de «animales de sangre caliente y en cadáveres humanos», en los distintos órganos y sentidos, en el crecimiento y fructificación de las plantas y en los minerales que el propio Aldini detalla en *Essai théorique et expérimental sur le Galvanisme, avec une série d'expériences* (Paris, 1804). La novela gótica o de terror —ahora, novela negra— *Frankenstein o el moderno Prometeo* de la británica Mary Shelley (1797-1851), considerada pionera en el género, publicada anónima en 1818 y con su nombre en 1823, está impregnada de galvanismo, magnetismo animal, disecciones humanas, internándose, a su vez, en las implicaciones morales de la investigación científica.

En definitiva, concluimos, al margen de extravagancias de seguidores de uno y otro, que los dos, Galvani y Volta, tenían razones suficientes para perseverar en sus planteamientos: la demostración por Volta, con su exitosa pila, de que dos metales conectados mediante un medio salino generaban electricidad es tan cierta como la propuesta de Galvani de que los nervios y los músculos interactúan generando su propia electricidad interna para desarrollar plenamente sus funciones orgánicas. La repercusión de la pila fue casi inmediata en la gestación conceptual del electromagnetismo y la construcción de máquinas productoras de corriente eléctrica a grandes escalas; la influencia científica, médica y social fue más tardía, pero no menos relevante que la pila voltiana. Resumámoslo en palabras del historiador Bern Dibner (1897-1988):

«En una época caracterizada por la observación, el ingenio y la perseverancia de Luigi Galvani y Alessandro Volta, el fenómeno que descubrieron, ya sea el galvanismo o la electricidad voltaica, es motivo de suficiente honor para ambos, para quienes primero percibieron y describieron el fenómeno, y para quienes primero lo entendieron correctamente. La misma luz que su genio ha puesto a disposición de las generaciones venideras en tanta abundancia hace más que honrar sus contribuciones a toda la humanidad».

ADEMÁS DE LA PILA: QUÍMICA, PNEUMÁTICA Y METEOROLOGÍA

No «además» como algo complementario, no. Tan preferente e intenso, incluso más duradera y decididamente que la pila, fue la dedicación a la meteorología y sobre todo a la pneumática y a la química, que actualmente está siendo objetivo prioritario de quienes se ocupan de la obra de Volta. Y también, desde sus comienzos, la convicción en la necesidad ciudadana de una formación científica desde la escuela, con maestros y profesores idóneos, para cuya capacitación docente dedicó buena parte de su vida académica, de lo que ya hemos hecho algún comentario.

Los intereses de Volta en cuanto al conocimiento de los fenómenos naturales eran amplios. La segregación específica de las ciencias de la naturaleza, mezcla de física, química, biología, geología, filosofía y moral, que se produce sobre todo con la creación de disciplinas científicas diferenciadas para la enseñanza, no es efectiva hasta comienzos del siglo XIX. Por esto, quienes se ocupaban de la observación y búsqueda de explicaciones de los fenómenos naturales, y de los provocados en los gabinetes, abarcaban cualquier tipo de asunto que les llamara la atención, en particular los que se iban poniendo de «moda» que generaban estudios, experimentos y publicaciones difundidos entre quienes podríamos considerar la comunidad científica del momento.

Contemporáneamente a la génesis de la electricidad como ciencia física, experimental y exacta, se produce la gestación de una «nueva química» —la ciencia química, en realidad— desprendida del imponderable flogisto, vinculada a los resultados experimentales en laboratorios provistos de instrumental adecuado para producir resultados admitidos como leyes de la naturaleza y expresables, cuando fuera preciso, en términos matemáticos. Entre los protagonistas de aquella transformación cuentan: Joseph Black (1728-1799), Henry Cavendish (1731-1810), Joseph Priestley (1732-1804), Tobern Olof Bergman (1735-1754), Karl Wilhelm Scheele (1742-1786), Claude Louis Berthollet (1748-1822), Benjamin Thompson, Conde Rumford (1753-1814) y, posiblemente el más decisivo en aquel proceso, Antoine-Laurent Lavoisier (1743-1794). Con casi todos tuvo relación el ilustre comasco, que también se ocupó de fenómenos químicos, bien relacionados con sus intereses eléctricos, bien por sí mismos, especialmente con el comportamiento de los «aires», denominación genérica de las sustancias gaseosas. Respecto a la terminología, Volta se opuso a la denominación «pneumatología», que empezó a popularizarse como nueva rama de la química, porque lo consideraba ambiguo frente al propuesto por él —«aerología»—, si bien usó indistintamente «química del aire» y «química pneumática». Teniendo en Priestley su mentor preferido, que le había comentado su distanciamiento de los estudios sobre electricidad, Volta se interesa por sus trabajos sobre el «aire». He aquí el extracto de una de las últimas cartas, fechada en Londres (25/4/1776), del filósofo natural inglés a propósito del envío por Volta de los detalles de su electróforo y su deseo de conocer los avances sobre el «aire»:

«Hace muy poco tiempo recibí la continuación de la carta que me envió, y también otra que contiene un relato conciso de su descubrimiento. Es, de hecho, muy curioso, y su estudio y aplicación, sin duda, contribuirá en gran medida a mejorar la ciencia de la electricidad, y merece gran honor de todos los que conocen el valor real de la electricidad. Hemos comenzado a fabricar el instrumento en Inglaterra y lo hemos logrado muy bien. Lamento haber perdido la oportunidad de enviarle mi segundo volumen sobre el aire. Ha estado algún tiempo en manos de un señor que se iba al extranjero, pero no ha podido marcharse. Es muy lamentable que la correspondencia entre los filósofos sea tan precaria y costosa. Actualmente estoy muy ocupado con mis experimentos relacionados con el aire y temas similares, y espero tener un tercer volumen nuevamente el próximo invierno. Debería considerarme muy feliz de tenerle como mi traductor. Me honra con la propuesta».

En su interés por los «aires», Volta, respondiendo a su amigo el Padre Campi sobre el hallazgo sorprendente de burbujas inflamables en una ribera, le cuenta en varias cartas que él, casualmente, observó algo parecido, aunque en las pesquisas científicas la aparente «casualidad» va unida a intuiciones y saberes que acaban justificando por qué se caminaba en una determinada dirección. En la primera (14/11/1776) habla de cómo sospechaba que removiendo la tierra encharcada se liberaría el aire contenido en ella, formando burbujas en el agua que intentaría recoger en garrafas para luego examinarlas. «Lleno de estas ideas, escribe, se me ocurrió mirar un agua turbia (mientras me entretenía en un bote en el lago Maggiore, a lo largo de los cañaverales cerca del pueblo de Angera durante las vacaciones estivales de 1776) y me puse a hurgar dentro con un palo; el aire que vi flotar copiosamente despertó en mí el deseo de recoger una buena dosis en un tarro de cristal grande. Hubiera creído, como era evidente, que era aire pútrido, capaz de extinguir la llama de una vela, si el olor no me hubiera sugerido que bien podría ser aire inflamable, olor bien conocido por mí, y que sé distinguir por muchos experimentos que he hecho, lo que predije a las personas que entonces estaban conmigo y a otros que invité a la mañana siguiente a ver que ese aire ardiera en llamas, espectáculo que tuvo lugar no sin sorpresa para ellos y mucha satisfacción para mí.

Tomando muestras del «aire inflamable» procedente de los pantanos.

Este aire se quema muy lentamente con un hermoso brillo azulado». Se trataba de un nuevo gas —el aire inflamable de los pantanos— distinto al conocido como aire inflamable artificial o metálico, el hidrógeno, obtenido por Cavendish hacia 1766; un «aire», el de Volta, bautizado con el tiempo como metano. Gas producido por la putrefacción de materias animales y vegetales, común en aguas cenagosas, charcos, estanques, cloacas y letrinas. Brisson en su Diccionario califica este «aire» como gas hidrógeno de las lagunas «susceptible de inflamarse por la menor chispa eléctrica, como ha probado Volta (refiriéndose a la Pistola que vemos a continuación), porque entra en la composición de este Gas una gran cantidad de calórico que está unido con él, y casi se halla en el estado de fuego libre». La abundancia del aire inflamable de los pantanos en la naturaleza indujo a Volta a pensar que los fuegos fatuos podrían deberse al prendimiento de este gas por la electricidad atmosférica. De estas experiencias establece un intercambio de cartas muy detalladas, auténticos tratados sobre los procesos seguidos, con Priestley, Fontana, Senebier, Landriani, así como con las autoridades de las que obtienen financiación para sus propósitos. Entre los destinatarios hay nobles aficionados a los experimentos que le ayudan repitiéndolos y dándolos a conocer en los cenáculos distinguidos que frecuentaban. He aquí el caso del barón Filippo Federico de Dietrich dirigiéndose desde París (23/3/1778) a Volta:

«Estaba muy impaciente por anunciarle el éxito de sus experiencias en la Real Academia de Ciencias. Hace solo 8 días logré repetirlas en esta asamblea, como se le mostrará, señor, para su satisfacción y su reconocimiento, en el primer cuaderno de M. L'abbé ROZIER, M. BARBIER y M. l'abbé FONTANA donde anuncian nuevos descubrimientos sobre el aire inflamable, espero que, si lo desea, señor, tenga la amabilidad de hacérmelo saber; me comprometo a darlos a conocer entre el público literario».

La posibilidad de provocar una explosión con una mezcla de gases incluso en un ambiente cerrado llevó a Volta a construir un interesante dispositivo que llamó indistintamente pistola *elettrico-flogopneumática*, pistola *elettrico-aereo-infiammabile* y pistola *elettrico-infiammabile* hasta dejarla en pistola *elettrica* o pistola, a secas. Esta incertidumbre

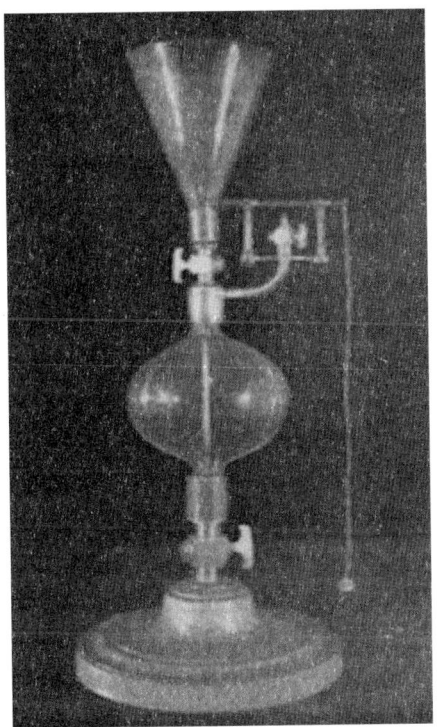

Linterna y pistola originales y linterna para alumbrado.

en la nomenclatura, como sucede con los «aires», las sustancias y otras denominaciones, pone de manifiesto la indefinición conceptual característica de los comienzos de cualquier área de conocimiento. La describe en varias cartas al marqués Francesco Castelli en 1777: *Sopra la costruzione di un moschetto e d'una pistola ad aria infiammabile*. Marco Beretta, en la colección *Nuova Voltiana*, sugiere las intenciones que persiguió Volta con la pistola eléctrica: «Deseaba demostrar que la combinación de descargas eléctricas y diferentes tipos de aires inflamables podía proporcionar a la guerra militar una alternativa viable al uso de la pólvora; pensó que la pistola eléctrica era un instrumento eficaz para la transmisión de señales a larga distancia y que podría servir para medir los diferentes grados de inflamabilidad de los gases. Finalmente, la pistola eléctrica podría, a través de diferentes pruebas y experimentos, arrojar luz sobre la naturaleza del aire inflamable».

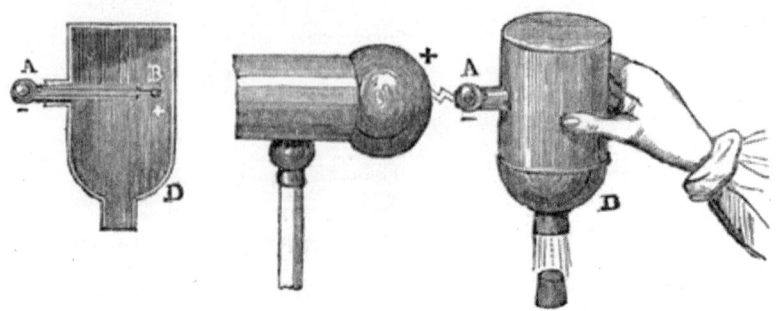

«Disparo» con la pistola de Volta.

Quizá, aun pecando de frívolo, teniendo en cuenta el carácter jocoso de Volta, su deseo de notoriedad y la espectacularidad de los fenómenos eléctricos entre la población en general, ya no solo entre la nobleza y gentes distinguidas, también pudo ser, además, un juguete para diversiones y entretenimientos. Hay quienes han considerado la pistola como precursora del motor de combustión interna. De hecho, el proyecto de Volta —mezclar aire inflamable y aire común en un recipiente cerrado y provocar la explosión con una chispa eléctrica— es una combustión semejante a la producida por la mezcla de aire y gasolina o gasoil en los cilindros del motor de los coches.

En 1776, Volta tuvo la idea de utilizar un alambre de metal largo, aislado del suelo por tablas de madera, para transportar una señal eléctrica a distancia. Tenía en mente que una señal —una descarga— producida en Como con una botella de Leyden pudiera recibirse en Milán, nada menos, cerca de 50 km, y disparar allí la pistola de aire inflamable. El circuito se completaría mediante conducciones de agua desde el lago de Como hasta Milán. No he encontrado que este proyecto fuera llevado a cabo, pero sí que es valorado por los historiadores como precursor del telégrafo, muy generosamente también como el caso del motor de combustión. Y digo generosamente porque en los momentos decisivos de las auténticas invenciones del motor y del telégrafo no parece que estas aportaciones voltianas fueran tenidas muy en cuenta.

Volta no desperdiciaba ocasión para dar a conocer lo que hacía, convencido de que era el mejor medio de difusión, en cierto modo boca a boca, de los aparatos que tanto interés despertaron entre las gentes en general. Y procuraba hacerlo eligiendo sus destinatarios entre quienes verían alguna utilidad de sus productos. Por ejemplo, un caso relacionado con la lámpara de aire inflamable que conoció Barbier de Tinan (1738-1791), comisario de guerra, partícipe en la Revolución Francesa, traductor de algunas cartas de Volta, con quien coincidió en una de las estancias del comasco en tierras francesas. Barbier estaba interesado en proteger de los incendios y mejorar la iluminación de la catedral de Estrasburgo, su ciudad natal. Por entonces la más alta del mundo. Sobre el pararrayos, recurrió a Franklin, su inventor; y a Volta sobre la lámpara de aire inflamable. En una carta a este (26/1/1779), después de informarle sobre cuestiones relacionadas con Priestley, termina: «Le hablé, creo, de una lámpara de aire inflamable que vi construir de acuerdo a sus ideas. Acabo de hacerme una que está un poco más perfeccionada; es un instrumento tan bonito y tan conveniente para muchos experimentos que no puedo evitar enviarle un boceto y una breve descripción. Está muy bien hecha; nuestros trabajadores aquí han mejorado mucho en este tipo de trabajo. Espero con ansias vuestras noticias, y os ruego que estéis siempre convencido de los sentimientos de apego y consideración que le tengo por el honor de ser, señor tu muy humilde y muy obediente siervo».

No todo fueron parabienes en este episodio del aire inflamable. El sacerdote y profesor de Historia Natural (1769-1799) en la Universidad de Pavía, Lazzaro Spallanzani, una de las figuras más destacadas en la historia de aquella Universidad, visitó en el área de los Apeninos la zona en la que Volta identificó con el aire inflamable de los pantanos el «aire» que provocaba las que llamaban «fuentes ardientes». Spallanzani lo contradice no de buenas formas e incluso «no deja de mofarse — escribe Mieli— de los desmoronamientos o de otras razones que, según Volta, habrían sepultado aquellas sustancias orgánicas en descomposición bajo el agua». Spallanzani atribuye aquellos fuegos a sulfuros de hierro abundantes en la región. Entre ambos profesores subyacía cierta animadversión procedente de la discrepancia sobre los principios de la «nueva química» de Lavoisier, antiflogista, que defendía Spallanzani, y la «antigua» del flogisto de Priestley, en la que, algo trasnochado, se mantenía Volta, que recordemos había dedicado al ahora distante profesor, inexperto en electricidad, su obra *Novus ac simpl. Apparatus, seu Eteroelectricis* (1771) cuando pretendía hacerse un hueco en la Universidad Ticinense.

	Noms nouveaux.	Noms anciens correspondans.
	Lumière.........	Lumière.
Substances simples qui appartiennent aux trois règnes & qu'on peut regarder comme les élémens des corps.	Calorique..........	Chaleur. Principe de la chaleur. Fluide igné. Feu. Matière du feu & de la chaleur.
	Oxygène..........	Air déphlogistiqué. Air empiréal. Air vital. Base de l'air vital.
	Azote............	Gaz phlogistiqué. Mofete. Base de la mofete.
	Hydrogène.......	Gaz inflammable. Base du gaz inflammable.
Substances simples non métalliques oxidables & acidifiables.	Soufre..........	Soufre.
	Phosphore........	Phosphore.
	Carbone..........	Charbon pur.
	Radical muriatique.	Inconnu.
	Radical fluorique .	Inconnu.
	Radical boracique..	Inconnu.
Substances simples métalliques oxidables & acidifiables.	Antimoine........	Antimoine.
	Argent...........	Argent.
	Arsenic..........	Arsenic.
	Bismuth..........	Bismuth.
	Cobolt.	Cobolt.
	Cuivre...........	Cuivre.
	Etain............	Etain.
	Fer,............	Fer.
	Manganèse.	Manganèse.
	Mercure.........	Mercure.
	Molybdène........	Molybdène.
	Nickel...........	Nickel.
	Or...............	Or.
	Platine...........	Platine.
	Plomb...........	Plomb.
	Tungstène........	Tungstene.
	Zinc............	Zinc.
Substances simples salifiables terreuses.	Chaux...........	Terre calcaire, chaux.
	Magnésie.........	Magnésie, base du sel d'Epsom.
	Baryte...........	Barote, terre pesante.
	Alumine..........	Argile, terre de l'alun, base de l'alun.
	Silice...........	Terre siliceuse, terre vitrifiable.

Nomenclatura de Lavoisier.

Los «aires», denominación preferida durante mucho tiempo a «gases», utilizada años ha por Jean Baptist van Helmont (1577-1644), fueron un fértil recurso para armar científicamente la multiplicidad de reacciones, emanaciones, combustiones, pruebas con sustancias y materiales, objeto de curiosidad y tanteos en un cuerpo de conocimiento específico: la química. La nómina de «aires» fue copiosa y ambigua hasta que la nomenclatura de Lavoisier puso orden mediante su *Traité Élémentaire de Chimie* (1789). Aire ácido, alcalino, fluórico, aéreo, vitriólico, deflogisticado, flogisticado, silvestre, nitroso, mefítico, inmundo, carbónico, atmosférico, puro o vital... acabaron trayendo de cabeza a quienes pretendían saber sobre el ser y propiedades de la materia. Joseph Priestley, que descubrió gran número de gases e inventó dispositivos y aparatos para su manejo, en *Experiments and Observations on different kinds of Air* (London, 1774) alerta de la imprecisión reinante: «Algunas personas se oponen al término aire, aplicado al aire ácido, alcalino e incluso nitroso; es muy conveniente encontrar términos comunes para nombrar cosas que tienen propiedades comunes, y aquellos son llamativos; todos de acuerdo con el aire en el que respiramos, y con el aire fijo en elasticidad y transparencia, y en ser igualmente afectados por el calor o el frío; de modo que a simple vista parecen no tener diferencia alguna. Algunos piensan que el término vapor ácido y alcalino es más apropiado que aire ácido y alcalino».

A aquel ingenioso zoo terminológico, hay que añadir un término genérico aplicable a muchos de ellos: los «Ayres fixos», en el castellano dieciochesco, como titula su *Poema Didáctico en cuatro cantos* el clérigo canario José de Viera y Clavijo (1731-1813), publicado tras un viaje «literario» por Francia y Flandes acompañando como preceptor, junto con el clérigo naturalista Antonio José Cavanilles (1745-1804), también preceptor, a los duques del Infantado. La primera edición, con autoría, por supuestas suspicacias e impedimentos, apareció a nombre de Diego Díaz Monasterio, ayuda de cámara del marqués de Santa Cruz, padre del duque del Infantado. He aquí un par de estrofas del Canto II dedicado al «Aire inflamable» —los otros incluidos por el canario son «El aire fijo de la tierra y fermentación vinosa», «El aire nitroso», «El aire desflogisticado» y «Los aires vegetales»—, donde erróneamente hace «paduano» al comasco; en otro lugar lo hace «abate», tomadas de la edición (2013) de *Los aires fijos* hecha por José Cebrián:

LOS AYRES FIXOS.

POEMA DIDÁCTICO,

EN QUATRO CANTOS.

SU AUTOR

DON DIEGO DIAZ MONASTERIO

vecino de esta Corte.

Luſtantes ventos , tempestatesque ſonoras
Imperio premit , ac vinclis & carcere frenat.
Æneid. lib. 1.

MADRID. MDCCLXXX.

En la Imprenta de BLAS ROMAN.

Con las licencias necesarias.

Mas, ¿qué máquina nueva se prepara, / remedo del mortero más sonoro? / Explícame, Sigaud, con tu voz clara: / ¿quién inventó tan bélico meteoro? / ¿Quién hizo que sin fuego se inflamara / sólo con chispa del electroforo? / Fue el fiósofo Volta, fue el paduano, / pero tú la has pulido de tu mano.

Cuando mas puro el ayre comun sea / Y más fixo el flogistico inflamable, / La súbita explosión que se desea / Será tambien mas fuerte y admirable. / Nueva teórica fina, nueva idea / Del terremoto de la tierra instable, / Pues hubo en sus entrañas desde luego / Los metales, los ácidos y el fuego.

Viera se hace eco aquí implícitamente de la teoría físico-química de Nicolas Lémery (1645-1715), para quien el origen de las erupciones volcánicas y de los temblores de tierra (junto con otros fenómenos atmosféricos como los huracanes, los rayos y los truenos) estaba en las denominadas «fermentaciones minerales» y, en concreto, en la combustión o descomposición de algunos minerales como las piritas y otros derivados del azufre y el hierro, ajena totalmente a una visión organicista del mundo. Estas ideas tuvieron una gran difusión en la ciencia de la época, sobre todo por las demostraciones prácticas que fueron conocidas como «volcán de Lémery» y, aunque con el tiempo resultaron ser erróneas, estuvieron en vigor durante más de cien años. Viera siguió los experimentos de Siguad de la Fond en París. Los repite en su casa de Madrid a partir de la vuelta del viaje en 1779 bajo un busto de Siguad presidiendo el gabinete; busto que despertaba la hilaridad de los concurrentes a las exhibiciones científicas por el enorme «pelucón» que lucía el francés.

En el Brisson se define aire fijo como «gases capaces de fijarse en otros cuerpos y perder su condición elástica». Priestley en los *Philosophical Transanctions* (1772) decía: «No es improbable que el aire fijo sea de la naturaleza de un ácido, aunque de una especie peculiar muy débil. El señor Bergman, de Upsala, que me honró escribiéndome una carta sobre este tema... dice que transforma en rojo el jugo azul de tornasol». El mineralogista Tobern O. Bergman (1735-1784) trabajó sobre el aire fijo al que llamó «ácido aéreo». Este aire fijo, coincidente con el gas silvestre descrito por van Helmont, era el que luego se conocería como dióxido de carbono. Volta se mantuvo al corriente de los avances de Priestley en su trabajo sobre los gases y veremos seguidamente alguna contribución suya no exenta de polémica, como solía sucederle.

Al amparo de la construcción del electróforo y sus recientes observaciones sobre los «aires», prometiéndole el envío de instrumentos y publicaciones y tenerlo al tanto de sus hallazgos, en términos redundantemente elogiosos y aparentemente humildes, buscando en realidad una soberana recomendación y, sobre todo, apoyo económico, Volta termina como sigue la carta (30/3/1777) al príncipe Carlo de Lorena, «profundo conocedor [de las Ciencias] y Soberano Protector que con suntuosas colecciones de Bibliotecas y Gabinetes enriquece cada vez más»:

Si el Cielo escucha un día mis votos para hacer un viaje por las Provincias más cultas, la devoción que tengo por el v.a.r., que es la de la casa de mi clemente Soberano, y el genio de ver las cosas bellas, y de aprender, me guiarán a su Corte para observar y admirar sus espléndidas rarezas, especialmente aquellas que pertenecen a las Ciencias Naturales, y mucho más para para implorar el honor de besar la venerada mano de v.a.r. Tengo motivos para concebir la esperanza, que la Corte de Viena tal vez pueda condescender a destinarme y proporcionar los medios para un viaje literario: últimamente me he movido, dando en piedra, para intentar conseguirlo dentro de este año, y emprender el viaje al terminar mi curso de lecciones públicas, es decir, a principios de julio. Por ahora, estaría contento con una gira de unos meses, por ejemplo, en Toscana o en Suiza. He solicitado la gracia, a título de recompensa, lo que la Corte promete a los profesores públicos que se merecen distinción por alguna obra famosa. ¿Quizá sea demasiado presuntuoso pedir a v.a.r. que interceda este favor al LL.MM.II. (a Leopoldo II, emperador del Sacro Imperio Romano Germánico, se refiere)? ¿Tal vez no es oportuna esta petición hecha por una persona necesitada y desconocida como yo? Quizá, lo que más debo hacer es pedir a Vuestra Excelencia perdón por tomarme esta libertad, y pedirle que me permita firmarla con mi reverencia más profunda por V. Alteza Real.

Umill.mo Dev.mo Osseq.mo Servidor

Alessandro Volta

El príncipe le responde desde Bruselas (21/5/1777) reconociendo en el electróforo un «invento que hace infinito honor a vuestras luces», le dice en términos ilustrados, que le divertirá usarlo y que le encantaría poder complacer sus intenciones de viajar dispuesto a apoyarlo si encuentra «una oportunidad favorable». Desconozco lo que pudiera influir el príncipe en los viajes de Volta que, como ya hemos visto, fueron frecuentes —uno de ellos más de un año de duración— por países europeos más los hechos por Italia, siempre gracias al apoyo gubernamental.

La prolija identificación de «aires» llevó naturalmente a buscar sus respectivas composiciones y grados de pureza, a la vez que se fue reduciendo la denominación «aire» en favor de los nombres con que fueron bautizándose las correspondientes sustancias gaseosas. La actividad científica pronto estuvo asociada a su repercusión social, tanto en los avances técnicos —en esa beneficiosa reciprocidad entre ciencia y tecnología— como en lo tocante a la salud pública. Desde esta perspectiva, medir la salubridad de las aguas potables y del aire atmosférico figuró entre los objetivos a investigar. Este cometido dio lugar a un capítulo más de la química que ya empezaba a tener vida propia: la eudometría, basada en los resultados proporcionados por el eudiómetro, nuevo instrumento en el que Volta estuvo decisivamente involucrado.

Landriani escribe (11/8/1775) a Volta desde Milán contándole, entre otras cosas de interés para ambos, que le había escrito Priestley diciéndole que había encontrado la manera de conseguir aire artificial cinco veces más salubre que el aire atmosférico, utilizando «tierra y espíritu nitroso». A lo que Volta le contesta sobre el comunicado del inglés y a propósito de un eudiómetro de aire nitroso propuesto por el propio

Landriani para determinar la bondad del aire respirable, que no confunda «respirabilidad» con «salubridad» y que el eudiómetro que propone solo puede «juzgar» la primera, pero no la segunda cualidad. Y en una segunda carta, días después, vuelve a insistir sobre las diferencias entre el aire irrespirable y el insalubre, en los elementos que pueden hacer que el aire sea «morboso», y sobre las funciones del eudiómetro. «¿Qué se puede hacer al respecto?», le pregunta, añadiendo consideraciones sobre las cualidades del aire fijo [dióxido de carbono] «al que, casi universalmente, se le atribuye acidez», recordando las cartas con Priestley en 1774. Volta alaba a Landriani los beneficios de «su hermoso eudiómetro, cuando tuvo la bondad de mostrármelo y no pude terminar de elogiar su invento tan conveniente, alegre, elegante, y cuyo uso no es menos seguro que expedito, para resaltar las más delicadas diferencias en la transpirabilidad del aire». A la vez que le advierte, tome nota de «las imperfecciones del aparato de Priestley» que, según Volta, «estropean el aire respirable»: la mezcla de aire fijo con la descomposición efervescente del nitroso acompañado de vapores incandescentes. Así lo destaca en la entrada «eudiómetro» que escribe Volta para el *Dizionario di Chimica* del Macquer traducido al italiano por Scopoli, publicado en Pavía (1783-1784), donde define este aparato como «un

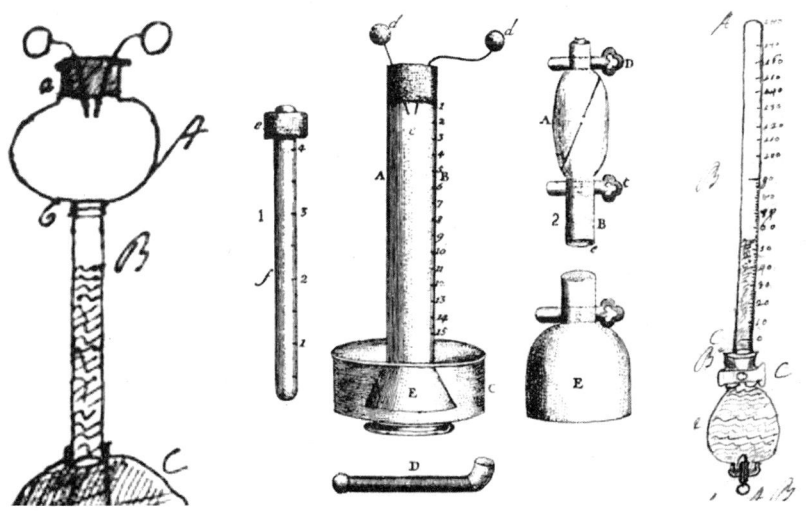

Bocetos de Volta del eudiómetro de aire inflamable.

instrumento inventado en los últimos años para medir la salubridad, o más bien la transpirabilidad de diferentes aires». Pancaldi, a propósito del Eudiómetro de Landriani, dice haber encontrado «en un informe secreto conservado en Viena, la instrucción y el espionaje industrial que a veces se mezclan con los motivos que justifican los viajes de Landriani». Ahí se queda la cosa.

En cuanto a la utilidad del eudiómetro en las pruebas con el aire atmosférico, Volta recalca a cuantos escribe, que son muchos, la mayoría desconocidos, como hizo dando cuenta de sus proyectos, ideas y realizaciones, que solo puede usarse para valorar su respirabilidad, sin tener decidido todavía cuál sería el procedimiento más eficaz. En carta a Landriani (Como, 3/5/1778) publicada por Pietro Gonfigliacchi (*Lettere Inedite di Alessandro Volta*, Pesaro, 1835) insiste en su idea: «El eudiómetro que he hecho hacer a Saruggia no solamente servirá para apreciar la respirabilidad del aire por el número de burbujas que se introducen a través del conducto ciego, sino también por la disminución del volumen de aire, que es una manera más fácil para que el eudiómetro sea fiable».

Siguiendo con la entrada del *Dizionario*: «El Caballero LANDRIANI estudió para diseñar [a partir del montaje utilizado por Priestley, previamente descrito] un instrumento físico, elegante y portátil para experiencias similares [respirabilidad y salubridad del aire]. Él fue quien le dio el nombre de eudiómetro en *Investigación física sobre la salubridad del aire* (Milán 1775). El célebre abate FONTANA, después de imaginar varias construcciones ingeniosas, finalmente tuvo que regresar al aparato más sencillo, que es el que él usaba, y sigue usando. El Sr. PRIESTLEY, con pocas mutaciones, pretende, que debería llamarse más propiamente Evaerómetro, según el significado de la palabra griega. Las observaciones que estamos a punto de hacer en este artículo mostrarán que ninguno de los dos nombres le conviene estrictamente al aparato, porque expresan y prometen demasiado, dándonos a entender que tal instrumento juzga la salubridad e insalubridad del aire, cuando lo cierto es que juzga y mide una determinada cualidad del mismo, su mayor o menor capacidad para ser respirado, y nada más, es decir, no marcando nada de tantos otros vicios e infecciones, a los que va sujeto. Sin embargo, como poco importan los nombres, cuando uno se pone de acuerdo en las cosas, no tendríamos dificultad en conservar el de Eudiometro, que comúnmente vemos adoptado por los físicos». El estudio de Marco Beretta en *Nuova Voltiana* (vol. 2, 2000) —«Pneumatics vs. 'Aerial Medicine': Salubrity and Respirability of Air at the End of the Eighteenth Century»— aporta información clarificadora sobre los orígenes del eudiómetro como «el método de pruebas ideado por Joseph Priestley para medir la cantidad de aire desflogisticado (oxígeno) en un recinto cerrado» y, sobre todo, el uso hecho del mismo por Lavoisier para determinar la salubridad del aire, a lo que siempre se opuso Volta, que nunca intentó aplicar su aparato a la medicina. En 1777, el químico francés leyó en la Academia Real de Ciencias, en presencia del emperador José II, la *Memoria* «Observations sur les altérations qui arrivent à l'air et sur les moyens de ramener l'air vicié à l'état d'air respirable». Una cabezonería más del comasco disipada por la contundencia de las pruebas.

El aprendiz de boticario, luego notable químico inglés Humphry Davy (1778-1829) publica en el *Journal* (1802) de Nicholson «An Account of a new Eudiometer», interesado por la composición y salubridad del aire atmosférico, determinante para «la salud y existencia de los animales». En la comparación de resultados de otras pruebas coincidentes con sus resultados, cita a Priestley, Cavendish, Beddoes, Berthollet y «Martí in Spain». Se trata del botánico y químico catalán Antonio Martí Franqués (1750-1832), formado en lenguas clásicas y dominador de varias lenguas europeas, viajero por Europa y relacionado con los científicos punteros. Se puso del lado de Lavoisier contra la teoría del flogisto defendida por Priestley.

Como se ve en las imágenes de los eudiómetros de Volta, diseñados a partir de modificaciones hechas sobre la pistola de su invención, algunos dibujados por él mismo, constan de un tubo cilíndrico graduado con la parte superior, cerrada y atravesada por dos hilos metálicos aislados que terminan en punta, entre los cuales se enciende una chispa eléctrica cuando procede. El extremo inferior es ensanchado en forma de recipiente que contiene agua. Llenando el tubo del eudiómetro con una dosificada mezcla de aire inflamable metálico (hidrógeno) y aire común, se provoca una explosión haciendo saltar la chispa entre las puntas metálicas. Se calcula la disminución del volumen y se analiza la naturaleza de los productos resultantes de la explosión. La disminución de volumen proporciona el grado de respirabilidad del aire, el objetivo, para Volta, único y posible, que podía proporcionar el eudiómetro.

Sobre las experiencias de Volta con el eudiómetro, que difundió por doquier, Humboldt y Gay-Lussac dicen en la Memoria «Experiencias sobre los medios eudiométricos y sobre la proporción de los elementos que constituyen la atmósfera». (*Journal de Physique*, 1805): «Vemos por lo que acabamos de decir que los resultados dados por el eudiómetro de VOLTA son muy comparables, y que el límite de sus diferencias puede ser reducido para el oxígeno a casi una milésima del aire analizado. También vemos que por medio de él podemos evaluar diferencias muy pequeñas entre dos aires o cantidades muy pequeñas de hidrógeno mezclado en el aire atmosférico. Independientemente de la propiedad que tenga este instrumento de encontrar toda la cantidad de oxígeno contenida en un aire, es el único con el que se puede evaluar la proporción de hidrógeno en una mezcla gaseosa, y en este sentido, todavía podría haber fijado la atención y comprometerse en el estudio de su forma de actuar. Así el ilustre físico VOLTA que enriqueció la física con los más bellos descubrimientos, tendría aún la gloria de haber dado a la química un instrumento muy exacto y valioso para los análisis».

Eudiómetros y pistola de Volta en el Museo de Pavía.

A pesar de la acogida tan favorable del eudiómetro para determinar la respirabilidad del aire, lamentablemente no le sirvió para llegar a la solución del problema que lo traía de cabeza, según comentaba a Priestley a partir de 1777: ¿en qué se convertía el aire consumido? Se extrañaba que de la combustión del aire metálico inflamable no se obtuviera ni sal, ni tierra, ni ácidos; decía ver «unas gotas deslizantes en las paredes interiores inicialmente secas del recipiente donde se explosiona el aire», pero no fue capaz de reconocer a partir de registros materiales que fuera agua; el agua, que realmente se formaba al reaccionar el hidrógeno con el oxígeno, que en definitiva eran las sustancias en juego en aquellos experimentos. Fue Cavendish quien, produciendo explosiones en el que llamaba «globo de combustión», un eudiómetro primigenio, reconoció la síntesis de agua. Aunque los experimentos datan de 1781, no los publicó hasta estar seguro de sus conclusiones, en 1784, que pudieron conocerlas quienes andaban alrededor de la idea.

Pasemos a otro curioso asunto del que Volta salió medianamente parado. El profesor Francesco Grassi, del Real Instituto Lombardo, uno de los recopiladores y editores de la *Obra Completa* de Volta, con

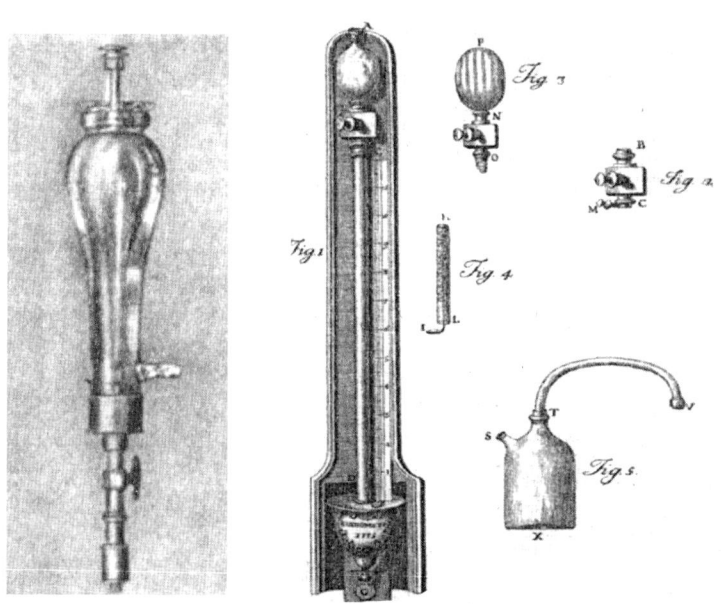

Presunto «eudiómetro» de Cavendish y eudiómetro de Landriani.

motivo del centenario de su muerte (1927) pronuncia el discurso «Leggi del Volta e Leggi del Gay-Lussac e de Dalton», argumentando la prioridad del comasco en ambas. Veamos algunos detalles obtenidos de las publicaciones de Volta contenidas en el *Epistolario* y en el 7.º volumen de la obra completa que en esos años estaban ultimando su publicación. Con la intención de defender la prioridad de Volta sobre Gay-Lussac, Polvani en el capítulo «Volta físico pneumatista» de su extensa biografía trata el asunto con evidente tendencia a imponer la ley del comasco, ausente en las citas sobre los gases que atribuye, él y otros, a que los libros de texto de física son de predominio francés y deliberadamente obvian al italiano. Sirva como ejemplo el *Tratado Elemental de Física* de C. Despretz traducido al castellano en 1839, con ediciones posteriores. La primera edición francesa es de 1825, todavía en vida de Volta. César-Mansuète Despretz (1789, hay dudas en este dato, -1863), alumno de Gay-Lussac a quien, junto a Arago, dedica el libro, profesor de Física en la Sorbona y miembro de la Academia de Ciencias francesa. En el apartado sobre la dilatación de los gases, escribe: «Este proceder (al proceso experimental se refiere) ha sido puesto en ejecución casi al mismo tiempo por Dalton en Inglaterra y por Gay-Lussac en Francia; el primero ha encontrado 0,00372 y el segundo 0,00375 para la dilatación correspondiente a cada grado centígrado... es lo que se llama el coeficiente de dilatación». Cita el precedente de Charles, como así fue, pero no menciona a Volta. ¿Desconocimiento u omisión? Por su parte, Polvani, en su patriótica defensa, hace afirmaciones sobre el experimento de Gay-Lussac, incluso entrecomillándolas, que no se corresponden con el original que he podido consultar. Veamos a la vista de los originales de cada uno a qué conclusiones puede llegarse en este nuevo episodio voltiano sobre prioridades científicas.

Joseph Louis Gay-Lussac (1778-1850), discípulo de Berthollet y Laplace en l'École Nationale des Ponts et Chaussées de París, que le animan a llevar a cabo este trabajo, expuso la Memoria «Recherches sur la dilatations des gaz et des vapeurs» en el Instituto Nacional de Francia (11 *piovoso dell'anno* X, equivalente al 31 de enero de 1802), publicada posteriormente en *Annales de Chimie* de Nicholson. Consultada esta Memoria en los citados *Annales* con el título «Enquiries concerning the Dilatation of the Gases and Vapors», donde hace un recorrido por quienes se interesaron en estas experiencias, destacando al ingeniero canario Agustín de Betancourt (1758-1824) como uno de los pocos que han hecho medidas sobre la expansión del vapor de agua, «aunque sus experimentos no son adecuados para conocer la verdadera dilatación del vapor». Gay-Lussac concluye: «Los experimentos que acabo de relatar, y que han sido hechos con mucho cuidado, prueban incontestablemente que el aire atmosférico y los gases oxígeno, hidrógeno, ázoe (nitrógeno, el "ayre flogisticado" de Priestley), nitroso, amoniacal, ácido muriático, ácido sulfuroso y ácido carbónico se expanden igualmente con la misma cantidad de calor; y que, en consecuencia, su mayor o menor densidad bajo la misma presión y a la misma temperatura, su mayor o menor solubilidad en agua y su naturaleza particular, en nada influyen en su dilatación». En consecuencia, considera que «los gases en general, siempre que todos se encuentren en las mismas circunstancias, se dilatan igualmente con la misma cantidad de calor». Conclusión que extiende a los experimentos sobre la dilatación de cualquier clase de vapor. En cuanto al aumento de volumen, entre la temperatura del hielo fundente y la ebullición del agua, establece que para el termómetro centígrado es 100/266,66 del volumen inicial. Y termina: «Queda, para completar este curso de experimentos, determinar la ley de la dilatación de los gases y vapores y determinar el coeficiente de dilatación para cualquier cantidad de calor, y estar seguro de las variaciones reales del termómetro. Me ocuparé de estas nuevas investigaciones; y cuando estén terminadas, tendré el honor de comunicarlas al Instituto». No he encontrado esta «continuación» que Polvani afirma no haberse producido nunca.

Volta publicó en *Annali di Chimica* de Brugnatelli en 1793 «Su l'uniforme Dilatazione dell'Aria per ogni grado di calore cominciando sotto la temperatura del ghiaccio fin sopra quella della ebollizione dell'acqua; e ciò, che sovente fa parer non equabile tal dilatazione, entrando ad accrescere a dismisura il volume dell'aria». De esta experiencia ya había comunicado por carta en 1791 los resultados al colega francés Fleuriau de Bellevue y al británico D. Scasso precisándoles «el cálculo de 1/210 como valor del coeficiente de dilatiación del aire por cada grado de la escala Réaumur». Y con más detalles a su más íntimo van Marum en marzo de 1792. Al que, tras varios comentarios sobre meteorología eléctrica, le comenta algunas rectificaciones a los resultados de Morveau sobre la dilatación del aire, para la que él obtiene un coeficiente de dilatación de 1/220 (no 1/210 como en las cartas precedentes). La Comisión editorial del *Epistolario* añade a pie de página: «*En Bosscha Corr.* con relación a este punto se encuentra lo siguiente: «Este valor de 1/220 por grado Réaumur, o 1/275=0,003637 por grado centígrado, representa la dilatación aparente del aire en un recipiente de vidrio. Y añadiéndole 0,000025 para la dilatación del vidrio, se obtiene el valor 0,003662, muy poco diferente al de REGNAULT, a saber, 0,0036671. Once años después que Volta, Gay-Lussac encuentra 0,003750». Coeficiente que no aparece en la Memoria citada, aunque pueda deducirse del cálculo de la variación del volumen inicial. La diferencia entre ambas leyes radica en que Volta establece la uniformidad del proceso de dilatación del aire y del vapor de agua, en tanto que Gay-Lussac, aplicándola a cualquier gas o vapor, se refiere a la dilatación total. Saussure, a quien Volta tuvo en sus inicios como referente científico, se interesa por este asunto en carta fechada en Ginebra (18/5/1792). A la vez que le pide, para su yerno e hija, recomendación al profesor de Botánica de la Universidad de Pavía, el Padre Fulgenzio Vitman, que los oriente en los estudios de las plantas por los que están interesados, y que les informe sobre sus recientes experimentos: «Diles —[a sus hijos]— si es verdad que has hecho nuevos experimentos sobre la dilatabilidad del aire por el calor y dónde se puede tener la dicha de leerlos. Diles también que todavía tienes un poco de amistad conmigo. Me lo merezco por mis sentimientos hacia ti». Volta ya empezaba a ser distinguido entre la comunidad científica y Saussure estaba enfermo; murió en 1799, y en una delicada situación económica. No hay duda de que el trabajo de Volta es anterior al de Gay-Lussac, pero tampoco es seguro que este lo conociera. En el recorrido histórico que el francés hace sobre la dilatación de gases y vapores, no lo menciona (además de Bettancourt, aparecen Ziegler, Amontons, Nuguet, Lahire, Stancari, de Luc, le Roy, Saussure, Priestley, Monge, Berthollet, Vandermonde, Guyton, Duvernois, Charles). En el mismo vol. III de 1802 de los Anales de Nicholson, donde Gay-Lussac publica, en dos entregas, sus experimentos, el inglés John Dalton (1766-1844) publica «On the Expansion of the Elastic Fluids by Heat» con conclusiones similares. Las referencias hechas por Volta —no ha lugar la presencia de Gay-Lussac por edad— son sobre de Luc, le Roy, Saussure, Priestley, Trembley, Vandermonde, Morveau, Duvernois, Crawford, Sage, etc., sacadas del artículo «Aire» de la *Enciclopedia Metódica*. Digamos que la pelota está en el tejado, como podría decirse de las alusiones relativas al condensador y la relación entre carga, voltaje y capacidad eléctricas que dejamos atrás. El Congreso Internacional de Físicos (Como, 1927), antes de cerrar sus conclusiones, en la reunión solemne del 17 de septiembre celebrada en la Escuela de Física de la Universidad de Pavía, después del discurso del prof. de Física Alejandro Amerio, se adhirió a la siguiente salomónica propuesta formulada por dicho profesor durante su intervención en las sesiones ordinarias sobre «Volta y las leyes de expansión y mezclas de sustancias gaseosas»:

«Se sigue que sobre la dilatación de los gases deben enunciarse las siguientes leyes:

1.ª Ley de Volta: «El coeficiente de dilatación del aire es constante».

2.ª Ley de Gay-Lussac: «Todos los gases tienen el mismo coeficiente de dilatación».

Complementariamente a estas investigaciones sobre la dilatación térmica de gases y vapores, se realizaron otras de crucial trascendencia por sus efectos, más allá de los propiamente científicos, sobre la sociedad en cuanto a formas de vivir, trabajar, producir, comunicarse, sobre lo que en una palabra los ilustrados calificaron como «progreso». Fueron las investigaciones sobre la interrelación entre la densidad y la tensión de los vapores con la temperatura. De sus resultados se derivaron conclusiones relativas a la potencia motriz del vapor de agua que acarrearía consigo la primera Revolución Industrial: la asociada con la máquina de vapor.

Raffaela Seligardi y Narco Ciardi, en *Lavoisier in Italia: La comunità scientifica italiana e la rivoluzione chimica* (2002) señalan como una etapa diferenciada de la anterior relativa a los «aires» la que ocupa a Volta entre 1784 y 1801. Fregonese (2003) lo resume así: «Seligardi inicia su análisis con los pronunciamientos que Volta hizo en 1784 contra la nueva idea de Lavoisier sobre la naturaleza compuesta del agua. Ciardi dirige su investigación en otra dirección, la que conduce a reconocer el fracaso sustancial cometido por Volta en 1801 sobre las tentativas de reformar la nomenclatura química emprendidas por su colega de Pavía Luigi Valentino Brugnatelli... Al tiempo que demostraba una buena comprensión de la nueva química lavoisieriana y un uso pertinente de su nomenclatura, Volta continuó durante muchos años sin encontrar razón suficiente para una elección definitiva a favor de la química de Lavoisier... llevó a cabo una estrategia que podría llamarse la de la doble verdad, en el sentido de que simultaneaba la aceptación de la vieja química flogística junto a la nueva química antiflogística de Lavoisier». A pesar de que el químico francés había depositado en él, en principio, confianza suficiente como para justificar la carta que le envía desde París (1/1/1791), luego las cosas se torcieron:

> «Señor
>
> M. GILLAN, médico inglés, hombre muy culto después de haber pasado algunos tiempos en París y habiendo compartido conmigo algunos experimentos sobre la respiración, parte para hacer un viaje a Italia. Permítame, señor, aprovechar esta circunstancia para recurrir a vuestro recuerdo y recomendárselo. Independientemente de sus conocimientos, pertenece a una sociedad segura y agradable, y ha sido lo suficientemente amable para encargarle que le lleve un ejemplar de la obra que publiqué hace dos años. No sé, señor, qué opinión tiene respecto a la cuestión que divide a los químicos sobre la existencia del flogisto. Espero le dedique unos momentos de atención al trabajo que tengo el honor de enviarle a usted, que comprenderá cómo podemos explicar todos los fenómenos de la Química sin recurrir a una sustancia hipotética y cuya existencia no está probada por la experiencia directa. Consideraré su voto como uno de gran peso en esta cuestión.
>
> Tengo el honor de mantener un apego inviolable, Sr...»

Sin entrar en detalles, veamos algunos datos básicos sobre los que Volta apoyó sus ideas químicas. Como primera referencia, señalar que el seguimiento sobre la química voltiana procede de sus principios didácticos en las enseñanzas universitarias de la física y la química a las que se dedicó con tanto interés como a sus investigaciones. En la obra de Volta ocupa buena parte su dedicación docente, tanto como profesor como responsable de la administración educativa. En sus clases procuró que los estudiantes conocieran las posturas antagónicas tan frecuentes entonces entre las teorías científicas por la bisoñez en que estaban los saberes físicos y químicos. Para los autores citados, está siendo referencia obligada y muy instructiva las recomendaciones pedagógicas que dejó escritas el comasco, así como los libros de texto que seguía. Volta estaba preferentemente inclinado a la química tedesca partidaria del flogisto, cuyo más destacado representante era Lorenz Crell (1744-1816), director de *Chemische Annalen*, que Brugnatelli tomó como referencia para sus *Annali di Chimica*. Esta preferencia le valió para que Guyton de Morveau, afín al flogisto, lo destacara, creo que excesivamente, como uno de los más importantes químicos de Europa. En la elección de textos, opta por los alemanes de Gren y Erxleben con anotaciones de su buen amigo Lichtenberg. La *Fisica sperimentale* de Giuseppe Poli (1746-1825), como los anteriores, contiene notas sobre la química de Lavoisier, pero con más inclinación a la vieja química. Las razones por las que prefería esta química las basaba en que la de Lavoisier era insuficiente para explicar los fenómenos luminosos asociados a las reacciones químicas, ya que la luz para él ocupaba una posición central en los fenómenos químicos y la concebía como sustancia identificable con el flogisto. Dejamos aquí este apunte sobre la química voltiana y nos adentramos en otra de sus dedicaciones preferidas: la meteorología y la física terrestre.

«El interés de Volta por la meteorología se centró en la electricidad atmosférica, cuyo estudio comenzó en 1752 con la aparente confirmación de la hipótesis de Franklin sobre el carácter eléctrico de los rayos. Beccaria y Canton, entre otros, descubrieron rápidamente que la atmósfera exhibía electricidad incluso con buen tiempo y que, contrariamente a las expectativas de Franklin, era más negativa que positiva. Esta información se dedujo al principio del estado eléctrico del extremo inferior de un poste o cable puntiagudo aislado, que se pensaba intercambiaba fluido eléctrico con el aire circundante. De hecho, tales sondas se cargan en parte por conducción, pero principalmente por inducción, y su electricidad nos proporciona un índice inequívoco del estado eléctrico de la atmósfera. Entre los pocos que entendieron y resolvieron esta ambigüedad estuvo Saussure, cuyo trabajo inspiró directamente el de Volta. Saussure no empleó un palo largo, sino una forma de electrómetro de botella inventado por Cavallo, con cables de plata que terminaban en bolas de médula como indicador. Saussure tocaría el suelo con el eje y la caja del electrómetro y de repente levantaría el instrumento por encima de su cabeza; la consiguiente extensión de los hilos indicaba, como él dijo, la tensión eléctrica de la atmósfera en el sitio del electrómetro. Saussure llevó este dispositivo en su famoso intento en el Mont Blanc en 1787, que Volta, visitante en Ginebra, versificó en no menos de sesenta y seis *terzini*. Cuando regresó a Pavía, Volta se comprometió a hacer el instrumento de Saussure "más obediente". En 1787 comenzó a anunciar sus resultados en cartas a G. L. Lichtenberg, profesor de física en la Universidad de Göttingen, a quien había conocido en su viaje a Alemania en 1784. Las nueve cartas de Lichtenberg constituyen los principales escritos de Volta sobre meteorología». El término *terzini* que utiliza J. Heilbron, autor de la entrada «Volta» en el *Dictionary of Scientific Biography* (New York, 1970-1980), a la que pertenece el párrafo, corresponde al poema del que hablamos a propósito de los viajes europeos del comasco en *Obsequio al Sr. de Saussure por su ascensión a la cumbre del Mont Blanc y las experiencias realizadas allí a principios de agosto de 1787*. El instrumento «más obediente» para el estudio de la electricidad atmosférica fue un electrómetro portátil. Permítaseme unas estrofas: «el frente indómito y reacio / del Gigante de los Alpes... / Sube, Saussure, grita a todos, sube; / Si has llegado, ganaste; será bueno que lo hagas / Todo para alcanzar la meta de la Naturaleza».

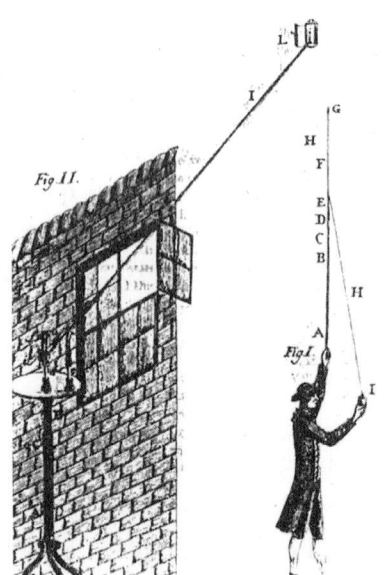

Representación
de Volta
detectando la
electricidad
atmosférica con el
electrómetro .

Volta mostró las ventajas en el estudio de la electricidad atmosférica del uso del electrómetro, preferible a las varillas franklinianas, inapropiadas para captar señales eléctricas cuando no hay nubes de tormenta; está convencido de la importancia científica y práctica de su descubrimiento, y advierte, arrimando el ascua a su sardina, que «Será... un olvido imperdonable de aquí en adelante, dondequiera que haya un Observatorio meteorológico, y no esté situado entre los Barómetros, Termómetros, Higrómetros, Anemómetros... el Electrómetro como este mío conductor atmosférico de linterna». Francesco Panizza en «Alessandro Volta nella Meteorologia Pratica» (*Voltiana*, 1899) da cuenta del manuscrito, *Prospetto di un compito Osservatorio meteorologico* (23/8/1791), dirigido por Volta al Magistrado Político de la Cámara de Lombardía en la Universidad de Pavía para remediar la incompetencia reinante en la recogida de datos meteorológicos por quienes «pretenden saber observar y no saben, y por los que sabiendo no están dotados de la técnica e infatigable paciencia que se necesita». Siendo Decano de la Facultad Matemática, en 1793, con motivo de la graduación de cuatro agrimensores, Volta leyó este *Discorso sugli stromenti meteorologici e maniera di fare con essi le osservazioni giornaliere.* En el cuadro adjunto se muestra un ejemplo de toma de datos meteorológicos bajo la dirección de Volta.

Arch. St. Milano [1].

Giorni e ore delle osservaz.ni	Stato del Cielo	Termometro		Igrometro		Barometro	Anemometro			Pio- metro	Eva- pora- zione	Elettricità			Decli- razione magn.	Fenomeni straordinarj
		Dentro	Fuori	Dentro	Fuori	Pollici / Linee / 15	Dire- zione	Forza		Pollici Linee Fraz.	Danari / Grani	Positivo	Negativo	Gradi	Gradi / Minuti	
		Gradi	Gradi	Gradi	Gradi							Gradi	Gradi			
6 agosto Levata del sole	Sereno con poche nuvole sparse più dense verso tramontana. Calma	20.½	19.¾	90.—	97.—	27. 9. 4/15	S. E.	Debole		0.	0. 5.	4.	—	17.ª 51.	Alle prime ore della notte straordinaria frequenza di stelle cadenti. In seguito lampi di caldo.
Or. 2 pom.	Sereno tranquillo	24.—	25.¼	85.—	82.—	27. 8. 1/15	S.S.E.	Me- diocre		0.	0. 18.	12.	—	17.ª 50.	
Tram. Sole	Sereno Ponente nebbioso infocato.... Venticelli varj....	23.¾	23.½	88.—	96.—	27. 10. 9/15	S. O.	Va- riabile		0.	0. 12.	15.	—	17.ª 49.	
Mezza Notte	Sereno e calmo. Lampi di caldo	22.½	22.—	90.—	94.—	27. 11. 3/15	S. E.	Debo- lissimo		0.	0. 6.	6.	—	17.ª 50.	
7 agosto Levata del sole	Nuvole sparse. Calmo.	21.½	20.—	88.—	95.—	27. 5. 3/15	N. E.	Vario inter- mit- tente		0.	0. 6.	3.	—	17.ª 52.	Un'ora avanti il tramontar del Sole comincia a stirpitare il Temporale, poi sembra calmarsi.
Or. 2 pom.	Nuvole più rare, fuorchè a Ponente dove vieppiù s'oscurano. Piccolo vento.	24.¼	25.½	87.—	83.—	27. 3. 2/15	N. E. S. E.	Vario		0.	0. 16.	8.	—	17.ª 48.	Due ore avanti mezzanotte, ripiglia con lampi vivissimi continui. Scoppiano pochi tuoni. Un fulmine dà in una casa del Sobborghi.
Tram. Sole	Nuvole temporalesche verso Ponente. Tuoni e Lampi. Vento irregolare e pioggia imminente.	24.—	21.¾	90.—	98.—	26. 10. 4/15	N. E. S. O.	Vario a scosse		0.	0. 10.	10. 0.	80. 50	17.ª 51.	A due migli dalla Città, verso levante, cade grandine sopra non grande estensione di paese, nè molto copiosa, ma desolatrice per vento impetnoso che abbatte fino molti alberi.
Mezza Notte	Sfogato in gran parte il Temporale, continua la pioggia con frequenti Lampi	21.—	16.—	92.—	99.—	27. 5. 7/15	Vento vario e	Turbi- noso		Lin. 6.	0. 2.	—	co- stante 40. 30. 20.	17.ª 52.	

201

En carta a Pietro Antonio Bondioli (1765-1803) a mediados de 1791, le cuenta sus hallazgos sobre las auroras boreales que podrían ser «eventualmente dependientes de la electricidad»; en una segunda, finales de 1791, rechaza la opinión (que en parte también fue suya) según la cual el rayo y la aurora boreal podrían deberse a la ignición del aire inflamable que se eleva en las regiones altas de la atmósfera; ahora atribuye las auroras a fenómenos eléctricos causados por «transferencias y vertidos de la atmósfera solar sobre la atmósfera terrestre». Años después puede leerse en *Éléments de Physique Terrestre et de Météorologie* (París, 1847), de Antoine Becquerel (1788-1878): «Es muy probable que la distribución desigual del calor sea la causa de los efectos eléctricos, de los magnéticos terrestres y de las auroras boreales». Este mismo autor, iniciador de la saga de los Becquerel, junto con su hijo Edmond (1820-1891), publicó en tres volúmenes *Traité d'Électricité et de Magnétisme, le des applications de ces Sciences a la Chimie, a la Physiologie et aux Arts* (París, 1855), incorporando cuanto se sabía de estas ramas de la física, «siendo todos procedentes del gran Volta». Su nieto Henry Becquerel (1882-1908) compartió el Nobel de Física (1903) con el matrimonio Curie.

Por encima de los tanteos propios de los incipientes saberes, Volta afronta averiguaciones inéditas a lo largo de su vida. Se le considera también como el primero en tratar el complejo asunto de la física terrestre en relación con la generación de la electricidad atmosférica y hacerlo mediante el diseño de aparatos y experimentos. Volta creía que el origen de la electricidad atmosférica procedía de la evaporación y condensación del agua en la superficie terrestre. Creía en la idea genérica de que en los cambios de estado, en las reacciones químicas, en las disoluciones y en las mezclas podrían desprenderse cargas eléctricas. Durante su estancia en París en marzo de 1782, participó con Lavoisier y Laplace en algunos experimentos al respecto, que al parecer ya había hecho Volta años antes. Los resultados fueron confusos, pero lo que levantó polvareda fue la Memoria que ambos *savants* publicaron sobre la experiencia en la que Volta figura como convidado de piedra: «ha querido asistir a nuestras últimas experiencias y nos ha sido útil», y no dicen nada más de él. Por lo visto no hubo buena «química» con Lavoisier. Arago, en el *Elogio* a Volta tras su muerte leído en la Academia de Ciencias de Francia, lamenta que se interpretara este *affair* como «una cuestión de nacionalidad mal entendida», como así fue en círculos italianos, porque podía oscurecer la verdad: que los tres contribuyeron decisivamente y por igual al nacimiento de la meteorología como una nueva rama científica. Incluso alega que estos olvidos no son nuevos, que Pascal pasó a la historia y su cuñado, partícipe con él en las medidas barométricas sobre el Puy-de-Dôme, fue ignorado; o que en la medida de la atracción gravitatoria sobresalió en los papeles Cavendish cuando tanto protagonismo como él tuvo Michell. A lo que podemos añadir nosotros que Cavendish figura como quien calculó G, la constante de la gravitación universal, cuando la realidad es que lo hicieron Cornu y Baille. Así se escribe a veces la historia.

Otro fenómeno meteorológico que atrajo a Volta fue la formación del granizo. La primera alusión a este fenómeno la hace en 1787 en una carta a Lichtenberg, que en 1804 ampliaría en la Memoria *Sopra la grandine*. Sin entrar en detalles, nos quedamos con esta conclusión de Polvani en el capítulo «Volta geólogo e meteorologo» de su varias veces mencionada biografía de Volta: «Hoy la teoría voltiana sobre la formación del granizo no puede ser aceptada. Sin embargo, siempre sigue siendo una de las más ingeniosas y 'fascinantes que jamás haya existido sobre ese complejo fenómeno atmosférico... el renombre que tuvo durante mucho tiempo nos obliga a mencionarla».

En la respuesta de Antonio Remón Zarco del Valle al Discurso de ingreso en la Real Academia de Ciencias (1858) de Manuel Rico Sinobas aparece citado Volta por sus averiguaciones meteorológicas y aparatos de medición aplicados a la electricidad atmosférica: «Abierta así la comunicación entre la región de las tempestades y los hombres esforzados que se dedicaban a estudiarlas, tratóse ya, cual corresponde en la marcha de los conocimientos humanos, de inventar instrumentos para medir y juzgar la electricidad de la atmósfera aun en su estado normal. Saussure y Volta pusieron el mayor empeño a fines del siglo pasado en determinar las circunstancias diversas que influyen en la electricidad de la atmósfera». De la popularidad que gozaba la observación meteorológica, así como de los procesos de observación y medición y de la toma de datos, da pormenorizada cuenta el discurso que, si quiera sea como anécdota, contiene este curioso comentario: «y si los cálculos que se atribuyen a Faraday son exactos, cuando aquél halló que en un grano de agua se contenía tanta electricidad como la que se necesita para un relámpago ordinario, la imaginación se pierde, no solo por el

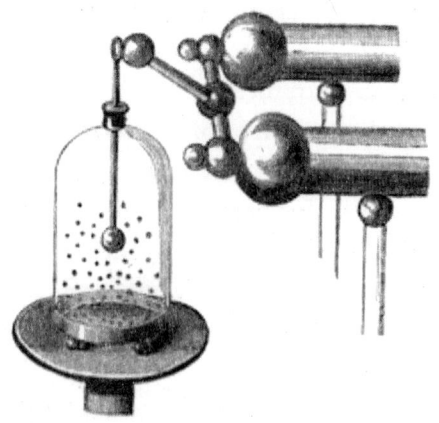

Eudiómetros y pistola de Volta en el Museo de Pavía.

número de las tempestades eléctricas silenciosamente suspendidas en las gotas del rocío que como transparentes y diáfanas perlas cantó la égloga de todos los tiempos y naciones, sino que el alma se sorprende con el supuesto de Faraday».

El hecho fue que la meteorología, el rigor meteorológico, se extendió como la pólvora tanto en los quehaceres investigadores como en los docentes, ocupando un espacio distinguido en publicaciones, reuniones y disposiciones oficiales para el bienestar social. Los libros de texto franceses de física y de química, por separado o juntas en un mismo tratado, pioneros en estas publicaciones destinadas a la enseñanza, algunos escritos por quienes a su vez colaboraban con los prestigiosos *savants* en las actividades de los gabinetes científicos, como los conocidos Despretz, Ganot, Pouillet, Deguin, Beudant, la meteorología figuró en una sección específica, junto con la más novedosa actualidad de los progresos, firmes o dudosos, en aquellos ámbitos desprendidos ya de la añeja filosofía natural. Todos ellos con el modesto calificativo de «elemental» destinados a las enseñanzas secundarias e inicios en las Facultades de Ciencias a medida que se fueron creando; ¡si levantaran la cabeza y vieran cómo ha ido decayendo por el terraplén de la mediocridad la «elementalidad» de los programas secundarios! El más difundido en las respectivas lenguas vernáculas (alemán, holandés, ruso, inglés, turco, polaco, sueco) y duradero en el tiempo con sucesivas ediciones fue el *Traité de Physique expérimentale et appliquée* de

Adolphe Ganot (1804-1887), profesor de física en una escuela secundaria privada de París, editado en Francia en 1852 a raíz de la reforma educativa que impulsó las enseñanzas científicas en escuelas primarias e institutos de segunda enseñanza; en 1887 iban por la 20.ª edición francesa. En España, ese mismo año, 1852, circuló en francés y al siguiente se hizo la primera edición en castellano; en 1923 se publicó la 18.ª edición que en 1945 fue publicada, corregida y aumentada en Argentina, circulando también en España. Las reediciones fueron acompañadas de referencias históricas sobre teorías, experimentos y aparatos, que no eran frecuentes en los textos de la época.

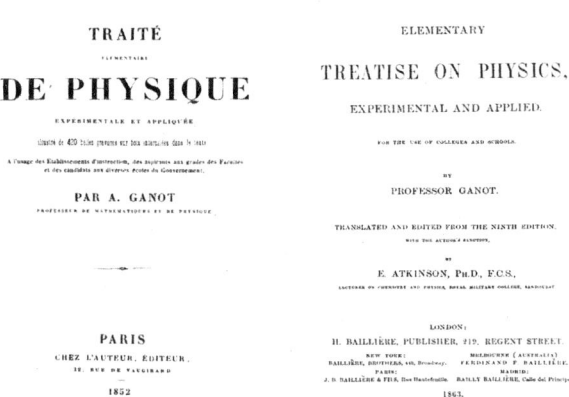

Me asegura un japonés amigo, Norio Shimizu, que el párrafo subrayado dice que el libro de Física al que pertenece es la fusión de un texto americano y la edición francesa del Ganot de 1872.

De su interés por contener la actualidad científica más próxima es buena muestra el comentario en la 5.ª edición (1858) sobre la electricidad en plena efervescencia: «La teoría de Symmer sobre los dos fluidos eléctricos se presta con gran simplicidad a la explicación de los fenómenos: así es generalmente admitido en las escuelas, al menos en Francia. Sin embargo, no debe olvidarse que no es más que una hipótesis. Además, debemos admitir cuán vaga es esta denominación de fluido cuando se aplica a las causas del calor, de la luz, del magnetismo y de la electricidad. ¿Qué es en realidad un fluido? ¿Cuál es su naturaleza? Ningún físico ha dado ninguna información sobre este asunto. Por lo tanto, debemos limitarnos a considerar la hipótesis de los dos fluidos eléctricos como expresando estados, en los que la electricidad se presenta bajo el aspecto de dos fuerzas iguales y contrarias que tienden a equilibrarse». La influencia del Ganot fue más allá de sus propias ediciones: fue referente, a veces literalmente copiado, para otros textos de física y, sobre todo, impuso el índice mantenido casi inalterable hasta hoy en España, pasando por encima de las revoluciones electromagnéticas, relativistas, cuánticas y digitales, muestra lamentable de la dejadez nacional en el cultivo de las ciencias. Escribe el premio Nobel de Física Emilio Segré: «Incluso antes de convertirme en físico profesional, había leído muchos de los escritos de Galileo. De hecho, ya a los quince años sabía un poco de física elemental porque había dedicado muchas horas de mi infancia a un texto de física de Adolphe Ganot y, no sé cómo, en cierto momento tuve la idea de que podía saber más que leyendo a Galileo. Lo encontré difícil y ciertamente no aprendí mucha física del *Dialogo sopra i due massimi sistemi dei mondo*, pero aquel libro me impresionó».

LA CONTROVERSIA EN
TORNO A LA PILA

A la controversia sobre la naturaleza de la electricidad animal entre las teorías de Galvani y Volta que hemos tratado con cierto detenimiento, hay que añadir una nueva controversia en la obra voltiana, al menos en apariencia, porque hay quienes consideran que pueda tratarse de un confuso planteamiento sobre la naturaleza de la pila eléctrica, en definitiva, decidir sobre la procedencia de la corriente originada en la misma. En cualquier caso, lo iremos desgranando, calificándolo de controversia —la denominación más generalizada—, en la que pueden diferenciarse dos fases: la primera se extiende entre 1800, cuando se hace pública la pila, y los años 40 de 1800; la segunda se reaviva a partir de los 80, poniendo el foco en el origen del potencial de contacto que, según Helge Kragh, uno de los historiadores que duda entre «confusión» o «controversia», se extiende hasta la década de 1950, cuando el potencial pudo medirse con más precisión y fiabilidad «mediante nuevas técnicas experimentales que resolvieron el problema y finalmente liquidaron lo que quedaba de la antigua controversia», escribe.

Abundemos algo más en lo expuesto en el apartado 8 sobre las controversias científicas, sobre su significado en el desarrollo de las ciencias, su naturaleza, y su papel desde el punto de vista histórico a la vez que formativo en el aprendizaje de las ciencias, en cuanto que confrontan perspectivas de un mismo concepto o hecho científico e intentan dar una solución, si la hubiere, optando por un contendiente; sobre cómo contribuyen al enriquecimiento de las teorías y perfeccionan el campo de la experimentación. El análisis de las controversias, vistas con la óptica de los tiempos en que se produjeron, es una fuente de información sobre los procesos de elaboración de la ciencia y su influencia en las convicciones, incertidumbres y temores que los científicos han de afrontar. En buena medida, las controversias pueden responder, consideradas desde el punto de vista de la enseñanza-aprendizaje de las ciencias, a lo que Nancy Nersessian califica como «historia cognitiva de la ciencia», refiriéndose a la historia de la ciencia como un medio que proporciona nuevas revelaciones sobre la ciencia misma en tanto empresa humana que es. La historia vista desde esta perspectiva trata de examinar las raíces cognitivas que los científicos emplean y los artificios a que recurren para poner en práctica el pensamiento teórico y práctico que caracteriza la actividad científica. Nahum Kipnis, de quien ya nos ocupamos en la controversia sobre la electricidad animal galvánica, también las aborda, tratando las controversias en torno a la pila desde esa perspectiva educativa. Y hace la siguiente reflexión metodológica que puede ser útil para el profesorado interesado en la integración de la historia de la ciencia en la enseñanza de las ciencias: «Aprender sobre una controversia histórica puede mejorar la comprensión de los estudiantes sobre cómo los científicos defienden una nueva teoría. Si bien las conclusiones extraídas aquí son consistentes con otros casos no discutidos en este artículo [se refiere a "Scientific Controversies in Teaching Science: The Case of Volta"], no se recomienda al profesor que los presente como generales: es mejor discutir otros casos (al menos uno) y dejar que los estudiantes hagan la generalización. Nuestro análisis no está completo, porque se omite el papel de los 'factores humanos' en un debate científico. Este tema ciertamente merece un estudio aparte; sin embargo, su ausencia no debe impedir que los docentes discutan los factores impersonales, especialmente porque estos últimos son relevantes para mejorar las habilidades de los estudiantes en la realización de sus propias experiencias de investigación». Entre las controversias más relevantes, como recursos didácticos, de las que se han ocupado algunos autores, pueden citarse: El electrón (Millikan vs. Ehrenhaft); Circulación sanguínea (Harvey vs. Descartes); Generación espontánea (Pasteur vs. Pouchet); Escalas cosmológicas (Saudage vs. Vancoulers); Organización de las especies (Cuvier vs. Geoffroy Saint-Hilaire); Evolucionismo vs. Creacionismo (varios contra Darwin, especialmente); Determinismo vs. indeterminismo (Einstein vs. Bohr); Fluidos eléctricos (Franklin vs. Dufay); Naturaleza de la luz (Newton vs. Huygens); Nucleares sí/

Nucleares no; Eutanasia si/ Eutanasia no; Big-bang vs. universo estacionario; Atomismo vs. Energetismo comentada en el apartado 8 En mayor o menor medida, las controversias además de inducir cambios conceptuales en los procesos científicos en liza, responden también a motivos éticos, religiosos, políticos e ideológicos que siempre han marcado el desarrollo científico y tecnológico, por mucho que algunos se empeñen en defender la neutralidad de la ciencia. Ya vimos en el caso Galvani-Volta el trasfondo religioso que, en cierto modo, polarizó la postura del primero, apoyado en su convicción cristiana para encontrar el alma entre los calambres. Y también, como bien sabemos y recalca Kipnis, la influencia del carácter personal, del que es un buen ejemplo la testarudez de Volta enarbolando la teoría del contacto.

La pila es, por encima de cualquier consideración, una feliz consecuencia experimental de la discrepancia de Volta con el galvanismo, más correctamente con la «electricidad animal» intrínseca defendida por Galvani. La clave de su teoría fue sostener que el contacto entre dos sustancias diferentes cualesquiera es un generador de electricidad, prevaleciendo a lo largo de las sucesivas pruebas el contacto entre dos metales sobre la idea del «contacto universal». Volta optó por ignorar las propuestas que atribuían la causa de los fenómenos galvánicos a efectos químicos y no al mero contacto metálico. Estima Valeri Morsini (2003) que «el aprecio y la admiración que le tributaba la comunidad científica, expresada por el premio de la Royal Society y la medalla de oro concedida por Napoleón, poco hicieron para cambiar su creencia de dejarse 'pocas veces influenciar por el trabajo de otros, salvo en los comienzos de cualquier investigación' (Heilbron). Un hábito que desembocó en una actitud terca y arrogante en los asuntos científicos». Sin embargo, hubo quienes encontraron hechos suficientes para plantar cara a la tozudez del comasco; tal fue el caso del italo-francés Giovanni Fabbroni (1762-1822), que, como tantos otros en aquel tiempo, diversificó sus inquietudes en ámbitos tan distantes como el liberalismo económico, la reforma agraria, la historia natural, colaborando con Felice Fontana (1730-1805) en la creación del Museo de Ciencias de Florencia, la introducción del sistema métrico decimal en Italia durante la dominación napoleónica, además de la novedosa electricidad. Siguiendo a Mosini, «Fabbroni había notado que el agua era esencial para que se produjera el fenómeno galvánico, y atribuyó este fenómeno a los efectos químicos relacionados con los procesos de oxidación que tienen lugar en la solución acuosa», solución entre los metales y el paño empapado de agua que configuran la pila. Fabbroni dio a conocer sus conclusiones en sendos trabajos publicados en 1799 en *Journal of Natural Philosophy, Chemistry, and Arts* y en *Journal de Physique*, contradiciendo la teoría del contacto de Volta, y abriendo una nueva perspectiva —química— en la interpretación de la corriente eléctrica producida por la pila y, en consecuencia, una nueva controversia que finalmente condujo a la emergencia de una nueva rama científica: la electroquímica. La teoría química de Fabbroni fue bien acogida, especialmente en Alemania, por reconocidos interesados en la electricidad como Ackermann, Ritter, Reinholt y, en parte, Alexander von Humboldt, que postuló una conexión entre los fenómenos galvánicos y químicos, atribuyéndolos a procesos fisiológicos en los animales. Aunque hubo voltianos incondicionales como Pfaff, una de las figuras centrales de la ciencia eléctrica en Alemania. En Francia se mantuvieron más fieles a la teoría voltiana del contacto entre metales que a la posible acción química.

Hecha pública la carta que Volta envió a Joseph Banks dándole detalles sobre la invención de la pila, se prodigó la construcción de estos aparatos con variantes que la diferenciaban de la original. Nicholson, que ya había hecho algunas aportaciones a la nueva ciencia, en particular las relativas al comportamiento eléctrico del pez torpedo que Volta conocía, en 1797, antes del conocimiento de la pila, había sugerido la posibilidad de una «máquina capaz de dar innumerables descargas a placer, y de retener su poder durante meses, años, o tan extensa en el tiempo como sean los límites que se determinen únicamente mediante la experimentación». Dada a conocer la de Volta, Nicholson junto con el médico Anthony Carlisle (1768-1840), amigo personal de Banks, introdujeron cambios que iban a provocar la imprevista electrólisis del agua. Agregaron unas gotas de agua al contacto de la placa superior de la pila para, en su opinión, asegurar la producción de corriente. A medida que la pila se puso en funcionamiento, una pequeña cantidad de gas se desprendió de aquel agua. Confirmada la descomposición del agua en hidrógeno y oxígeno, concluyen que «el nuevo hecho aún queda por explicar, pero parece apuntar hacia alguna ley general de la producción de electricidad en operaciones químicas». Este hecho y la oxidación observada en los metales de la pila reforzaban la suposición del protagonismo de los efectos químicos en la producción de electricidad. Volta elogió estos experimentos en evitación de confrontarse con la comunidad científica inglesa, a la vez que afirmaba haber estado muy cerca de llevarlos a cabo él mismo, no considerándolos algo extraordinario. Insiste sin prestar demasiada importancia en que son fenómenos debidos a la corriente continua y débil que producía el aparato. El *Journal* de Nicholson se convirtió en un foro de discusión sobre la polémica entre contacto o efecto químico, acogiendo cuantos artículos se produjeron en los primeros años del siglo XIX.

«La reacción de la comunidad científica —concluye Mosini— al descubrimiento de Volta era exactamente lo que, según los relatos de Cuvier y Pera, esperaba, a saber, que la pila probara la identidad, en oposición a la analogía, entre las electricidades animal y común. Además, subrayando el hecho de que Volta no apreció los cambios químicos que acompañaron a la corriente eléctrica, aquella reacción adolece de dos debilidades significativas. Primero, no tiene en cuenta qué, y no se explica por qué, los científicos de la época de Volta se abstuvieron de atacarlo en este punto [la interpretación química de la pila]. En segundo lugar, implica que la relación entre las teorías química y de contacto se interpretó como una controversia, es decir, que se consideraba que las dos teorías proporcionaban explicaciones rivales entre las cuales Volta eligió la que mejor servía a su propósito. En cuanto al primer punto, la falta de conocimiento de los fenómenos eléctricos y químicos en el momento del descubrimiento de Volta proporciona una razón suficiente para que sus contemporáneos se abstuvieran de atacarlo. Respecto al segundo punto, por entonces era imposible separar claramente los dos tipos de fenómenos, o identificar un posible vínculo entre los dos: en otras palabras, las teorías química y de contacto fueron vistas como antagónicas entre sí, creando una controversia». No obstante, recordemos que Volta, a propósito de los experimentos de Nicholson, y a pesar de su pertinaz insistencia en que la teoría del contacto era preferente respecto a la acción química, consideró que trabajar sobre la relación entre ambas abría una nueva vía de averiguaciones para determinar con más claridad la naturaleza del fluido eléctrico. Las dudas e imprecisiones sobre el funcionamiento de la pila responden al escaso desarrollo conceptual de la naciente ciencia eléctrica, de ahí la confusión que se encuentra en la prolija literatura al respecto y los cambios de criterios que enfangan y dificultan averiguar conclusiones ante los fenómenos observados o provocados en los gabinetes. Apunta Helge Kragh: «Sabemos lo que sucedió, pero no siempre por qué las cosas sucedieron de la manera en que lo hicieron». Lo sobrevenido con la pila voltaica a partir de su aparición en 1800, incluso antes con el debate sobre la electricidad animal, no se deslinda claramente entre la controversia y la confusión. Kenneth Caneva en su estudio (1993) sobre el físico alemán Robert Mayer (1814-1878) y el principio de conservación de la energía [o de la fuerza, indistinguibles entonces], trata brevemente sobre esta controversia y considera que «necesita un importante estudio histórico» escasamente abordado, salvo algunas aportaciones puntuales como las de W. Ostwald, J. R. Partington y C. J. Brockman. A rellenar esa laguna responde Kragh en varias ocasiones, de las que me fijo en las publicadas en la colección *Nuova Voltiana* de la Universidad de Pavía: una sobre la controversia en el siglo XIX, su carácter y perspectivas; la otra, sobre el científico germano-danés Christoph Heinrich Pfaff (1773-1852), al que califica como «apóstol de Volta», a quien W. Ostwald considera «inevitable» por ser «meticuloso historiador del galvanismo y ferviente defensor del voltaísmo [quien] tiene un mérito especial particularmente en la propagación del conocimiento de los fenómenos galvánicos en Alemania», en contra de la preferencia germana por la propuesta química de Fabbroni.

Christoph H. Pfaff.

Pfaff, en un «viaje literario» acompañando a un noble danés y su familia, tuvo la ocasión de visitar a Galvani en Bolonia. Si bien no destacó especialmente en la creación científica, sí desempeñó una importante labor de enlace y difusión de la ciencia entre el norte y el sur de Europa, manteniendo contactos y correspondencia con figuras como Cuvier, Dumas, Oersted, Volta, Lagrange, Ohm, Liebeg y Faraday, gracias también a su dominio de lenguas (alemán, inglés, francés, italiano y danés). Habiendo sido crítico tanto con la teoría de Galvani como con la de Volta, tras presenciar en París, en 1801, una de las demostraciones de la pila hecha por Volta en el laboratorio de Fourcroy, «el joven científico [tenía 28 años] fue cautivado, no solo por la maravillosa pila, sino también por la personalidad de Volta». «Todo sobre los fenómenos galvánicos ahora está claro para mí», escribe Pfaff a un amigo en Copenhague tras el encuentro con Volta. En reciprocidad, Volta manifiesta su estima a Pfaff cuando lo considera oportuno. En carta (1801) a Martinus van Marum, que como venimos viendo, fue su mentor y referente fuera de Italia, considera a Pfaff «altamente estimando científico germano, un eminente cultivador de la física, la historia natural y la química, y autor de trabajos que dicen mucho en su honor». Lo cierto es que, apoyando a Volta, Pfaff se puso en contra de científicos como Davy, Berzelius o Auguste de la Rive, uno de los más sobresalientes defensores de la opción química. Pero hacia 1840, que Michael Faraday ya había entrado en juego del lado de la Rive, argumentando que la teoría de contacto violaba el principio de conservación de la fuerza, Pfaff, conocedor de esta opinión venida de un científico ya prestigioso, y tras un experimento hecho por él mismo, escribe (1841) a su amigo Oersted: «Este experimento, un verdadero *experimento crucis*, no deja duda alguna a la teoría química». De los hallazgos de Faraday habló el físico irlandés John Tyndall (1820-1893) en la Royal Institution durante las charlas (17-24/1/1868) *Faraday as a Discoverer*: «Después de las investigaciones que me he esforzado en presentarles, era imposible para Faraday evitar tomar partido en esta controversia. Lo hizo en un artículo "On the Electricity of the Voltaic Pile", recibido en la Royal Society el 7 de abril de 1834. Su posición en la controversia podría haber sido predicha. Vio que los efectos químicos iban de la mano con los efectos eléctricos, siendo el uno proporcional al otro; y, en el artículo que ahora tenemos ante nosotros, demostró que cuando los primeros fueron excluidos, los últimos fueron buscados en vano. Produjo una corriente sin contacto metálico; descubrió líquidos que, aunque eran capaces de transmitir las corrientes más débiles, competentes, por lo tanto, para permitir que la electricidad del contacto fluyera a través de ellos si fuera capaz de formar una corriente, eran absolutamente impotentes cuando estaban químicamente inactivos».

Mainly contact view	Mainly chemical view
A. Volta (1745-1827)	G. Fabbroni (1782-1822)
J.B. Biot (1774-1862)	G.F. Parrot (1767-1852)
R.J. Haüy (1743-1822)	W.H. Wollaston (1766-1828)
M. van Marum (1750-1837)	W. Nicholson (1753-1815)
H. Davy* (1778-1829)	W. Cruickshank (1745-1800)
L.W. Gilbert* (1769-1824)	A.C. Becquerel (1788-1878)
J.J. Berzelius* (1779-1848)	H.C. Ørsted (1777-1851)
M.H. Jacobi (1801-1874)	J.W. Ritter (1776-1810)
C. Matteucci (1811-1874)	M. Faraday (1791-1867)
G. Zamboni (1776-1847)	C.F. Schönbein (1799-1868)
C.H. Pfaff (1773-1852)	A. de la Rive (1801-1873)
G.F. Pohl (1788-1849)	W. Ritchie (?-1837)
S.G. Marianini (1790-1866)	C. Pouillet (1791-1868)
A. Bouchardat (1806-1886)	P.M. Roget (1779-1869)
G.T. Fechner (1801-1887)	W.R. Grove (1811-1896)
G.S. Ohm (1789-1854)	C.J. Karsten (1782-1853)
J.C. Poggendorff (1796-1877)	C.F. Mohr (1806-1879)
G.G. Schmidt (1768-1837)	

Científicos implicados en la controversia voltaica (1792 -1845) (con asterisco los que se pasaron a la opción química).

Planteada la controversia entre las explicaciones química o física, puede pensarse que los químicos estarían a favor de la primera y los físicos de la segunda, la tan aireada por Volta teoría del contacto. «Sin embargo, siguiendo a Kragh, eso sería interpretar demasiado laxamente el término 'químico'. Aunque la mayoría de los contactistas eran lo que se puede llamar físicos (con el peligro de entender el término de manera anacrónica), también hubo químicos que defendieron la teoría de Volta». Los más destacados protagonistas de la teoría química, Becquerel, de la Rive y Faraday, eran más físicos que químicos. En lo que respecta a Pfaff, probablemente se abstendría de clasificarse a sí mismo como físico o químico. Era químico, físico, médico, farmacéutico; en resumen, un filósofo natural o un erudito dentro de la tradición

Naturlehre (entiéndase como conocimiento o ciencia de la naturaleza). Recordemos que el movimiento ilustrado promovió las enseñanzas académicas de las disciplinas científicas, estructurando con criterios basados en la selección de contenidos y métodos, no siempre claramente delimitados, los estudios reglados —secundarios y universitarios— en materias (física, química, matemática, geometría, biología, geología...) desgajadas del amplio espectro abarcado por la filosofía natural. El paso de los gabinetes a las aulas, institucionalizando las «carreras», necesitó tiempo para ir acotándose, incluso para dotar de denominaciones significativas y diferenciadas la composición de los planes de estudio, desembocando finalmente en la pléyade de asignaturas que los fueron abarrotando en detrimento de una visión más global y próxima a la propia Naturaleza. Y lo que ha sido más nocivo: la proliferación de exámenes cuantificando los «saberes» fielmente reproducidos memorísticamente, ajenos al entendimiento y la comprensión en la mayoría de los casos.

Pfaff llegó a estar convencido de que en su libro (1837) sobre galvanismo-voltaismo había zanjado la polémica proclamando victorioso a su admirado Volta. Pero, como hemos visto, llegó a dudar ante la propuesta química de Faraday. Sin embargo, dándole vueltas a sus conclusiones, pensó que se había precipitado en valorar tan excesivamente la teoría química. Aunque los argumentos de Faraday demostraron ser importantes a largo plazo, en su momento no decidieron la controversia ni convirtieron a los teóricos del contacto a la causa de la teoría química. Del último trabajo de Pfaff sobre la pila, con 72 años, Kragh selecciona este párrafo: «Como un firme defensor de la teoría del contacto de Volta sobre la cadena galvánica, me encontré doblemente desafiado... a comprobar con la mayor imparcialidad las razones de Faraday... pronto me di cuenta de que Faraday, en su polémica contra las opiniones de Volta, no había hecho justicia al asunto, y que él mantuvo la teoría química con un comportamiento apasionado, esforzándose por asegurar su triunfo; por esta razón comencé a sospechar (y dudar) si todos los nuevos experimentos comunicados por Faraday eran correctos». El asunto parecía quedar en tablas.

No cabe duda de que Volta sabía que la acción de la pila estaba asociada con fenómenos químicos, pero «prefirió, asegura Kragh, no mencionarlos, probablemente porque temía que pudieran socavar su explicación del contacto puramente no químico». Le costaba trabajo dar su brazo a torcer, incluso a sabiendas de que partidarios suyos como Humphry Davy (1778-1829) habían cambiado de idea ante las evidencias mostradas por Fabbroni, alineándose con quienes consideraron la pila una «máquina química». La noción de la acción eléctrica generada por contacto entre metales se le atribuye en primicia (1789) al filósofo natural británico, *Fellow* de la Royal Society, Abraham Bennet (1749-1799), inventor del electroscopio de panes de oro (1786) que tanto tuvo que ver en la controversia Galvani-Volta. Sin embargo, fue Volta con su defensa a ultranza de la teoría del contacto quien la situó en el debate científico, sin disponer de una respuesta clara al papel desempeñado por el paño húmedo intermedio entre metales diferentes: pensaba que los metales podían atraer electricidad del agua o de otros líquidos interpuestos. Observó que los circuitos con un mismo metal y conductores húmedos interpuestos no funcionaban. Sin embargo, no estaba seguro si la fuerza motriz en la que radicaba la explicación de la pila se originaba por el contacto de dos metales diferentes o de un metal y una sustancia húmeda. En sus tanteos experimentales probó a producir corriente eléctrica con: dos conductores diferentes de primera clase (metales y algunos sólidos) y uno de segunda clase (líquidos o cuerpos humedecidos); dos conductores diferentes de segunda clase y uno de primera clase; y, por último, tres conductores diferentes de segunda clase para explicar el «circuito todo animal» en el que están implicados como conductores los nervios, los músculos y los fluidos animales. Kipnis llama a esta tercera combinación teoría del «contacto universal», para la que el contacto entre sustancias diferentes cualesquiera generaba corriente, es decir, se comportaban como electromotores; recordemos que así nombró Volta, inicialmente, a la pila.

«Eventualmente, escribe Kipnis, decidió que el contacto de dos metales era el electromotor más fuerte, el de un metal y un líquido era mucho más débil, y el de dos sustancias húmedas era aún más débil. La evidencia de esta opción provenía de los experimentos con la rana: los bimetales produjeron las contracciones más fuertes, un solo metal provocó solo contracciones leves, mientras que las convulsiones en los circuitos de "todo el animal" ocurrieron solo en ranas muy sensibles». Predomina la opinión entre los historiadores de que Volta no llegó a tener claro este asunto. Aunque la teoría del «contacto universal» explicaba los fenómenos galvánicos, «fue a costa de un alto precio: redujo drásticamente las capacidades heurísticas y demostrativas de la teoría», es decir, una teoría escasamente propicia para avanzar en descubrimientos e invenciones. Por ejemplo, la afirmación de Volta de que tres conductores cualesquiera de segunda clase creaban electricidad de contacto no se pudo verificar de forma independiente, salvo con el único experimento que la respaldaba, el «circuito todo animal», para el que Volta creó la hipótesis. En realidad, su hallazgo de que las contracciones producidas por conductores de segunda clase eran mucho más débiles que las de dos metales diferentes y un líquido abrió de nuevo la vía para reafirmarse en su teoría original de que las contracciones más débiles pueden resultar de la electricidad interna del animal, insignificante por no decir inexistente para él, mientras que las más fuertes provienen de electricidad externa, donde subyace su obsesiva insistencia en que no hay más que una clase de electricidad, aunque se daba cuenta de que no podía establecer completamente la existencia única de la electricidad de contacto si no eliminaba definitivamente la electricidad animal.

La pregunta que la pila suscitó en el propio Volta y sus contemporáneos seguía en el aire: ¿Quién podría ser capaz de explicar la misteriosa acción de la pila voltaica? Así comienza Juozas Al. Krikstopaitis su artículo «In the Wake of Volta's Challenge: The Electrolysis Theory of Theodor Grotthus, 1805» (*Nuova Voltiana*, 2005), del que tomo algunos apuntes: «En la interpretación del fenómeno de la electrólisis, Theodor Grotthus da una particular importancia a la pila de Volta. Para él, no era solo un generador de fenómenos galvánicos hasta ahora no bien entendidos, sino que también era un modelo de un sistema "electropolar" real que existía en la Naturaleza y que se manifestaba a través de este artefacto recién creado por la invención de Volta». Básicamente, su teoría se apoya en que «el proceso de descomposición del agua [la que impregna el elemento húmedo de la pila] y la transferencia de "acción" se producen a lo largo de líneas o cadenas que están formadas por moléculas». Por entonces no estaba claro el significado de «molécula», aunque era de uso frecuente aludiendo a «partículas». En el caso de Grotthus (1785-1822), está más próximo al posterior concepto de «ión». Así mismo, el recurso a las líneas, que no es la primera vez que aparece en estas explicaciones, empieza a estar próximo a las del campo eléctrico introducidas por Faraday, quien años más tarde estableció las leyes de la electrólisis. Tras el recorrido argumentando sobre el papel de la electrólisis en la producción de la corriente, termina: «Resumiendo todo lo dicho, quisiera llamar la atención del lector sobre lo siguiente: primero, el descubrimiento de Volta fue captado por los científicos como un desafío trascendental y se difundió rápida y ampliamente. Resonó incluso en los centros más remotos de la actividad intelectual europea; segundo, la batería de Volta exigió a los científicos dar explicaciones sobre la generación de electricidad galvánica y forzó el rechazo de los viejos modelos electrostáticos. Esto sentó las bases para la electroquímica y abrió el camino para el desarrollo de la electrodinámica».

Respecto a cómo afectaba el principio de conservación de la energía o de la fuerza a la toría sobre la pila, Max Le Blanc en «Les idées nouvelles sur la théorie des piles» (*Revue Genérale des Sciences Pures et Appliqués*, finales del xix, no dispongo de la fecha concreta) da una idea de cómo había de cambiar la situación, hasta cierto punto: «En aquella época no se había enunciado todavía el principio de conservación de la energía, y Volta ignoraba que la energía de una corriente eléctrica no se podía producir mas que a expensas de otra forma de energía. Creía todavía en la posibilidad del movimiento perpétuo y pensaba encontrar un sistema capaz de suministrar energía eléctrica indefinidamente sin desgastarse y sin ser realimentado. Pero, hacia la mitad del siglo, se enunció la ley de la coservación de la energía, y obligó a modificar la teoría de Volta. Las reacciones químicas que se producen entre los metales y el líquido, consideradas al principio como un fenómeno accesorio, fueron vistas en adelante como la fuente de la corriente: proporcionaban la energía necesaria para producirla». El médico y posteriormente fisico-matemático alemán Hermann Ludwig F. von Helmholtz (1821-1894), mejoró la formulación del principio de conservación de la energía —*Sobre el principio de conservación de la fuerza* (1847)— y midió la velocidad de los impulsos nerviosos en músculos de las ranas, entre las aportaciones que nos interesan. Sorprende, en opinión de Kuhn (1977) que «tanto Mayer como Helmholtz descuidaran la batería en sus explicaciones de las transformaciones de energía». En realidad, la aceptación de la ley de conservación de la energía no implicaba que la teoría química fuera aceptada por encima de la teoría del contacto, como había defendido Faraday muy contrario a esta teoría voltiana. La teoria de Volta enmascaraba la aceptación del *perpettuum mobile*, una ilusa concepción de imposible encaje en la ciencia física. Helmholtz no se puso explícitamente del lado de ninguna de las partes en la controversia que entró en una nebulosa decadencia hasta que se reaviva con la aparación en escena de otro grande de la física, el físico e ingeniero británico William Thomson, lord Kelvin (1824-1907). Los ecos de la controversia resonaron en el Congreso de Como y Pavía (1927): Arnold Sommerfeld basándose en la estadística de Fermi (Berzolari, 1993) aplicada al gas de electrones en el interior de un metal, es decir en un gas completamente «enrarecido», explicó el denominado «efecto Volta» —la diferencia entre los potenciales externos de dos metales puestos en contacto— dando el orden de magnitud correcto a que respondía este fenómeno. Lo que en absoluto podía interpretarse como un apartamiento de los efectos químicos, en la provisión de la energía necesaria para el mantenimiento de la corriente eléctrica.

Davy también participó de la indecisión o fluctuación entre teoría química o teoría de contacto. Llegó a creer que una teoría puramente química de la pila de Volta no funcionaría, que el «contacto» perturbador del equilibrio eléctrico era restaurado por la acción química. De manera que el efecto continuado de la corriente era debido a una reacción química, iniciada por el contacto entre metales y sustancias intermedias humedecidas. En definitiva, la solución salomónica que rodeó a la pila desde sus orígenes. En 1814, Davy viajó por Italia en compañía de su asistente Faraday. En Milán quedaron con Volta y se cuenta la anécdota (Knight, 1992) que habiéndose disfrazado el comasco para recibir a quien consideraba su gran discípulo en el campo de la electroquímica, quedó sorprendido al encontrarlo desaliñado con ropa de viaje. Según Knight, Faraday conoció del propio Volta la pila y su funcionamiento. A través de sus investigaciones, Faraday llegó a la conclusión que la electricidad de las tormentas, el «galvanismo» de las ancas de rana, las cargas estáticas almacenadas en botellas de Leyden, la corriente generada por una pila voltaica, la producida por un imán en movimiento cerca de un cable condutor, eran todas la misma: electricidad no hay más que una, según Volta había defendido desde sus comienzos en estas lides.

Ahora, fijémonos en un hecho notable señalado por Max Le Blanc, y es que, a pesar de la posible superioridad de la teoría química, «continuamos situando el origen de la fuerza electromotriz en el contacto de los dos metales». Una de cal y otra de arena. Parecía incontrovertible que cuando metales diferentes se ponen en contacto a través de un material húmedo, el desequilibrio entre sus diferentes capacidades de atracción (potencial) genera una fuerza «electromotriz» capaz de producir corriente eléctrica. El debate había revelado varios conflictos dentro de la teoría de Volta, aunque sus oponentes no siempre los aprovecharon, opina Kipnis (*Nuova Voltiana*, 2001). Uno fue que, según el procedimiento para estimar el «poder de la pila» —las descargas o las medidas con el electrómetro—, concluir si la elección de un líquido en la pila, entre varios, era o no relevante. Como en la electricidad estática, Volta tomó la desviación de un electrómetro para medir la «tensión» (o «intensidad» de la electricidad), que consideró una medida de la «fuerza electromotriz». Por otro lado, trató la fuerza de una descarga como una referencia de la «cantidad de electricidad» o, a veces, de la «velocidad de la electricidad». En otras palabras, un método para medir la diferencia de potencial; el otro, quizás, para estimar una corriente promedio. El otro conflicto afectaba a la repercusión en la fuerza electromotriz de las diferentes formas de uniones: metales solos, metales con intersecciones húmedas o solo líquidos. Hacia 1802, en pleno auge de popularidad del comasco, parece que pudo convencer a los «químicos» de que todas sus objeciones en realidad apoyaban su teoría, poniendo fin a la fase del debate en que estuvo involucrado Volta. «El consenso fue que la actividad química de los líquidos jugaba un papel importante en el funcionamiento de la pila, pero que era imposible probar si su papel produce electricidad debido a su reacción con los metales, o para reducir la conductividad de la pila», concluye Kipnis. Kragh, siguiendo al médico, físico y matemático británico Peter Mark Roget (1779-1869), autor de *Treatises on Electricity, Galvanism, Magnetism, and Electro-Magnetism* (London, 1932), contradice cualquier posibilidad de mantener la teoría del contacto: «Pero la fuerza electromotriz atribuida por Volta a los metales cuando están en contacto es una fuerza que, siempre que se permita el curso libre a la electricidad que pone en movimiento, nunca se gasta y continúa ejerciéndose con el mismo poder en la producción de un efecto interminable. Contra esta suposición, las probabilidades son casi infinitas». Rotundo porque la durabilidad de la corriente en la pila de Volta era efímera.

En cuanto a clarificar el significado de la fuerza electromotriz en la pila, nudo gordiano del conflicto, fue decisiva la intervención del maestro de escuela alemán, luego físico y matemático, Georg Simon Ohm (1789-1854) que establece las siguientes leyes tomadas de *Les piles élec-*

triques, Lucien Huard (colección «Le Livre pour Tous» editada en París por L. Boulanger):

1. Las fuerzas electromotrices son proporcionales a las tensiones electrostáticas.
2. La fuerza electromotriz de la pila es proporcional al número de elementos e independiente de sus dimensiones. La intensidad, al contrario, es independiente del número de elementos, pero se cree que es proporcional a sus dimensiones.
3. La intensidad eléctrica producida por una pila es proporcional a las fuerzas electromotrices y en razón inversa a las resistencias del circuito.

Hacia 1880, lord Kelvin, que entre otras muchas y transcendentales aportaciones contribuyó a sentar las bases de la termodinámica clásica, remueve la polémica. Los ingleses hasta entonces habían participado ligeramente en la controversia. La duda seguía latente, comenta Kragh: «¿El efecto Volta depende de la atmósfera que rodea las placas de metal, o depende solo del contacto? Por supuesto, la pregunta debía decidirse experimentalmente, pero los experimentos dieron resultados variables, fueron cuestionados o hubo otras razones que no permitieron dar una respuesta clara».

William Thomson con su esposa. 1892. En su nombramiento como lord Kelvin.

La cuestión central de la renovada controversia se plantea sobre la existencia o no de una fuerza electromotriz entre el metal y el aire. En «New proof of contact electricity», *Proceedings of the Literary and Philosophical Society of Manchester* (1862), Kelvin escribe: «Durante casi dos años he estado bastante seguro de que la explicación adecuada de la acción voltaica en el proceso voltaico común es algo muy cercano a Volta, que cayó en descrédito porque Volta o sus seguidores descuidaron el principio de la conservación de la fuerza». El experimento de Thomson confirmó (Kragh, 2000) la existencia de una fuerza voltaica zinc-cobre (es decir, una diferencia de potencial) y mostró que era casi igual a la fuerza electromotriz de una pila de Daniell. Esto sugirió que la fuerza de contacto era responsable de la generación de corriente en una pila y que no había una diferencia de potencial neta entre los metales y el líquido electrolítico. En Inglaterra, la teoría del contacto de Thomson fue aceptada como «una nueva ortodoxia», en palabras de S. Hong (1994).

Un ámbito que hay que mencionar es la confusión semántica que se fue arrastrando desde los comienzos del estudio de los fenómenos eléctricos. Kragh (*Nuova Voltiana*, 2003) en «A note on Terminology» hace algunos apuntes: «Una serie de cadenas o elementos galvánicos formaban una pila, que se veía como un aparato que producía un galvanismo mejorado. Aunque el término "galvanismo" originalmente se refería a la electricidad animal, después de aproximadamente 1796, y especialmente después de 1800, pasó a significar cada vez más fenómenos eléctricos asociados con circuitos de cadenas constituidas por metales diferentes y conductores humedecidos». Volta escribe (1802) a su incondicional Pfaff: «Me he interesado mucho (porque sirve a la ciencia para quitar y desterrar errores) en abolir la palabra galvanismo. El término electricidad metálica, que usted ha elegido, es el mismo que he adoptado durante mucho tiempo». Sin embargo, el propio Pfaff mantuvo la ambigüedad «galvanismo» y «voltaismo», indistintamente para designar los mismos procesos y los mismos efectos. La imprecisión semántica perdura hasta que en el último tercio del xix se formaliza la vieja ciencia eléctrica con la crucial aportación del electromagnetismo de Maxwell, dotando definitivamente de significado específico aquellas magnitudes tentativas integradas en expresiones matemáticas y sometidas a la disciplina predictiva exigida por el rigor científico. «Lo que muestra la historia de la electricidad de contacto es más bien que puede ser muy difícil llegar a un consenso cuando las cantidades involucradas son inestables y difíciles de medir. A partir de los años 1950, mejoraron las medidas y se pudo confiar en los resultados de la existencia de ese potencial de contacto junto con el fenómeno químico en litigio durante más de un siglo», concluye Kragh. Recientemente, Hasok Chang, del Departamento de Historia y Filosofía de la Ciencia de la Universidad de Cambridge, en «Dead or undead? The curious and untidy history of Volta's concept of contact potential», *Science in Context* (2021) vuelve sobre la controversia describiendo «cuatro focos implicados en su resurgimiento; pilas secas, termopares, electrómetros de cuadrante y fenómenos de vacío», en los que no entramos, pero aquí quedan como testimonio de que los viejos rockeros nunca mueren. Escribe en el *Abstract*: «Aunque la teoría original de la batería de Volta ha sido bastante rechazada y la mayoría de las discusiones en electroquímica de hoy en día casi nunca mencionan el potencial de contacto, el concepto reaparece repetidamente a través de los años, por lo que no se le puede dar por desaparecido completamente. ¿Por qué la muerte del potencial de contacto voltaico ha sido un asunto tan confuso? Sugiero que esto se debe a que el concepto ha sido significativo y útil en diversos contextos experimentales y teóricos, pero nunca ha alcanzado con éxito una descripción simple y unificada. Considerando esa situación, tendría sentido preservarlo y aplicarlo como un concepto múltiple».

Párrafo autógrafo del catedrático de Termología de la Universidad Central de Madrid y académico Julio Palacios Martínez (1891-1970), interesado por el vidrioso asunto del origen de la fuerza electromotriz en la pila de Volta, que él llama, como tantos otros, «elemento galvánico». Documento proporcionado por el Catedrático Emérito complutense Cristóbal Fernández Pineda. Con motivo del centenario (1949) de la Real Academia de Ciencias Exactas, Físicas y Naturales de Madrid, Palacios diserta sobre la *Revisión de los fundamentos de la electroquímica*, con ideas que amplía en *Théorie des piles galvaniques* (Centro de Estudos de Física. Universidade de Lisboa, 1950).

A partir de la difusión pública de la pila por Volta, proliferaron múltiples versiones de pilas porque es un dispositivo muy fácil de fabricar por expertos y profanos. Se dieron a conocer más de un centenar buscando la mejora de la producción de corriente eléctrica en cuanto a intensidad, voltaje y permanencia, creándose un espacio específico en torno a las baterías, más allá de la pila voltaica misma. En realidad, la de Volta apenas tuvo aplicación en su versión original debido a la escasa duración de la corriente que generaba. Incluso las noticias sobre la pila de Volta fueron escuetas: la primera conocida —*Morning Chronicle*, mayo 1800— le dedica 131 palabras; Nicholson en su *Journal* lo despacha con 144 palabras. Y el propio Volta tampoco fue mucho más allá de la información dada en la carta a Banks. Alfred Niaudet publica *Traité Élémentaire de la Pile Électrique* en 1878, con prontas reediciones, un inventario de las más conocidas, aportando detalles de cada una en cuanto a fuerza electromotriz, resistencia, cantidad de electricidad, polarización eléctrica, montajes diversos de varias pilas... Las clasifica en pilas de un líquido y dos líquidos: entre las primeras incluye las derivadas de la de Volta, como las de Cruikshanks, Wollaston, Muncke, las de ácido sulfúrico, otros ácidos, y líquidos no ácidos; entre las segundas, describe la pila de Daniell y sus múltiples derivaciones, la de Bunsen y ácidos variados, de óxidos como la de Leclanché, mezclas líquidas, de

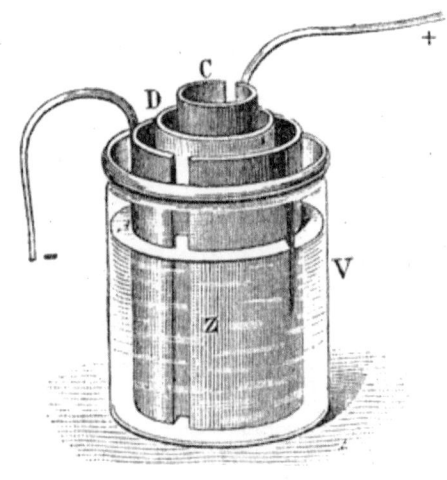

Dos buenos amigos: Daniell y Faraday, y la pila Daniell.

gases... Modificaciones que, en opinión de sus paisanos, nunca estuvieron por encima de la del «*cittadino*»: «Las simples modificaciones del electromotor [pila] de Volta por las que se distinguieron muchos físicos italianos y extranjeros, como un Zamboni, un Ritter, un Michelotti, un Novellucci, un Wollaston, no merecen tanta consideración como para que sean recordadas. ¿Qué más da? En la teoría de Volta ya estaban previstas y comprendidas, al igual que los posteriores descubrimientos de Schweiger, de Ymof y muchos otros, sin excluir a los del activísimo Becquerel», escribe Pietro Configliachi en el *Elogio Scientifico di Alessandro Volta*, con motivo de la inauguración del curso 1831-32 en la Universidad de Pavia y la instauración del monumento a Volta en el patio de la Universidad ticinense que sigue presidiendo.

Una de las variaciones de la pila de Volta muy difundida fue la ideada por el químico inglés John Frederick Daniell (1790-1845), miembro de la Royal Society a la temprana edad de 23 años. El reto era conseguir corriente eléctrica constante, intensa, duradera y económica, para poder aplicarla, en principio, a los procesos electroquímicos. La de Volta se polarizaba rápidamente, perdiendo intensidad debido a la alteración del líquido que empapaba el paño (ácido sulfúrico casi siempre), formando sulfato de zinc, y a la reducción de la superficie de la placa de cobre por la acumulación del hidrógeno producido en el proceso, dicho a grandes rasgos para referir inconvenientes de la pila originaria. Se trataba de conseguir pilas no polarizables. Y a esta intención respondían el centenar de las diseñadas inmediatamente a la dada a conocer por Volta. La de Daniell, calificada como reversible, constaba de dos metales diferentes, por lo general cobre y zinc, que eran los electrodos de la pila, introducidos cada uno en sendas disoluciones salinas del respectivo metal, separadas por un tabique poroso, como puede verse en la figura. El resultado era muy eficaz en cuanto a la producción constante de corriente eléctrica intensa. De ahí su difusión y aplicación no solo electroquímica; fue de uso casi exclusivo durante años, por ejemplo, en las líneas telegráficas españolas.

Otro episodio controvertido asociado con la pila voltaica es la posibilidad o no de las que llamaron «pilas secas», es decir, pilas que no contuvieran elementos húmedos de ningún tipo. Asunto que no ha despertado mucho interés entre los historiadores porque no es relevante en sí para la intención que se persiguió: decidir entre las teorías del contacto o de la acción química. Tuvo aplicación para otras cosas, pero ahí está y conviene echarle un vistazo. Willem Hackmann las ha tratado directamente en «The Enigma of Volta's Contact Tension and the Development of the Dry Pile» (*Nuova Votiana*, 2001), concluyendo que fue «inconclusa y ambigua», y sitúa así su origen:

> «La pila seca surgió del debate entre quienes atribuían el comportamiento eléctrico de la pila voltaica "húmeda" a la "tensión de contacto" (efecto Volta) o a la acción química. Un aspecto clave que popularizó la teoría del contacto fue que mantuvo la explicación de la pila en territorio conocido, es decir, en los términos de la electricidad estática de alta tensión de los fenómenos asociados con la máquina de fricción. En estos términos se buscaba la propiedad de la pila en el comportamiento de una botella de Leyden "perpetua", aunque la forma más pura de su explicación no sobrevivió por mucho tiempo. Las pruebas realizadas sobre la naturaleza de la electricidad producida por la pila voltaica fueron las que en el laboratorio trataron de establecer la identidad de los fenómenos electrostáticos.
>
> Esta "mentalidad" sobre el comportamiento eléctrico establecida a lo largo de más de cien años de rutinas de laboratorio estaba siendo desafiada por algunos de los fenómenos "peculiares" producidos por aquel nuevo dispositivo (la pila voltaica). Ciertamente, en lo que respecta a los defensores de la tensión de contacto, lo más aceptable sería desarrollar procesos de laboratorio que vincularan estas "nuevas" propiedades eléctricas con las asociadas con el "paquete" de propiedades que se habían establecido para la electricidad estática de alta tensión. De esta manera, podría argumentarse que hubo menos resistencia a aceptar una forma de hipótesis de tensión de contacto que una basada en la acción química, ya que esta última provenía de otro ámbito de la práctica de laboratorio. Con el tiempo, la acción química se asociaría más con los marcos explicativos que rodean la electricidad dinámica de baja tensión de la pila voltaica».

Entre 1800 y los años 30 de 1800 fueron ideadas numerosas pilas secas de alta tensión con el propósito de determinar el origen de la electricidad de la pila húmeda de Volta en apoyo a la teoría de contacto. Ostwald en su historia de la electroquímica afirma que la primera pila seca fue debida a Johann Wilhem Ritter (1776-1810) dada a conocer en una publicación prácticamente ignorada (*Riechsangeiger*, 1802) y que, curiosamente, en las décadas siguientes la pila seca era anunciada una y otra vez como un nuevo descubrimiento.

«Decidió continuar con su observación de que la pila voltaica continuaba exhibiendo el "efecto electroscópico" (la divergencia de las láminas de panes de oro) incluso después de que su conductor húmedo se hubiera secado casi por completo. Construyó una pila seca hecha con 600 piezas de zinc, cobre y piel de oveja que parecía estar libre de humedad. Esta pila cargó una botella de Leyden en el mismo grado que una pila húmeda del mismo tamaño, y la chispa y los golpes producidos por esta botella fueron de la misma intensidad. Las principales diferencias fueron que dicha pila tardó mucho más en cargar la botella. Y no mostró ninguna acción química para descargas de corta duración. Llegó a la conclusión de que era la humedad del cartón, el cuero o cualquier otra sustancia intermedia lo que hacía que la pila fuera eléctricamente activa, y que solo se requería un grado mínimo de humedad. La electricidad de esta pila obedecía a las mismas leyes que la electricidad producida por la máquina eléctrica».

Ritter se carteó con Volta por el que sentía gran admiración. La primera carta que le escribe desde Belvedere cerca de Weimar data del 17/7/1798; son 24 páginas escritas en alemán con caracteres góticos de difícil lectura. Forma parte del envío de la temprana obra de Ritter *Prueba de que un galvanismo constante acompaña el proceso de la vida en el reino animal* (Weimar, 1798) dedicada a «los grandes hombres F. A. von Humbolt y A. Volta». Además de sus opiniones sobre el experimento de Galvani que esquematiza como representa la figura, incluye una relación de metales, al igual que hiciera Volta años atrás, dispuesto según su «poder eléctrico y químico». Y asegura que sus experimentos «le han llevado a afirmar que en una cadena de conductores se producía la acción eléctrica aun sin la presencia de organismos animales», que respaldaba la teoría del contacto voltiana.

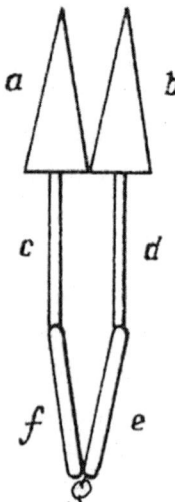

Esquema del experimento con las ranas: a y b, ancas de rana;
c y d, nervios; e y f, metales conectados en g.

Esta primera carta está considerada fundamental para conocer el
pensamiento científico de Ritter y la influencia que tuvo en el romanticismo tedesco. El profesor C. Grünanger de la Universidad de Milán,
encargado por la Comisión editora de la correspondencia voltiana de
transcribirla, resalta «el trabajo formativo del genial y joven autodidacta», con independencia de las incongruencias gramaticales y orto-
gráficas, la difícil lectura y el oscuro significado a veces por el uso de
una «particular forma idiomática». Contiene algunas coincidencias
con las ideas eléctricas de Volta, desconocidas entonces para Ritter, así
como la relevancia de las relaciones culturales entre Italia y Alemania:
«Es importante señalar cómo la positiva solidez y precisión del espíritu voltiano se refleja en un espíritu nórdico, dividido entre la intención, repetidamente reafirmada, de seguir escrupulosamente los datos
de la experiencia, y la tendencia romántica a 'construir' la Naturaleza,
como entonces hicieran quienes siguieron en parte los pasos de Ritter,
Novalis, Schelling, Baader y toda su escuela». «Si hay alguna persona
entre los románticos alemanes que pueda ser y de hecho fue considerada en su tiempo prototipo de un físico romántico, ese es Johann

Wilhelm Ritter», escribe Wetzels en el estudio sobre ciencia y romanticismo editado por Cunningham y Jardine (1990), aunque seguidamente apostilla que hablar de «físico» era todavía algo confuso e indefinido porque el propio Ritter abarcó espacios químicos, biológicos, sicológicos e incluso médicos. Lo cierto es que Volta se sintió identificado por aquella corriente y mantuvo en su trayectoria científica relaciones prioritarias con la ciencia y la cultura alemanas. Tiene interés, entre quienes se han ocupado de la confusa relación histórica ciencia/Romanticismo, enfrentándolos como antagónicos, el repaso documentado y clarificador publicado en *Llull* (2007) por Dolores Martín y Roberta Menéndez, «La objetividad en el Romanticismo». El empirismo imaginativo en J. H. Lambert y en J. W. Ritter».

En cuanto a la pila seca, hubo múltiples intentos, algunos como el de Dyckhoff, intercalando entre los discos de cobre y zinc pedacitos de vidrio verde con la intención de que solo hubiera entre los metales una fina capa de aire en lugar de una sustancia húmeda. Consiguió algún efecto electrostático, pero irrelevante para lo que pretendía: refutar la afirmación de Ritter de que una pila voltaica tenía que tener algo de humedad para que fuera eléctricamente activa. Y esta fue la realidad que se impuso a todos los intentos, aunque la primigenia humedad, empapando paños interpuestos, fue desapareciendo por el intercalado de sustancias líquidas o sólidas químicamente activas. Las pilas secas, en lo que como tales puede entenderse, debido a la polarización y continuidad de la corriente, fueron utilizadas para que, mediante las atracciones y repulsiones que sus polos provocaban en láminas metálicas, mantuvieran el movimiento pendular de los relojes.

Como balance de esta más confusión que controversia sobre la pila de Volta, propia de la génesis científica que implicaba, apuntamos la sencilla y sintética definición de la misma por Eduardo Alcobé en su *Curso de Física General* (1910), del que ya sabemos asistió a la celebración voltiana en el Congreso Internacional de Física de Como de 1927: «la pila voltaica es una máquina gracias a la cual la energía química se transforma en eléctrica: el agente productor de esta transformación es la fuerza electromotriz de contacto descubierta por Volta». Así lo estudiaron nuestros mayores y así lo hemos seguido estudiando muchos años después. Y así es como se ha acabado confirmando a lo largo del tiempo.

Paralelamente a la búsqueda de certezas teóricas a que se aspira desde las teorías científicas, pueden producirse consecuencias como productos, aparatos o ingenios derivados de la aplicación de aquellas teorías pendientes de corroboración. En el caso de Volta, que, como hemos ido viendo, anduvo entre pros y contras de cuanto pudo imaginar, pensar o idear en torno a sus invenciones y adaptaciones de otras existentes, la corriente eléctrica que por primera vez se produjo con su pila fue sorpresivamente fructífera: abrió camino a muchas otras formas de pilas o baterías, como acabamos de ver, y, sobre todo, propició progresos científicos, tecnológicos y sociales que cambiaron la vida de las gentes. Veamos algunos a continuación, para poner fin —en el último capítulo— a nuestra historia con el acercamiento a la inusitada repercusión de aquel invento voltiano, en cierto modo ocasional y no especialmente apreciado por su autor, en el devenir de la humanidad.

LA CORRIENTE ELÉCTRICA: IMPACTO SOCIAL Y APOTEOSIS DE LA FÍSICA NEWTONIANA

«Esto no fue una mejora [los avances en electricidad], fue una innovación, una apertura a una nueva forma de existencia. Con la electricidad dominada en sus múltiples formas y usos, el hombre adquirió un poder tan influyente en su vida diaria que la etapa a que contribuyó en su creación ha sido apropiadamente designada como la Era Eléctrica. La historia nos habla de grandes revoluciones políticas —las revoluciones americana, francesa o rusa—, pero ningún acontecimiento en toda la historia ha sido tan revolucionario en sus consecuencias como la introducción de la electricidad».

Así valora Bern Dibner la influencia de la electricidad en la evolución de la humanidad. Ya Napoleón, contemporáneo de Volta, lo había intuido y apoyado creando un premio de 60 000 francos «a quien contribuyera a la electricidad y el galvanismo, con sus experimentos y descubrimientos, a dar pasos comparables a los dados por Franklin y Volta en sus ciencias: siendo mi objetivo especial animar y fijar la atención de los físicos en esta parte de la física, que es, en mi opinión, el camino hacia los grandes descubrimientos». En 1866 el Senado francés aprobó un premio similar; en aquella primera convocatoria fue premiado el británico Humphry Davy, a pesar de que en aquel momento Francia e Inglaterra estaban en guerra, perdida por los galos.

«Si la historia fuera verdaderamente una disciplina racional que, por sí misma, se ocupara sistemáticamente de la relativa importancia de los eventos que elige registrar, creo que nos enseñaría que el acontecimiento más importante, el que tiene el impacto más visible y de mayor alcance en nuestra vida cotidiana actual, que ocurrió entre 1789 y 1815, puede no ser uno de los grandes dramas históricos tradicionales como la Revolución o el Imperio... El acontecimiento más importante de ese período es la invención de la pila galvánica y el descubrimiento de la corriente eléctrica por Volta en 1800», valoración hecha por Paul Valery (1871-1945), similar a la posterior de Dibner, citada por Bernard Pullman en la recopilación póstuma de la obra, *Vues*, del autor francés.

Por todo el mundo cundió como una buena nueva el reconocimiento de la trascendencia de la pila voltaica. Ya lo apuntamos en el caso de Albert Einstein en su efímera visita a Como, por citar a alguien de prestigio internacional y podemos decir que eterno. Por cualquier parte encontramos alabanzas no menos valiosas hechas por gentes menos conocidas. Al hilo de las palabras de Valery, son merecedoras de citarse las de José Casas Barbosa (1846-1896), telegrafista del Estado y periodista científico, autor de «Descripción del Teléfono, el Micrófono y el Fonógrafo» en la colección Biblioteca de las Maravillas (Barcelona, 1879): «Nacida, en efecto, la pila en el crepúsculo de la revolución francesa, recogió de la libertad desfallecida y ensangrentada que huía de la Francia, el bien más codiciado que podía legarle: la atención preferente y serena de los sabios... ellos, los hombres del saber, los pacíficos sacerdotes de la ciencia práctica y positiva conservaban en depósito el arca santa del progreso, y concentrando en sí toda la actividad, toda la esclarecida inteligencia que aquel vagido de libertad había despertado, la espoleaban en bien de la humanidad, a cuyo mejoramiento contribuían por los medios lentos pero eficacísimos del adelantamiento intelectual y material del hombre».

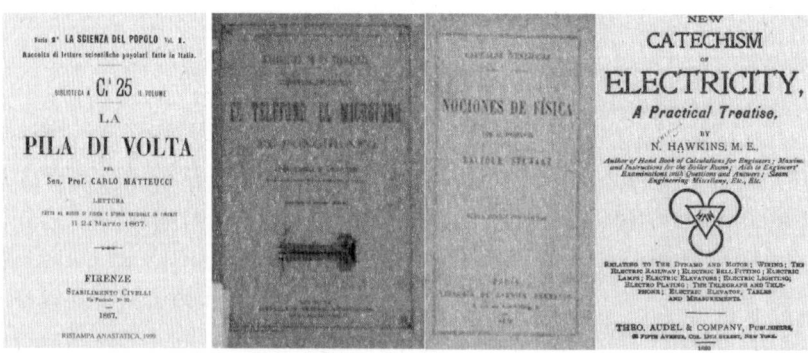

Balfour Stewart (1828-1887), profesor de Filosofía Natural en la Universidad de Edimburgo, de Mánchester después, investigador sobre las teorías mecánicas del calor, descubridor de la correlación entre las variaciones del campo magnético terrestre y las corrientes eléctricas atmosféricas, editó junto a T. H. Huxley (1825-1895) y H. E. Roscoe (1833-1915), miembros como él de la Royal Society londinense, las Cartillas Científicas —iniciadas en 1872— para la formación científica de la ciudadanía, respondiendo a los objetivos de la educación liberal durante el esplendor victoriano de la sociedad inglesa. Para más información sobre estas Cartillas —en el original inglés, *Science Primers*—, en particular sobre la de B. Stewart, puede consultarse la entrada sobre el alcazareño Juan Álvarez-Guerra (1842-1905) en el *Diccionario Ciencia y Técnica en Castilla-La Mancha*, que estuvo involucrado en la publicación de dicha cartilla en castellano para España y América. Publicaciones similares con la misma intención divulgadora, acercando la ciencia al pueblo llano, fueron los denominados Catecismos.

A lo largo del siglo XIX, desde el punto de vista estrictamente de la ciencia física, se producen hechos asociados con la corriente eléctrica y su correlación con los fenómenos magnéticos, así como la interpretación de la naturaleza de la luz vinculada a esa interrelación, que no podían explicarse aplicando los principios hasta entonces inamovibles de la física newtoniana, marco integrador de cuanta física era conocida. Se abre un nuevo y revolucionario horizonte que, finalmente, desembocaría a principios del siglo XX en las teorías de la relatividad y la mecánica cuántica. Einstein, junto con su discípulo en Princeton, Leopold Infeld (1898-1968), escriben en *The Evolution of Physics* (1939), traducido al castellano como *La Física, aventura del pensamiento* a partir de ese mismo año y con sucesivas ediciones: «En las teorías antiguas de los fluidos eléctricos, en las teorías corpuscular y ondulatoria de la luz, tenemos otras tantas tentativas de interpretación mecánica. Pero esta interpretación encuentra graves dificultades en el campo de los fenómenos ópticos y eléctricos... Las dificultades encontradas al tratar de resolver este problema son tan grandes, que no nos queda otro remedio que abandonar esa tentativa y, por lo tanto, abandonar la interpretación mecánica de la naturaleza». Veamos algunos detalles sobre cómo la electricidad ha cambiado la vida e influido en el pensamiento y los métodos de la investigación científica.

ELECTROQUÍMICA

Landriani escribe a Volta desde Viena (17/8/1800): «Hace unas semanas, le contaron al Prof. JACQUIN una interesante experiencia realizada por el Sr. NICHOLSON sobre la descomposición del agua hecha con su asombroso aparato de columna. Como esta experiencia se ha repetido aquí, y variado en muchos sentidos, tal vez sea importante para usted conocer los resultados, especialmente porque muy bien puede ser el caso que ignore lo que ha hecho el precitado NICHOLSON en Londres, ahora que las comunicaciones con Inglaterra se han vuelto tan difíciles» (Esta dificultad era debida a la guerra entablada entre Inglaterra y España, contando esta con el apoyo de Francia). A lo que Volta responde (22/9/1800) en una extensa y pormenorizada carta en la que incluye el precedente del voltámetro: «Le diré nuevamente (se refiere a una carta fechada en julio), que este fenómeno de calcinación —que en el lenguaje de la nueva Química debe decirse termoxidación— de metales en el agua, y descomposición de esta, en virtud de la corriente eléctrica movida y mantenida perpetuamente por mi aparato, no me resulta

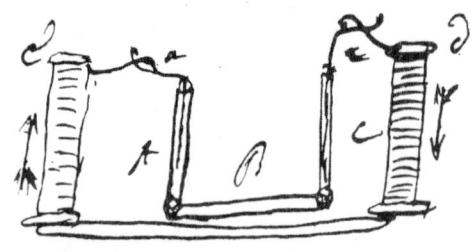

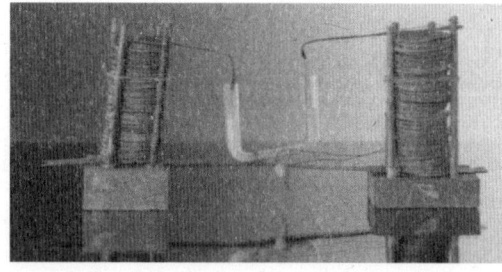

Precedente del voltámetro diseñado por Volta aplicando sendas pilas a la electrolisis del agua: en una parte el agua presenta carácter alcalino y en la otra acidez. Diseño contenido en la carta a Landriani y el construido por él conservado en el Museo de la Universidad de Pavía.

novedoso [Volta fecha la invención de su electromotor en diciembre de 1799]. Mis propias experiencias ya me habían presentado algo análogo, por no decir el mismo resultado, del que NICHOLSON no fue mucho más lejos». Le recuerda a Landriani que Nicholson hizo las referidas experiencias gracias a la pila que Volta envió a Banks junto a su célebre carta. Volta da cuenta de estos «fenómenos químicos maravillosos que ofrece mi aparato eléctrico» a su amigo Brugnatelli para que los recoja fielmente en sus Anales de Química, no dando por nuevo lo que él ya le había «comunicado cinco meses antes de viva voz». Le recuerda conversaciones sobre la descomposición de la sal común y otras sales disueltas en agua, la descomposición de esta y la termoxidación del zinc.

La oxidación metálica y el burbujeo producido por la acción eléctrica de la pila en disoluciones fueron los más inmediatos atractivos a dilucidar como efectos de la corriente eléctrica. Estos fueron los efectos observados, ya citados, por los británicos Nicholson, cuyo *Journal* desempeñó un valioso papel en la difusión de las teorías y controversias eléctricas de las que conocemos algunas, y Carlisle con la pila construida siguiendo las instrucciones de Volta. Sobre la descomposición del agua, eran conocidos los tanteos del físico y químico británico William Hyde Wollaston (1766-1828), usando terminales de punta muy fina sumergidas en agua activadas por una máquina eléctrica, pero sin llegar a detectar la identidad de las electricidades positiva y negativa y su correspondencia con los gases burbujeantes. Wollaston fue uno de los más destacados analistas de su tiempo; descubrió cómo obtener y trabajar con el platino y la existencia del paladio y el rodio que le proporcionaron un sustancioso enriquecimiento. En las sesiones científicas de Volta durante sus viajes europeos, y en particular cuando su celebrada estancia en París, encumbrado por Napoleón, hizo demostraciones de la aplicación de la pila a la descomposición del agua y conoció las realizadas por otros. El propio Emperador presenció, entre otros efectos mostrados por Volta, el burbujeo electrolítico del agua. Destacada fue la exhibida por el químico francés Guyton de Morveau en el Instituto Nacional de Francia el 25/10/1801, donde se reconoció públicamente la importancia y trascendencia futura del invento voltiano. Días después, invitado a casa de los Montgolfier, inventores del globo aerostático, comprobó el funcionamiento de una máquina ideada por ellos para analizar agua. No obstante, Volta no puso demasiado empeño en la aplicación de la pila a estos menesteres, ni consiguió tener una idea clara sobre la electrólisis del agua, salvo la apreciación de acidez y alcalinidad producida en los distintos polos. Así lo muestra la carta al canónigo Ángelo Bellani (1776-1852) escrita en Milán (30/4/1807) cuando la actividad científica de Volta ya había decaído considerablemente: «Por ahora le diré que BRUGNATELLI también está de acuerdo conmigo en que el punto más importante es determinar si los gases oxígeno e hidrógeno, que se producen por separado —uno alrededor del metal que está electrizado positivamente y el otro alrededor del que lo está negativamente—, provienen de una descomposición del agua producida simultáneamente en ambos lugares; o si la que envuelve al metal positivo proporciona oxígeno gaseoso, y deja que su otro ingrediente, el hidrógeno, sea transportado por el fluido eléctrico en el lugar del metal negativo: BRUGNATELLI está de acuerdo conmigo en que este es el primer y principal punto a decidir y nos proponemos emplear todos los medios para averiguar si ambas aguas se consumen por igual, tanto la que da hidrógeno como la que da el oxígeno, o si solo esta sufre una pérdida real, notablemente mayor que la otra». En realidad, Volta no tenía una idea segura sobre si el agua era un elemento simple o una sustancia compuesta, como era la creencia mantenida todavía en gran parte de los experimentadores y filósofos naturales de que el agua, el aire, la tierra y el fuego eran los elementos básicos de la Naturaleza. Doctrina ya sentenciada a desaparecer porque Lavoisier había publicado en el periódico del abate Rozier (diciembre de 1783), y poco después (mayo de 1784) en las *Memorias* de la Academia de Ciencias de París «Memoria que tiene por objeto demostrar que el agua no es una sustancia simple, un elemento propiamente dicho, sino que es susceptible de descomposición y de recomposición», apoyándose en sus propios experimentos y los previos de Priestley y Cavendish sobre los «aires» oxígeno e hidrógeno. Aldo Mieli cuenta —dudoso de su veracidad— que en 1785 Lavoisier y sus amigos, felices de este hallazgo, celebraron una fiesta en París dirigida por Mme. Lavoisier ataviada de sacerdotisa en la que se quemó la *Chemiae dogmaticae et experimentalis fundamenta* de Stahl, al compás de una ceremoniosa marcha fúnebre. La respuesta en Alemania, tomando aquel festejo como una ofensa nacional, fue quemar «con igual solemnidad» un retrato de Lavoisier. Recordemos que el médico y químico alemán Georg E. Stahl (1660-1734) fue el introductor de la teoría del flogisto para explicar el fenómeno de la combustión, eliminado por el descubrimiento de Lavoisier sobre el papel del oxígeno en dicho fenómeno. Puede que la afrenta no sea cierta, pero es verosímil teniendo en cuenta que entonces no se andaban con paños calientes cualquiera que fuese la ofensa.

La incipiente descomposición del agua en hidrógeno y oxígeno producida en los laboratorios británicos, sin precisar claramente la distinción en el burbujeo observado, llegó inmediatamente a Alemania, donde Ritter repitió el experimento con la «caja negra», califica Golinski a la pila voltaica, midiendo las cantidades relativas de los gases hidrógeno (eléctricamente positivo) y oxígeno (eléctricamente negativo) recogidos, respectivamente, en el cátodo y en el ánodo. Estas fueron sus conclusiones y además estableció la proporción aproximada entre ellos de 2.5 a 1, cercana a la 2:1 del H_2O. Pero tenía un dilema de difícil solución: «no podía aceptar el hecho de que el agua fuera un compuesto, aunque lo había demostrado con su experimento», escribe Wetzels, porque el romanticismo alemán —la *Natrurphilosophie*— movimiento antinewtoniano contra la hegemonía mecánico-matemática de la explicación de la Naturaleza, doctrina a la que se consideraba adscrito— mantenía el aire, el agua, la tierra y el fuego, los primitivos elementos básicos de la Naturaleza, como espíritus elementales en el discurso romántico. Siguiendo a Wetzels, salió del paso con una artificiosa conclusión: propone que el hidrógeno y el oxígeno resultantes de la electrólisis son consecuencia de un proceso de composición más que de descomposición en el que el agua era, en cierto modo, galvanizada para combinarse con las dos electricidades (positiva y negativa) generadas por los electrodos. Así satisfacía otro de los principios románticos: la creencia en la polaridad, en un dualismo fundamental inherente en la Naturaleza.

Sir Edward Thorpe (1845-1925), en su *History of Chemistry* (1924), analiza los pormenores de los orígenes de la electroquímica, en particular esa pronta aplicación electrolítica de la pila que, como dice, causó «una gran sensación en su tiempo, principalmente por el método extraordinario con que fue realizada». Una forma original de encarar la investigación natural estaba surgiendo a partir de la pila voltaica. Tras las aportaciones inglesas apuntadas, destacó la labor de Humphry Davy aplicando el nuevo instrumento al análisis de los álcalis y las tierras alcalinas, conducente a descubrimientos de gran trascendencia

Bateria de pilas construida en la Royal Institution bajo la dirección de Davy en 1813. Se llegó a construir alguna compuesta por 2000 elementos.

Instrumental utilizado por Davy para la electrólisis del agua, incluida la pila de Volta.

para la identificación de sustancias simples y compuestas que en próximos tiempos propiciaron la gran síntesis de la tabla periódica por el químico ruso Dimitri Mendeléiev (1834-1907). Sobre las aportaciones de Volta en el ámbito electroquímico poco consideradas en la historiografía voltiana, Pietro Pedeferri, en recientes estudios, aduce cuestiones de prioridad en las que no entraremos, pero sí conviene anotarlas: la protección catódica, una manera de evitar la oxidación de los electrodos, atribuida a Davy en 1824, ya estuvo formulada por Volta en 1802 como efecto de la corrosión de los metales en soluciones electrolíticas; otra, relacionada con procesos de estequiometría química atribuidos a Faraday en 1833, de los que Volta se ocupó en 1802, como consta en carta a su interlocutor preferido, Martinus van Marum; una tercera, sobre la eficacia electromotriz del manganeso. De estas cuestiones se ocupa Lucio Fregonese en «Gli Studio recenti sulla chimica di Alessandro Volta» (*Nuova Voltiana*, 2003).

Davy, de quien ya conocemos su encuentro con Volta en Milán en su «viaje literario» acompañado por su, entonces, asistente Faraday, se consideraba a sí mismo un héroe de la ciencia, el Newton de su tiempo. Destacó en Inglaterra como un reconocido representante de la doctrina romántica de la ciencia: «Davy fue un romántico desde su nacimiento hasta su muerte... su carrera y la presentación que hace de sí mismo están determinadas por su aceptación de la idea romántica del genio», escribe Lawrence (1990). Davy publica «Experiments of Galvanic Electricity» en el *Journal* de Nicholson (1800), un artículo concluyente sobre su visión de la pila: «Parece que la pila galvánica de Volta actúa solo cuando la sustancia conductora entre las placas es capaz de oxidar el zinc; y que en proporción a la mayor cantidad de oxígeno que entra en su combinación con el zinc en un tiempo dado es el poder de la pila para descomponer el agua y producir un mayor efecto. Parece, por lo tanto, razonable concluir, aunque con nuestra presente cantidad de hechos no podemos explicar el modo exacto de la operación, que la oxidación del zinc en la pila, y los cambios químicos relacionados con ella, son de alguna manera la causa de los efectos eléctricos que produce». En 1806, Davy presentó en las *Bakerian Lecture* de la Royal Society, de la que fue presidente entre 1820 y 1827, sus conclusiones sobre la electrólisis del agua desde el punto de vista dualista, la polaridad de que hemos hablado como básica en el movimiento romántico. También los hizo en sus habituales lecciones en la Royal Institution, a la que dio una dimensión internacional más allá del provincianismo londinense. «En el dualismo, los elementos químicos se consideraban eléctricamente positivos o negativos: se combinaban para formar productos neutros, que podían polarizarse y descomponerse mediante una corriente eléctrica», explica David M. Knight en la biografía de H. Davy en el *Dictionary of Scientific Biography* (1970-1980), dirigido por Charles C. Gilliespie.

Los avances electroquímicos propiciaron admitir un «punto de vista común», cita Johann H.J. Müller en su *Tratado de Física y Meteorología* (1845) respecto al recurrente debate entre las teorías del contacto y de la acción química. Así lo describe: «De acuerdo con la teoría electroquímica, la corriente eléctrica es el resultado del equilibrio químico interrumpido, mientras que en la teoría del contacto es el resultado del equilibrio eléctrico interrumpido. De aquí que la diferencia esencial entre ambas teorías se reduzca solo a una forma de expresión. Sin embargo, la diferencia no es insignificante, porque le dio a la teoría del contacto una preferencia para describir con facilidad tanto los fenómenos electrostáticos como la corriente en los circuitos hidroeléctricos».

La dedicación a la química no solo condujo a Davy a un mejor conocimiento de la Naturaleza, sino también a reconocer que proporciona poder sobre ella, que a su vez conduce a poder transformar la sociedad. Las transformaciones sociales que Davy imaginó que podrían producir las ciencias estaban relacionadas con la mejora de bienestar material sin que esto pudiera suponer un reordenamiento de la sociedad. Admitía que «la división desigual de la propiedad y del trabajo, la diferencia de rango y condición entre la humanidad, son las fuentes del poder en la vida civilizada, sus causas motrices e incluso su alma misma», destaca Lawrence en los comentarios sobre la lectura y opiniones de Davy a la corrección de *Lyrical Ballads* que le había pedido el poeta romántico inglés Samuel T. Coleridge (1772-1834) escritas con William Wordsworth (1770-1850), sabedores de las dotes poéticas —fue prolífico autor de poemas— y conciencia social de Davy.

Davy mantuvo estrechas relaciones con industriales, empresarios y comerciantes ingleses que, junto con hombres de ciencia, constituyeron la Sociedad Lunar de Birmingham. Entre ellos James Watt y Matthew Boulton, con quienes también estuvo Volta durante su paso por Inglaterra y conoció la máquina de vapor de su invención. En este ámbito, tanto entre las economías sobresalientes como entre las clases populares, adquirió un reconocimiento inusitado en un científico, alcanzando la categoría de «genio», «héroe», «figura pública», «gran hombre», que fueron denominaciones usadas por él sobre sí mismo, consciente de la fama adquirida. Con la pila y los procesos electrolíticos consiguió sustancias desconocidas hasta entonces; la aplicación de la química a la agricultura fue una novedad muy bien recibida, y, especialmente, la ideación, construcción y difusión de la lámpara minera para evitar las frecuentes explosiones de bolsas gaseosas en contacto con la llama de las velas que iluminaban las galerías, reduciendo la siniestralidad en las minas, fueron aportaciones al bienestar social justificativas de la fama que gozó.

Otro aspecto que pronto despertó interés en la aplicación de la pila fue la iluminación y su posterior empleo en el alumbrado público a la vista de la incandescencia producida por la corriente eléctrica en los metales, desprendiendo calor y alumbrando en la inmediatez del proceso. Volta se interesó por el alumbrado que se utilizaba en las ciudades europeas que visitaba y le llamaba la atención, como consta en los diarios de Brugnatelli, las lámparas y linternas de aceite que solían utilizarse en las fábricas, pero no hay ninguna referencia a que pudiera pensar en la pila como agente productor de iluminación. Parece ser que el primer paso en este sentido fue el arco voltaico debido a Davy, alimentado por varias pilas dispuestas en batería. Escribe Ganot: «La pila es, después del Sol, el origen de luz más intenso que se conoce, manifestándose sus efectos luminosos por medio de chispas, por la incandescencia de las sustancias que reúnen los dos polos y por el arco voltaico», que describe así: «Puestos en contacto los dos carbones [situados en los extremos de sendos polos], pasa la corriente y los pone al punto incandescentes; si en este estado se los separa, se produce de uno a otro un arco luminoso sumamente deslumbrante, llamado arco voltaico». Luego vinieron, y siguen sucediéndose, los múltiples y diversos procedimientos de iluminación que forman parte de los cambios de vida inducidos por la primigenia pila de Volta. Lawrence (1990) afirma que «La lámpara [la de Davy] bien podría utilizarse para simbolizar la nueva red de relaciones sociales que se generó durante la Revolución Industrial [la asociada con la máquina de vapor]». Lamentablemente, pagó un caro peaje por su discurrir entre sustancias que, algunas, resultaron nocivas para su salud. Contrajo una parcial invalidez a los 33 años, aunque murió a los 51 en plena decadencia física.

Hay quienes, por la admiración hacia ambos, dicen que el «descubrimiento» más destacable de Davy fue Michael Faraday, quien, como sabemos, a sus 23 años conoció a Volta con 70 en Milán acompañando a Davy en su viaje por Europa. Davy proporcionó a Faraday en 1813 el puesto de preparador científico en la Royal Institution con un sueldo de 25 chelines semanales, manutención y vivienda en los altos del edificio que ocupó de por vida. El salario medio semanal de un obrero textil era de 4 chelines y 6 peniques; el de los agricultores solteros oscilaba entre 3 y 8 chelines, para los casados algo más; medio kilo de trigo, unos 20 chelines. El británico J. G. Crowther (1899-1983), historiador de la ciencia y uno de los creadores del periodismo científico, afirma: «Faraday fue el físico más grande del siglo XIX, y el mejor de los investigadores experimentales del mundo. Pertenece al pequeño grupo de los científicos máximos que incluye a Arquímedes, Galileo, Newton, Lavoisier y Darwin. Einstein ha dicho que la historia de la física contiene dos parejas de igual magnitud: Galileo y Newton, Faraday y Maxwell». Hijo de un herrero perteneciente a la reducida secta de los sandemanianos,

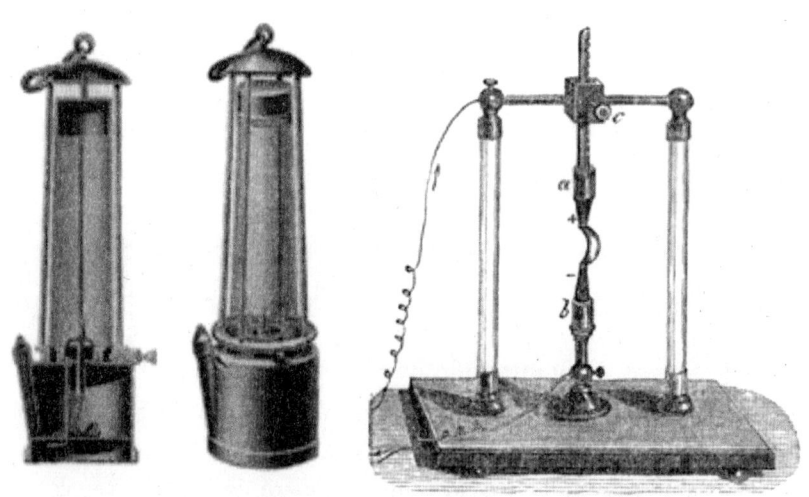

Lámpara de los mineros y arco voltaico, algo exagerado como una media luna, entre los polos de carbón + y - del montaje activado por una pila.

aprendió el oficio de encuadernador, que casualmente fue el motivo de su encuentro con Davy, del que recibió la invitación a integrarse en la Royal Institution, donde desarrolló su brillante carrera científica. Fue persona retraída, de poco trato social incluso entre la comunidad científica, afectado de dolencias que le obligaban a interrupciones en su trabajo. Hay quienes comparan en conducta y salud a Faraday con las de Newton. De la destacada influencia de su inclinación religiosa en su vida y en su obra y de su relación con la ciencia eléctrica y el progreso social se ocupa detenidamente G. Cantor en *Michael Faraday. Sandemanian and Scientist* (1991). Habiendo sido Davy quien realmente le abrió las puertas de la ciencia, el carácter vanidoso y soberbio que su mentor mantuvo de por vida acabó desembocando en celos indisimulados contra Faraday, hasta el punto que, siendo Davy presidente de la Royal Society, algunos miembros propusieron la incorporación de Faraday a la que Davy se opuso rotundamente. No obstante, Faraday fue admitido en 1824 con una única «bolilla negra», escribe Crowther, en su contra. ¿De quién podría ser? Davy todavía presidía aquella institución. Con el tiempo, Faraday fue propuesto en varias ocasiones como presidente, pero siempre rehusó el nombramiento.

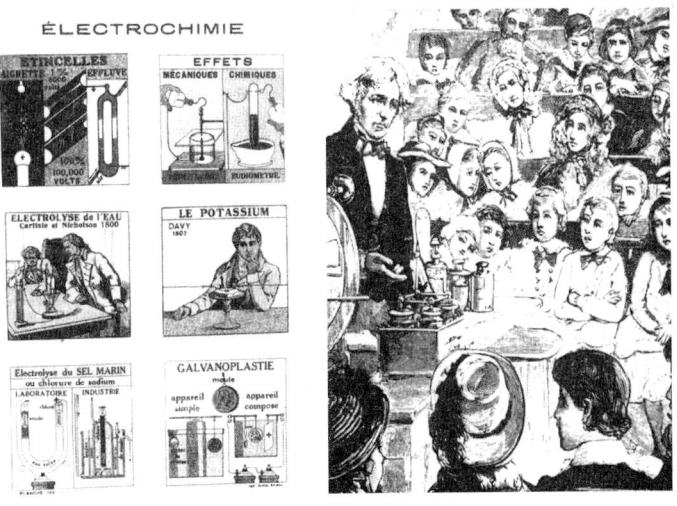

Aplicaciones electroquímicas y lecciones de Faraday para jóvenes en la Royal Institution; sobre la mesa, aparatos eléctricos, electróforos y baterías.

Faraday publica en Londres (1839) *Experimental Researches in Electricity, 1831-1838*, donde expone sus primeras aportaciones a la ya bastante avanzada ciencia eléctrica. Entre sus aportaciones incluye las leyes básicas y cuantitativas de la electroquímica, que pueden resumirse en que la cantidad de electrolito descompuesta es proporcional a la intensidad de la corriente y al tiempo, es decir, a la cantidad de electricidad que circula en la cuba electrolítica procedente de la pila, y que las masas de distintas sustancias depositadas en los electrodos por la misma cantidad de electricidad son proporcionales a los respectivos equivalentes químicos (cantidad de gramos que se combina con 8 gramos de oxígeno) de esas sustancias. En esta publicación aparecen términos novedosos, como electrólisis, electrodo, ánodo, cátodo, ión, entre otros.

DE DOLENCIAS Y TERAPIAS ORGÁNICAS A LA NEUROCIENCIA

«Desde la invención de la máquina eléctrica se había pensado en darle un lugar en el santuario de Esculapio [nombre romano de Asclepio, dios de la medicina venerado por los griegos. El santuario de Asclepio en Epidauro fue declarado Patrimonio de la Humanidad en 1988] y experimentar hasta qué punto podía ser beneficiosa para la humanidad. Se había aplicado con feliz resultado en varias enfermedades, especialmente en la asfixia, la parálisis, la supresión de la regla menstrual, la eflorescencia de la piel, en obstrucciones de todas clases como las sorderas por taponamiento del órgano acústico y en las inflamaciones causadas por deficiente circulación sanguínea; y como la electricidad era un poderoso estímulo y un enérgico disolvente, podía intentarse no sin esperanza de próspero éxito en todos los casos patológicos, en los que era necesario dar movimiento y vigor a los sólidos, para acelerar el curso de los fluidos, para diluir los coágulos y hacerlos más lubrificantes y fluentes. Después de la invención del electromotor [la pila] este ocupó el lugar de la máquina eléctrica y su virtud se demostró en muchos casos de enfermedades».

El párrafo corresponde a la primigenia biografía de Volta publicada en 1829 por Tommaso Bianchi, de la que en su momento hicimos los pertinentes comentarios. El capítulo VIII, «Rapporti Della Pila colla Fisiologia, Patologia, e Terapeutica», está dedicado al posible aprovechamiento de la pila en la medicina y la salud pública. Una influencia en aquel momento —está escrita recién fallecido el célebre comasco— muy incipiente y de escasa repercusión, pero con la visión de su proyección para tiempos venideros por analogía con la evolución de otros logros científicos. Y así lo justifica: «Sería defraudar demasiado los merecidos elogios de la Pila Voltiana no mencionar cuánto papel tuvo en las áreas fisiológica, patológica y terapéutica; hemos dedicado este capítulo a este propósito, aunque tal vez la amplitud del asunto requiera más de uno».

Expone algunos hechos que llamaban la atención, y sobre todo las conclusiones, como el caso de varias personas colocadas en círculo al que se aplicaba la corriente de la pila y sucedía que, quitando y volviendo a poner alguna persona en la cadena, interrumpían la transmisión de la descarga. Preguntándose si la propiedad aislante de algunas personas tuviera que ver con posibles afecciones reumáticas, «enfermedad tan incómoda y tan común». Concluyendo que estas pudieran combatirse por medio de las pilas, de la que proclama «milagros de curación» a la vez que advierte de algunas corruptelas: «devolvieron el oído a los sordos, y la vista a los ciegos: solo faltaba decir que se había devuelto la vida a los muertos… creo [contradiciendo a los negacionistas de la medicina] que en medicina lo cierto es poco, lo probable algo, la duda mucho y máximo lo desconocido. Es cierto que, por el interés y el afán de gloria, se ha vendido lo que no es y, junto al lecho de los pacientes, es fácil ganarse la fe con una simple apariencia, porque el hombre es siempre crédulo para lo que quiere y espera. Volta no necesita mentiras para elogios: la adulación científica es tanto más reprobable cuanto menos necesaria; pero sin hacer milagrosa a la pila, la alabaremos por ser útil y beneficiosa en el tratamiento de diversas enfermedades. Ayudó a un infeliz melancólico en el hospital de los locos de Bolonia: Brugnatelli cuenta que el paciente, a cada sobresalto [supongo que por aplicación de las descargas], se le transformaba la cara con un humor más alegre, y que una sonrisa sonrojaba sus mejillas, descompuestas por las inclemencias de la enfermedad». Y continúa relatando otros sucedidos para terminar el capítulo con esta aleccionadora reflexión:

«Tal vez parecerá que soy alguien que alimenta su mente con ilusiones y proyectos, y parecerá que construyo castillos en el aire con la misma facilidad que las hadas y los magos de Ludovico [Ariosto] y Torcuato [Tasso]. Pero, ¿quién podría reprocharme que espero demasiado de los poderes humanos? ¿Quién, habiendo presenciado a Otto [Guerike], [Francis] Hauksbee, [William] Gilbert, cuando con tan improbables resultados en el esfuerzo de la observación buscaban esas menudencias eléctricas en la excitación del vidrio y en el azufre, no les parecerían niños peleándose por atrapar inútilmente la fuente luminosa de una luciérnaga revoloteando? Pero de aquellos comienzos hemos llegado a la Pila: ¿por qué vamos a creer que esta sea la meta? ¿La máquina eléctrica cerró el paso a la botella de Leyden? ¿Los cuadros de Franklin impidieron la pila? ¿O más bien cada uno era la pista para el siguiente descubrimiento? Parece ser que el punto donde termina un hallazgo determina el punto donde otro comienza: a los Franklin les sucedieron los Volta... La especie puede hacer más de lo que sabe: cada cual transporta esa carga que sus hombros pueden llevar, y así la obra se elevará hacia el cielo sólida y sublime. Ya lo dije: ¿perfección humana? Un sueño. Perfectibilidad humana, un camino cuyo fin no conozco, pero por el que también transito».

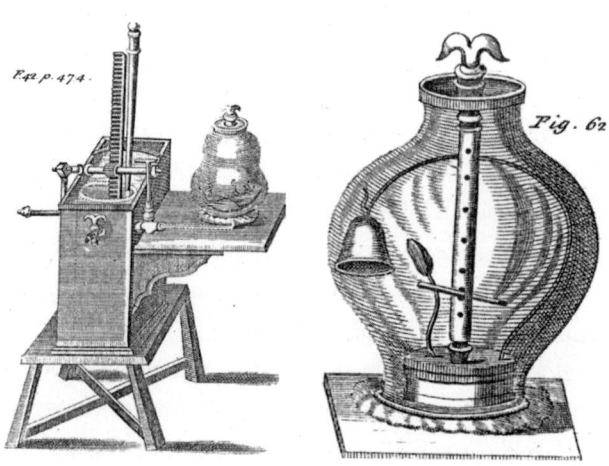

Ilustraciones de *Experimentorum Novorum Physico-Mechanicorum* (1682) de Robert Boyle sometiendo al vacío una rata, una planta y verificando si había o no propagación del sonido.

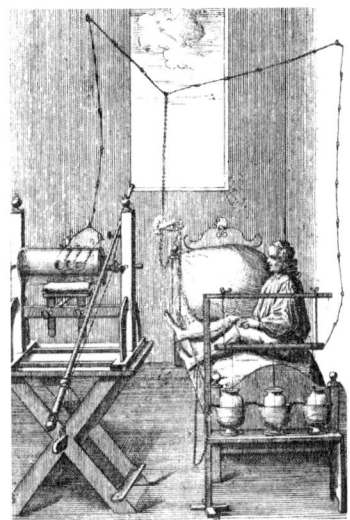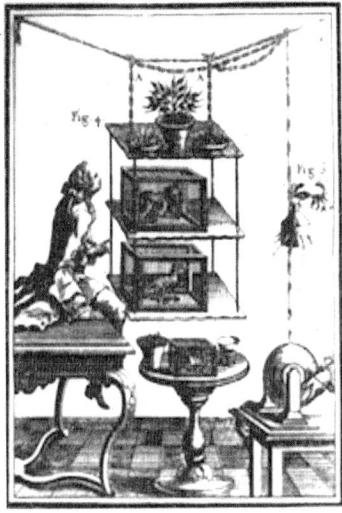

Paralítico tratado con una máquina eléctrica y Nollet
sometiendo animales y plantas a descargas eléctricas.

El hallazgo de fenómenos peculiares y novedosos siempre despertó curiosidad por sus posibles efectos en personas, animales y plantas. Ahí tenemos un ejemplo ilustrado de cómo el filósofo natural anglo-irlandés Robert Boyle (1627-1691) se interesó por conocer la influencia del vacío en animales, plantas y otros hechos como la propagación o no del sonido.

En relación con la electricidad que nos ocupa, especialmente en cuanto a su poder sanador, se sitúan los comienzos a partir del descubrimiento de la botella de Leyden, siendo el abate Nollet uno de los más conocidos aplicadores de estos procedimientos, como manifiesta en su *Ensayo sobre la electricidad de los cuerpos*, traducida (Madrid, 1747) por el físico Joseph Vázquez Morales (1747- ¿?) que añade, de su autoría, una *Historia de la electricidad*. A estos asuntos está dedicada la tesis doctoral defendida en la Universidad de León (2011) por Ana Felicitas López Rodríguez, *Historia de la electroterapia en España durante el siglo XIX: la obra Electroterapéutica de Eduardo Bertrán Rubio*. Y específicamente centrada en los cultivos, la tesis para el grado de doctor en Ingeniería Ambiental, *Evaluación de la aplicación de un campo eléctrico para la estimulación de la germinación y desarrollo de las plantas con metabolismos C3, C4 y CAM empleando un arreglo de electrodos 1D y 2D*, presentada en 2018 por Gustavo Acosta Santoyo en el Centro de Investigación y Desarrollo Tecnológico en Electroquímica en Santiago de Querétaro.

Vázquez Morales, en la dedicatoria de su traducción del Nollet a la Real Academia Médica Matritense, escribe: «De esta naturaleza es el pensamiento [a la Ilustración se refiere] de algunos Españoles y Estrageros, que observando, que la materia sutilísima de la electricidad penetra todos los sólidos, y líquidos, del cuerpo humano, y se desea ver por todas sus partes en forma de luz, y de fuego han llegado unos à imaginar, si la Electricidad comunicada à los hombres podrá ser dañosa à la salud, ò servir de remedio en las Enfermedades, en que se suponen los sólidos floxos, ù obstruìdos, como en las Perlesías [disminución del movimiento de partes del cuerpo] y Estupores [disminución de la actividad de las funciones intelectuales], mientras otros han tenido el laudable atrevimiento de ponerlo en execuciòn».

Durante su estancia en París para presentar ante el «gran cónsul» la pila, Volta también lo hizo en el Instituto Nacional de Medicina, donde había un fundado interés por conocer aquel aparato que iba mucho más allá de los chispazos, descargas y calambres, cualquiera que fuera su intensidad, pensando en la utilidad terapéutica de la producción continua y duradera de corriente eléctrica. En *Manuel de galvanisme* de Izarn, se lee: «El anuncio de la pila de Volta se leyó también en el Instituto de Medicina, por Etienne Gaspard Robertson, un aficionado que entre-

Pila de Bunsen. Conjunto de pilas formando una batería para producir corrientes de alta intensidad utilizadas en diversas terapias.

mezclaba apariciones de 'espíritus' y de experimentos físicos. En esta misma institución se presentaría también por Bertránd Pelletier, aunque no conseguiría ninguna difusión. En este instituto sería el primer lugar importante donde se utilizó la pila de Volta para una serie de experimentos relacionados con 'el arte de curar', tal y como lo denominaron. En especial, Hallé comparó el efecto terapéutico de la pila con la botella de Leiden. En esta institución se llegaron a recoger más de seis mil observaciones relacionadas con la electricidad». Obvio referirme a Aldini sobre su machacona propaganda de las bondades curativas del galvanismo, rayanas en la resurrección, sobradamente tratadas en su momento.

El físico italiano Carlo Matteucci (1811-1868), formado en la Escuela Politécnica de París, que junto con el médico alemán Emil du Bois-Reymond (1818-1896) están considerados como iniciadores de la electrofisiología, escribe en *Lezioni sui fenomeni fisico-chimici dei corpi viventi* (1844): «Se principiará siempre empleando una corriente muy débil. Esta precaución me parece hoy más importante, desde que he visto un paralítico atacado de convulsiones verdaderamente titánicas, por la acción de una corriente producida por un solo elemento. Procúrese no prolongar jamás su paso, sobre todo si la corriente es enérgica. Aplíquese la corriente interrumpida [alterna] mejor que la continua; pero se darán algunos momentos de descanso al paciente antes de veinte, o a lo sumo de treinta sacudidas». Eduardo Alcobé en el Discuros inaugural del año académico 1914-1918 en la Universidad de Barcelona, *Intervención de la Termodinámica en la Biología*, afín todavía a la terminología de la superada Energética que vimos en Ostwald y Carracido, refiriéndose a las investigaciones físico-biológicas de Matteucci comenta cómo se servía también de las ranas a las que aplicaba débiles corrientes eléctricas concluyendo: «la contracción da siempre lugar a una mayor combustión en las fibras musculares, de suerte que estas se oxidan durante la contracción; y si se tiene habilidad para realizar determinaciones cuantitativas, se halla que el exceso de combustión del músculo en actividad sobre el músculo en reposo, equivale, próximamente, al valor del trabajo ejecutado por dicho músculo, a tenor del principio del equivalente mecánico del calor». Asimismo, otros investigadores como Béclard, Dupy, Heindenhain, utilizaron «las ranas como sujeto de sus experimentos», llegando a afirmar que desde el punto de vista termodinámico «el animal es el motor más perfecto».

En los comienzos de estas «terapias» hubo intrusismo, charlatanes, ilusionistas, curanderos, magos, suplantadores, todos de quienes estaban capacitados, que eran pocos por las precarias medidas fiables que se disponía para el uso terapéutico correcto de los instrumentos eléctricos que empezaron a abundar en el mercado. El *Tratado elemental de física experimental y aplicada* de Ganot dio cuenta de estas prácticas y precauciones recomendables desde su primera edición francesa (1852) en la «letra pequeña», como decíamos antes para los añadidos de ampliación a pie de página, en el capítulo «Electricidad animal: aplicaciones de la electricidad a la Terapéutica».

De la filosofía romántica, escribe Wetzels: «La sublevación contra la tiranía del newtonianismo no era un rechazo a la ciencia natural como tal; en realidad, suponía un reto al punto de vista mecánico que implicaba la física de Newton. Una forma 'superior' de física en la que la metáfora del universo no era un reloj cósmico, sino un organismo cósmico que constituye la base esencial del credo romántico... Una 'Nueva Mitología' compuesta por el panteísmo de Spinoza, las mitologías griega y oriental y una nueva física». Principios que llevaron a considerar la naturaleza representada como un todo unificado en el que estaban integrados los «mundos» orgánico e inorgánico, donde la unificación de las fuerzas físicas, de las que tratamos en relación con los

Cadena galvánica del físico polaco Isaac Lewis Pulvermacher (1815-1874), afincado en Inglaterra, para producir fuertes sacudidas eléctricas. Sus invenciones más relevantes estuvieron relacionadas con el telégrafo eléctrico. Anotaciones de Ritter de las pruebas sobre sí mismo. *Review of Polarography* (2008).

fluidos imponderables, adquiría un papel protagonista propiciado por los fenómenos galvánicos que se integraban, para bien y para mal, tanto los procesos como los instrumentos, en la vida natural de animales y plantas. Y en ese gigantesco organismo, cada cual, seres, pensamientos e invenciones, estaba destinado a desempeñar su propia función.

Ritter hizo algunas observaciones a la publicación de Humboldt *Experiments about the Irritated Fibres of Muscles and Nerves, along with Conjectures on the Chemical Process of Life in the Animal and Plant Kingdoms* (1797) que no solo favoreció el lanzamiento a gran escala de la investigación de Ritter sobre el fenómeno del galvanismo como proceso químico; al mismo tiempo abrió el gran horizonte, estima Wetzels, en el que habría de situarse la investigación; se trataba nada menos que de buscar el principio de la vida en la naturaleza, una ambiciosa meta de la ciencia romántica. Y como no podía ser de otra manera, buscando la influencia galvánica en los seres vivos, Ritter «aplicó sistemáticamente la columna voltaica a todos sus órganos de los sentidos. Usó la batería para producir tonos en sus oídos, colores en sus ojos, calor y frío en las yemas de sus dedos, y para inducir ataques de estornudos. Ritter tampoco descuidó valorar los dolores y placeres que la batería producía en las extremidades inferiores de su cuerpo. Publicó experimentos sobre la influencia del galvanismo en los "órganos de reproducción", en su pulso y en "los órganos de evacuación", así como en otras partes de su cuerpo», enumera Pancaldi. Como consecuencia de tanta corriente invasora sobre sí mismo, murió a los 34 años padeciendo un deterioro orgánico irremediable. Estas probaturas, cuando eran posibles, han sido práctica común entre los escudriñadores de la Naturaleza; Volta se aplicaba los electrodos a la lengua para percibir los «sabores» de la electricidad, distinguiendo entre ácido y alcalino en lo que fueron primeros conatos

	on the cathode	on the anode
Eyes	flash + blue light	flash + red light
	Picture decreases	picture increases
Ears	lower tone	higher tone
Tongue	acid	basic
Nose	smell decreases	sneeze
Hand	stiffens	loosening

Anotaciones de Ritter de las pruebas sobre sí mismo. Review of Polarography (2008).

Año VIII.   Número 263.   20 de abril de 1852.

30 rs. al año para los suscritores de Madrid.
40 rs. id. en provincias franco.
50 rs. id. para el estrangero y Ultramar.

GACETA MÉDICA,

Los suscritores pueden tomar las obras publicadas en la *Biblioteca de medicina* y *Museo científico*, con la rebaja de un 10 por 100 de sus precios.

PERIODICO DE MEDICINA, CIRUGIA, FARMACIA Y CIENCIAS AUXILIARES.

RESUMEN.

TERAPEUTICA GENERAL.

Aplicaciones de la electricidad á la terapéutica por los señores Trousseau y Pidoux.

Eleccion de los aparatos de electrizacion.

«Importa mucho en la práctica de la electrizacion elegir un buen aparato, por cuyo motivo examinaré las propiedades que deben tener bajo el punto de vista de su aplicacion á la terapéutica, y describiré con esmero los que se hallan mas al nivel de los progresos del arte.

1.° »*Aparatos de electrizacion estática* (máquina eléctrica).—El aparato que produce la electricidad estática es demasiado voluminoso y pesado para que pueda aplicarse á la cabecera del enfermo; no halla fácil cabida en el gabinete del médico, y últimamente, su escesivo coste impide que se vulgarice su uso. Asi es que generalmente se ha abandonado la práctica de la electrizacion estática á personas estrañas por lo comun á la medicina, y sin otro mérito que el de conocer la física, ó tener á su disposicion una máquina eléctrica (1). Pero debe que se conocen mejor las propiedades de la electricidad dinámica (electricidad de contacto ó de induccion) habiéndose perfeccionado los aparatos que la producen, rará vez se emplea la electrizacion estática. Sin embargo, no seria conveniente abandonarla del todo, pues aun puede ser útil en algunos, aunque pocos casos, en que hace falta estimular ligeramente la piel. Una máquina eléctrica de mediano tamaño, cuyo disco tenga, por egemplo, 16 pulgadas de diámetro, produce chispas suficientes para determinar la escitacion cutánea, y reune la ventaja de ser bastante portátil.

2.° »*Aparatos galvánicos.*—Las baterias galvánicas de superficie estensa (pilas de Wollaston, de Bunsen y de Cruikshank), podrian aplicarse con ventaja á la rápida destruccion de ciertos tejidos morbosos.

»Mas para que fuese la electricidad galvánica tan aplicable á la medicina como á la cirugia, se necesitaria disminuir considerablemente su accion calorífica, aumentando su poder fisiológico; evitar el inconveniente de los ácidos; obtener corrientes mas constantes; graduar los aparatos; proveerles de un sistema de intermitencias lentas ó rápidas, segun las indicaciones, y en fin, hacerlos mas portátiles.

»Daremos la descripcion de varios aparatos que constituyen un progreso en el arte de la fabricacion de las pilas galvánicas, aunque todavia no reunen el conjunto de propiedades que serian de desear.

»Se han construido en Inglaterra unas pilas pequeñas de columna (pilas de Volta), cuyos discos, compuestos de dos hojas de cobre y de zinc soldadas entre sí, apenas ofrecen un diámetro de siete á ocho líneas, siendo variable el número de pares de que constan. Los discos y las rodajas

(1) Nada tiene de estraño que haya permanecido largo tiempo estacionario el arte de electrizar, cuando lo practicaban sugetos que no pòdian comprender las necesidades de la terapéutica.

que los separan, tienen un orificio central, que sirve para dar paso á una mecha de algodon, destinada á reunirlos en forma de columna. Cuando se quiere poner en accion estas pequeñas baterias, se las sumerge en vinagre; hecho lo cual se conservan largo tiempo impregnadas en este líquido las rodajas y la mecha de algodon. Sus corrientes son bastante constantes porque el ácido empleado (el vinagre), no altera mucho las hojas metálicas; y como su poder fisiológico reside en el número de los pares que entran en su composicion, y que pueden multiplicarse considerablemente, porque ocupan poco espacio, es posible obtener con corto volúmen grandes efectos fisiológicos y químicos, sin que se produzcan acciones caloríficas demasiado intensas.

»El Sr. Pulvermacher ha presentado á la Academia de medicina de Paris baterias galvánicas compuestas de un número muy considerable de pares pequeñitos, y cuyas propiedades especiales he podido estudiar, merced á la benevolencia con que me las ha confiado con este objeto. Cada uno de los pares de estas baterias se compone de un hilo de cobre y otro de zinc, arrollados en vueltas espirales muy próximas, pero no contiguas, sobre un trocito de madera; los pares comunican entre sí por anillitos de cobre, que ponen en contacto la estremidad del hilo de cobre de un elemento con la del zinc de otro, y viceversa; y muchos reunidos forman cadenas que pueden llevarse en una bolsa muy portátil. Estas cadenas, sumergidas en vinagre, conservan la cantidad suficiente de este líquido para producir corrientes bastante constantes por espacio de muchas horas. Esta combinacion es muy ventajosa, y sirve para obtener con poco volúmen, efectos fisiológicos de mucha consideracion.

»Pero el Sr. Fournay, artesano francés, ha ideado otra bateria galvánica aun mas sencilla, y que consiste en unos cubos pequeños, de unas dos líneas en cuadro, compuestos de una hoja de cobre y otra de zinc, dobladas muchas veces sobre sí mismas y separadas por un diafragma de tela. Estos cubitos, se ponen unos al lado de otros en unas especies de casillas, de manera que las hojas de cobre comuniquen con las de zinc, obteniéndose asi en un corto espacio una bateria compuesta de cuatrocientos á quinientos elementos. Las casillas estan aisladas por tabiques de cristal, de suerte que no puede debilitarse la pila por la formacion de corrientes derivadas. Para poner en accion la bateria, basta echar sobre ella un poco de vinagre, que cae en seguida en un receptáculo inferior. Esta pequeña bateria es de lo mas ingenioso que se conoce. Pueden separarse sus elementos como los peones de un juego de damas, y es fácil aumentar su superficie cuando se necesita mayor accion calorífica. Para esto se los vuelve á colocar en sus casillas, de manera que, de dos en dos ó de tres en tres elementos, el cobre comunique con el cobre, y el zinc con el zinc. La bateria voltáica del Sr. Fournay tiene tanto poder como la del Sr. Pulvermacher, y no está tan espuesta á deteriorarse rápidamente.

»En estos pequeños aparatos galvánicos solo se halla disminuida la accion calorífica, y asi es que desorganiza perfectamente la piel, pasando por todos los grados de la quemadura, cuando se limita su accion á este órgano. Por consiguiente, pueden reemplazar al moxa y á la cauterizacion transcurrente, y aun son preferibles á estos últimos medios, porque pueden graduarse de manera que ejerzan una accion mas ó menos lenta, segun las indicaciones particulares; al paso que el fuego desorganiza rápidamente los tejidos, conservándose el dolor inmediatamente despues de la formacion de la escara. Tienen estas baterias mucha potencia química, sin ofrecer los inconvenientes de la accion calorífica de las pilas de superficie estensa. En mi concepto deben emplearse en cirugia, con preferencia á las pilas de Bunsen, á las de artesa, etc.

Noticias sobre el poder curativo de la pila difundidas en publicaciones madrileñas.

de la electrólisis del agua. Por los resultados de sus, a veces, intrépidas investigaciones, Ritter se ha hecho acreedor de ser considerado el iniciador de la bioelectroquímica.

En el mundo vegetal, Ritter inició un área desconocida sobre los fenómenos eléctricos: la electrofisiología de las plantas. Su pionero trabajo a poco de morir fue someter a estímulos eléctricos a la mimosa púdica, demostrando las diversas formas de reacción de las plantas a diferentes cargas eléctricas, obteniendo respuestas «inteligentes». Y yendo más allá, convencido de la unidad en la naturaleza, comparó la respuesta vegetal con las de las ranas, concluyendo, nada menos, que las mimosas son «animales en forma de plantas» y las ranas «plantas en forma de animales». Todo en la Naturaleza, según él, estaba unido mediante una cadena, de la que la columna voltaica, la pila, es un afortunado eslabón.

Episodio último, hasta ahora, de aquella ancestral discordia galvanismo/voltaismo que, como hemos ido viendo, ha quedado en tablas porque ambos tenían razones suficientes para defender sus respectivas posiciones, es la consolidación de la neurociencia, ciencia del sistema nervioso compuesto por el cerebro, la médula espinal y las neuronas formando redes que recorren todo el cuerpo, de la que ya hicimos algún anticipo. Tras las evidentes contracciones de las ancas de rana, se estimó comparativamente su intensidad mediante lo que Leopold Nobili (1784-1835), profesor del Real Museo de Física e Historia Natural de Florencia, denominó corriente propia de la rana, valorada mediante un galvanómetro de su invención en relación con los grados de desviación de la aguja del aparato. Du Bois-Reymond investigó sobre estas corrientes musculares en el hombre. Pero, en principio, fijaron la atención especialmente en el estudio de los peces eléctricos, como la tremielga, o pez torpedo que ya conocemos, el siluro y el gimnoto. Faraday, escribe Ganot, estimó que la descarga producida por el gimnoto era muy violenta, equivalente a una batería eléctrica de 15 frascos, es decir, 15 pilas, lo que explicaba la muerte de caballos atacados por ese pez. Matteucci se ocupó de la influencia del cerebro en las descargas eléctricas de estos peces. Puesto al descubierto el cerebro de un pez torpedo, llegó a la conclusión de que el foco de la electricidad producida por el animal era el cuarto lóbulo, desde donde se transmitiría, a través de los nervios, a órganos compuestos por pequeñas masas prismáticas semejantes a los alvéolos de un panal de miel, que a su vez forman vesiculitas idénticas entre sí, obrando esta estructura como multiplicadores de la corriente. Me he detenido en este artificioso argumento de Matteucci porque en definitiva lo que pretendía era encontrar unidades elementales que configuraran el sistema nervioso. Hay que esperar a Cajal para identificar las celebradas neuronas que le valieron el Nobel, descubiertas a partir de su tozuda labor con las preparaciones microscópicas que le dieron fama, ayudado quizá, por su intuitiva genialidad. Puede ser una licencia excesiva, pero no me resisto a sugerir que Cajal «inventó» el cerebro.

El jardín de la neurología brinda al investigador espectáculos cautivadores y emociones artísticas incomparables. En él hallaron, al fin, mis instintos estéticos plena satisfacción. [...] la admiración ingenua de la forma celular constituía uno de mis placeres más gratos. Porque, aun desde el punto de vista plástico, encierra el tejido nervioso incomparables bellezas.

SANTIAGO RAMÓN Y CAJAL (1917)

De Paisajes neuronales. Homenaje a Santiago Ramón y Cajal. Coord.: Javier de Felipe, Henry Markram y Jorge Wagensberg, CSIC (2007) Foto de *Recuerdos de mi vida*, Vol. 2. *Historia de mi labor científica* (1917).

SEGUNDA REVOLUCIÓN INDUSTRIAL

«Todo el mundo está conforme en afirmar que el porvenir de la electricidad, y, verdaderamente, las brillantes conquistas del pasado justifican las más halagüeñas esperanzas para el futuro. En unos cuantos años, el empleo de las corrientes eléctricas ha transformado nuestros procedimientos de alumbrado, nuestros medios de transporte, nuestras industrias químicas; el telégrafo y el teléfono han modificado por completo las condiciones de la vida social; los descubrimientos sobre radiografía y las corrientes de alta frecuencia han introducido profundos cambios en la práctica de la Medicina, y, por otra parte, nadie ignora que el estudio de los cuerpos radiactivos ha conducido a los físicos a concepciones audacísimas sobre la constitución de la materia y sobre las leyes de la mecánica, hasta el punto que, para muchos sabios modernos, los fenómenos eléctricos deben de ser considerados en lo sucesivo como desempeñando en la Naturaleza un papel preponderante: la partícula eléctrica, el electrón será, en cierto sentido, el *substratum* universal.» Así comienza su libro *La Electricidad*, Lucien Poincaré (1862-1920), físico, primo del físico matemático Henry Poincaré (1854-1912), que desempeñó puestos relevantes en la dirección de las enseñanzas secundaria y universitaria desde el Ministerio de Instrucción Pública francés.

Hans Christian Oersted (1777-1851), mancebo y regente un tiempo de una farmacia en Copenhague, de cuya Universidad fue profesor de física, durante su «viaje literario» por Europa se codeó en París con la flor y nata de la ciencia y la filosofía francesa, perfeccionando sus conocimientos sobre la ciencia de moda, la electricidad. Fue colaborador de Ritter con quien compartió los principios del movimiento romántico y de quien se considera su heredero intelectual. En 1820 publicó su original artículo (*Annals of Philosophy*, vol. 16 London 1820) simultáneamente en latín —«Experimenta circa effectum conflictus electrici in acum magneticam»— y en inglés —«Experiments on the Effect of a Current of Electricity on the Magnetic Needle»—, donde curiosamente habla de «aparato galvánico» y «batería galvánica» sin mencionar a Volta, aunque la descripción de la batería se corresponde con la ideada por Volta. «Para el efecto que tiene lugar en este conductor y el espacio circundante, daremos el nombre del conflicto de la electricidad», escribe, refiriéndose como espacio circundante al que rodea al conductor donde está situada la aguja magnética objeto de desviación al circular la corriente por el conductor, siguiendo el principio de la filosofía natural alemana que atribuía el origen de los fenómenos naturales al choque entre opuestos.

Según testimonio de Oersted en su *Selected Scientific Works* (1998), escribe Pancaldi, las noticias sobre la pila llegaron a Copenhague procedentes de Londres asociadas con las acciones químicas de la misma sobre las que publicó en 1801 un primer artículo. Según el físico danés, sus experimentos con la pila estaban inspirados en los químicos ingleses y en la filosofía alemana de la mano de su querido Ritter. Desde el descubrimiento de la pila, las manipulaciones con corriente eléctrica eran el pan de cada día en gabinetes, instituciones y universidades. Parece que, casualmente, otra de las providenciales casualidades de las que se nutre la ciencia, Oersted y sus colaboradores, durante una clase se sorprendieron al ver cómo oscilaba una aguja imantada, ajena al experimento, próxima al conductor por el que pasaba la corriente. Del «accidental» descubrimiento da cuenta el noruego Christopher

Oersted rodeado del instrumental que le dio fama.

Hansteen (1784-1873), colaborador de Oersted en aquella ocasión, en carta (30/12/1857) a Faraday reproducida en (Sánchez Ron, 2023). A propósito del hallazgo de Oersted, se ha abundado en la sorpresiva influencia del azar en algunos descubrimientos científicos. Joseph Fayet, profesor del Instituto francés en Madrid, en *La invención, el inventor. Ensayo de ciencia humana* (Morata, 1942) prologado por el científico, ingeniero y académico Esteban Terradas (1883-1950), escribe: «Diecinueve años después [a los hallazgos de Galvani y Volta se refiere], el azar se mostraba parejamente generoso con el magnetismo de la corriente. Durante el invierno de 1819, un profesor de física de Copenhague, desea mostrar a sus alumnos los efectos caloríficos de la pila de Volta poniendo incandescente un alambre de platino. Para ello ha instalado en su laboratorio una pila, ha interpuesto un alambre de platino y se distrae en cerrar, abrir y volver a cerrar este circuito. Ahora bien, sobre la mesa donde están dispuestos todos los elementos de la experiencia se encuentra una brújula. No tiene evidentemente nada que ver con la experiencia proyectada; es algo que se ha olvidado volver a colocar en su sitio, o bien sobre la mesa reinaba un amable desorden. En suma: esta brújula estaba allí por casualidad. Y todo el mundo observa que cada vez que el circuito está cerrado, es decir, cada vez que la corriente pasa por el alambre, la aguja de la brújula se desvía ligeramente dejando de marcar el Norte. Así el azar ponía en evidencia la relación íntima que existe entre la corriente eléctrica y el magnetismo de los imanes».

El artículo de Oersted circuló rápidamente, siendo objeto de comentarios y debates en los cenáculos científicos. Oersted comprobó que cuando cesaba la corriente, la aguja recuperaba su posición y cómo la desviación era en sentido contrario si se invertía la corriente. Davy, en Inglaterra, dio a conocer el experimento de Oersted, al igual que hicieran Arago y Ampère en Francia, pocos meses después del casual sucedido. Los experimentos de Oersted se cuentan entre los más memorables de la historia de la ciencia (Sarton, 1928) por la unificación de dos contenidos de la filosofía natural, hasta entonces inconexos, aunque se venía sospechando hacía tiempo que la electricidad y el magnetismo tenían alguna interdependencia. Una nueva física estaba naciendo al hilo de un fenómeno tan esperado como deseado, no sorpresivo porque rondaba en el ambiente: el electromagnetismo.

Hasta aquí la historia oficial sostenida por los más prestigiosos conocedores de la misma y propagada en los libros de texto de física por cualquiera que sea su autor. Sirvan como ejemplo los textos de Gerald Holton en colaboración con Roller, el primero, y los otros con Brush: *Fundamentos de la Física Moderna* (1963), *Introducción a los conceptos y teorías de las ciencias físicas* (1972) y *Physics, the Human Adventure. From Copernicus to Einstein and Beyond* (2001), del que no hay traducción al castellano. Libros de amplia difusión en varios idiomas. En todos ellos la narración del origen del electromagnetismo se corresponde con la precedente. Pues bien, en la revisión de la obra voltiana dirigida por Bevilacqua y Fregonese, de tanta utilidad para este libro, Roberto de Andrade Martins publica (2001) «Romagnosi and Volta's Pile». *Early Difficulties in the Interpretation of Voltaic Electricity*», que obliga a puntualizar la historia tomando en consideración el experimento de Romagnosi sin menoscabar el meritorio descubrimiento de Oersted; así puede leerse en la entrada «Magnetismo» de la *Encyclopedia Britannica*. Si el caso de Oersted fue tan fortuito, algunos precedentes conocidos como el de Romagnosi tuvieron prioridad, al menos, en la intención, porque deliberadamente buscaban la sospechada relación entre electricidad y magnetismo. Y situando la historia donde corresponde, merecen ser mencionados. Sin ir más allá de lo dicho y como explicación

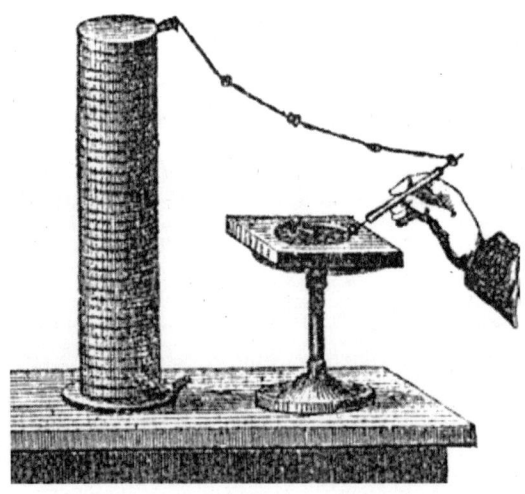

Reconstrucción del experimento de Romagnosi.

de la presencia preferente de Oersted, Andrade plantea: «Parece que Romagnosi estaba tratando de observar los efectos electrostáticos debidos a la pila eléctrica. ¿Por qué debería haber intentado hacer esto? El contexto científico en torno al descubrimiento de la pila de Volta nos ayuda a comprender su objetivo». Y reproduce íntegramente el artículo del jurista, aficionado a la física pero desconocido en la comunidad científica de su tiempo, Gian Domenico Romagnosi (1761- 1835) «Articolo sul gavanismo», publicado en *Ristretto dei foglietti universali di Trento* (1802), de muy limitada difusión. A la vista del artículo, algo confuso, es evidente la búsqueda de vinculación entre ambos fenómenos, aunque por entonces la búsqueda posible estaba orientada a la detección de efectos electrostáticos; no cabía pensar todavía en efectos electrodinámicos.

A raíz del descubrimiento de Oersted, se inició la búsqueda del efecto contrario, es decir, cómo el magnetismo podría generar corriente eléctrica. Se da una fecha crucial, el 29 de agosto de 1831, en que Faraday consigue la inducción electromagnética —generación de electricidad en un conductor mediante el efecto electromagnético de una corriente en otro conductor— con un sencillo montaje que describo por la trascendencia que supuso. La ilustración procedente de los cuadernos de Faraday está tomada de *Faraday* (1991), de G. Cantor, D. Gooding y F. A. J. L. James. En un anillo de hierro dulce se arrollan separadamente dos bobinas, A

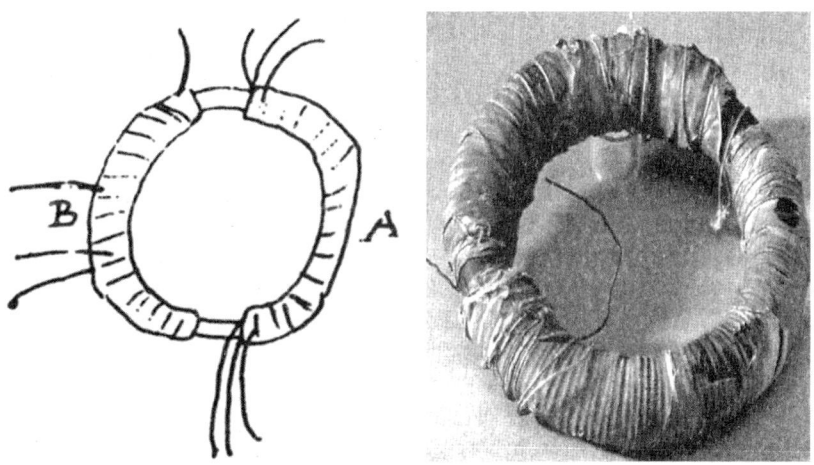

Diseño y bobina originales de Faraday con los que descubrió la inducción electromagnética.

y B. B, conectada a una pila, imanta el anillo en su totalidad, que induce
—esta es la sorprendente novedad— una corriente en la bobina A conectada a un galvanómetro que la detecta. Este descubrimiento, junto a su variada y provechosa obra científica, sitúan a Faraday en el *top* diez de los grandes talentos. El descubrimiento de Faraday indujo entre científicos, inventores y constructores de aparatos eléctricos la fabricación de generadores manuales en los que un imán se movía de un lado a otro dentro de una bobina fija, o una bobina se movía de un lado a otro frente a un imán permanente. Se tiene como el constructor del primer generador de estas características al francés Hyppolite Pixii (1808-1885). Faraday hizo un generador muy diferente al de Pixii: la máquina de Faraday. El artificioso «disco de Faraday», proporcionaba corriente continua como una pila, en tanto que el de Pixii producía corriente alterna, la corriente que se impuso para uso industrial, terapéutico, doméstico, urbano... Ante ambas corrientes surgió una aireada controversia —la «guerra de las corrientes»— entre el norteamericano Thomas Alva Edison (1847-1931), partidario de la continua, y el croata afincado en Estados Unidos Nikola Tesla (1856-1943), apoyado por el ingeniero y empresario George Westinghouse (1846-1914). La revista *Muy Interesante* (2023) dedicada a «Nikola Tesla». El genio olvidado» ofrece abundante información sobre este asunto. Una curiosidad: la banda de rock AC/DC (corriente alterna/corriente continua) eligió este nombre a partir de estas siglas grabadas en

Disco de Faraday, rotor, referente para la primera dinamo.

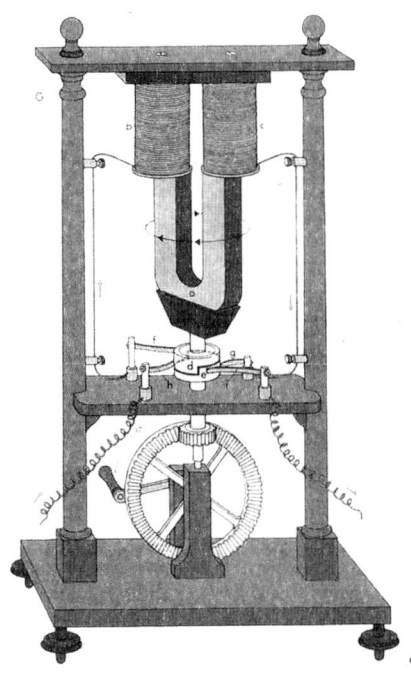

Generador de corriente alterna construido por Hyppolite Pixii. La manivela hace girar el imán que induce corriente en las bobinas. *Las Máquinas. Una historia ilustrada*, Sigvard Strandh, 1988.

la máquina de coser de la hermana de los músicos fundadores del grupo. En España, a raíz de la creación de los Institutos de segunda enseñanza (1846), se dictó una Circular para la provisión de material científico a los Institutos con un *Catálogo adjunto de modelos de máquinas e instrumentos necesarios en una Cátedra de Física experimental* de la casa Pixii que contenía 152 elementos por valor de 9531 francos.

Si la históricamente considerada Primera Revolución Industrial, asociada al uso de la potencia motriz del vapor ejemplificado poderosamente en la máquina de Watt, en lo que algo tuvo que ver Volta con las aportaciones sobre la presión de vapor de los gases, en la Segunda, su influencia es más trascendente y decisiva porque es consecuencia inapelable de la pila voltaica. La Società Idroelectrica Comacina, en la publicación que Como dedicó a Volta en el segundo centenario de su nacimiento, hizo un recorrido por la repercusión de la pila en «L'opera del Volta nello sviluppo dell´industria elettrica»: «Podría parecer a primera vista que la modesta pila a columna con la que el genio de un italiano enriqueció a la Humanidad al principio de un siglo que empezaba a ver el surgimiento de la gran industria, no sea hoy más que un objeto de museo, un glorioso recuerdo a conservar bajo una campana de vidrio para eterno recuerdo de las presentes y venideras generaciones». Y siendo así que la pila en sí misma esté ahí como testimonio del trabajo del «cittadino», fue la semilla de una cosecha que no para de dar fruto. Comparten protagonismo con la electricidad, desde el espectacular hallazgo de la inducción electromagnética, en la Segunda Revolución Industrial, una Revolución Tecnológica de la que aún resuenan sus ecos, el petróleo como fuente de energía, el motor de combustión interna, el aprovechamiento de los metales y los nuevos productos químicos que desencadenaron innovaciones determinantes en los medios de transporte, en la concepción de la actividad empresarial, en la organización del trabajo, en las políticas sociales, en el gobierno de los pueblos, en definitiva, en una nueva concepción de la vida, del mercado y las economías nacionales e internacionales. Se estaba gestando un nuevo mundo, de la misma manera que iba brotando una nueva física. Ambas revoluciones tienen un marcado acento inglés, correspondiéndose las postrimerías de la Primera y los albores y esplendor de la Segunda, abusando de la permisividad del solapamiento de las fechas, con el reinado de la reina Victoria (1837-1901): los científicos más sobresalientes en la consolidación de la ciencia eléctrica como rama esencial de la física pertenecen en gran parte a la época victoriana.

A partir de los primeros conatos de motor eléctrico debidos a Faraday —dispositivo que aprovechaba la energía eléctrica convirtiéndola en energía mecánica para producir movimiento de objetos— y la similar aportación del físico norteamericano Joseph Henry (1797-1878), fueron sucediéndose construcciones de máquinas, motores y artefactos para utilizar la corriente eléctrica en cualquier ámbito de la vida social y personal, aunque la extensión del uso industrial de la electricidad, sobre todo en la tracción y el alumbrado, fue alcanzándose paulatinamente porque la competencia del vapor era difícil de superar hasta no conseguir la producción óptima de corriente segura y duradera. Aquellas revoluciones se tienen como referencia de las aportaciones más decisivas de la ciencia en el progreso y bienestar de los pueblos, siendo calificados como avanzados aquellos que gozaban de tan valiosas ventajas.

De entre los protagonistas de esta Segunda Revolución —revoluciones porque trastocan los cimientos de la vida, el trabajo y la riqueza— destacan Ford y Edison. En la biografía del inventor estadounidense, cuenta Henry Ford (1863-1947) su primer encuentro con Edison. Sucedió el 11 de agosto de 1896 durante un banquete en Manhattan Beach en la celebración de una Junta de las Sociedades Edison a la que asistían los ingenieros jefes y administradores de las empresas Edison con el fin de tratar sobre sus experimentos. Ford era ingeniero jefe de la Detroit-Edison Company. Tratando sobre las suculentas expectativas que se abrían a las empresas eléctricas con la carga de baterías para vehículos, el presidente de la empresa donde trabajaba Ford se levantó señalándolo y dijo: «Este joven ha construido un coche movido por gas». Tras ser sometido a un preciso interrogatorio que, según Ford, demostraba que Edison ya se había ocupado de la máquina de gas, concluyó: «¡Está bien, joven! —Posee usted el asunto. —No lo deje de la mano. —Los coches eléctricos tienen el inconveniente de que deben estar cerca de las estaciones de energía. —La batería de acumuladores es muy pesada. —Hay que desechar también los coches de vapor, porque requieren una caldera y un fuego. —Su coche es completo —lleva su propia instalación de energía —ni fuego ni caldera ni humo ni vapor. —Está usted en lo cierto. ¡Adelante!». Ford le dibujó cuantos detalles pidió Edison y le anunció la próxima instalación de lo que, después, se llamó bujía, aún no inventada, para producir la explosión del gas en el cilindro. Recuerda Ford aquel inesperado estímulo del «hombre que más sabía de electricidad en el mundo». «Mi motor de gas, insiste, era mejor de lo que pudiera ser cualquier motor eléctrico —podría recorrer grandes distancias y se instalarían estaciones para abastecer a los coches con hidro-carbono. Fue la primera vez que oí dar este nombre al combustible líquido. ¡Y esto en una época en que todos los ingenieros electricistas aceptaban como un hecho irrefutable la teoría de que nada podía haber nuevo y digno de tenerse en cuenta mientras no funcionara por electricidad! La cual, según ellos, estaba llamada a ser la energía universal. Naturalmente, sus esperanzas no podían ser plenamente realizadas, porque la electricidad no es una fuente natural de energía. Era muy característico en míster Edison el tener la más amplia visión del asunto, y saber que mientras los usos de la energía eléctrica podían extenderse casi ilimitadamente en algunas direcciones, había otras, en

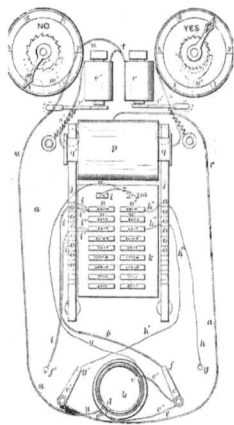

Primera patente de Edison: máquina para escrutinio de votos en el
Congreso, y dos ediciones, una de ellas curiosamente encuadernada, de
la biografía de Edison (Aguilar, Navidad 1930) por Henry Ford.

cambio, cuyo empleo, en el mejor de los casos, solo podía ser provisional». Ahora que se pretende la expansión del coche eléctrico, la conversación iría por otros derroteros.

El acontecimiento internacional que situó la electricidad en el podium del progreso desde el que se la contemplara en toda su grandeza fue la Exposición Universal de París de 1900. El arquitecto Eugène Hénart (1849-1923) fue el encargado de levantar el Palacio de la Electricidad en la explanada del Campo de Marte en aquella gran Feria inaugurada el 14 de abril, clausurada el 12 de noviembre, con una presencia de 50 860 801 personas, entre asistentes, personal, expositores y delegados internacionales, en la que participaron más de 40 países y 25 colonias con un coste total de 119 225 707 francos. Un acontecimiento que mereció a París el reconocimiento de capital mundial de la modernidad. En el Palacio de la Electricidad se exhibieron las máquinas y aplicaciones más novedosas de la electricidad, siendo además la fábrica de toda la energía necesaria para el alumbrado y el funcionamiento de los diversos pabellones y dependencias de la Exposición. Sobre la cima del edificio había una estatua del Espíritu de la Electricidad que lanzaba ráfagas de luz por toda la Exposición. Un comentarista escribió: «Sin electricidad, la exposición sería una masa inerte sin aliento ni vida...

Con el toque de un solo interruptor, el juego mágico comienza a circular; todo queda inmediatamente iluminado, todo se mueve. Las 16 000 lámparas incandescentes y las 300 lámparas de arco voltaico se encienden al mismo tiempo». Se precisaron miles de kilovatios producidos allí mismo. Fue un alarde eléctrico y electrizante jamás visto, en el que las enormes dinamos y generadores llamaban la atención por su grandiosidad y poder energético. Sin duda fue el triunfo de la electricidad. La electricidad consiguió materializar el ideal de la Ilustración Francesa: hacer de París la ciudad de las luces. Los protagonistas de la Exposición no fueron los personajes que a lo largo del tiempo iban descubriendo los misterios de esa fuerza chisporroteante de la Naturaleza; fueron los instrumentos y máquinas eléctricas de última generación, aquellos imponentes artefactos de hierro de disparatadas dimensiones capaces de deslumbrar el cielo parisino los que dejaban boquiabiertos a la concurrencia. No obstante, también hay que considerar el rechazo generado por esta nueva tecnología, sin llegar a los violentos y destructivos ataques luditas —reaccionarios contra las máquinas por la reducción de puestos de trabajo y el enriquecimiento capitalista— de la Primera Revolución Industrial contra la máquina de vapor y sus aplicaciones.

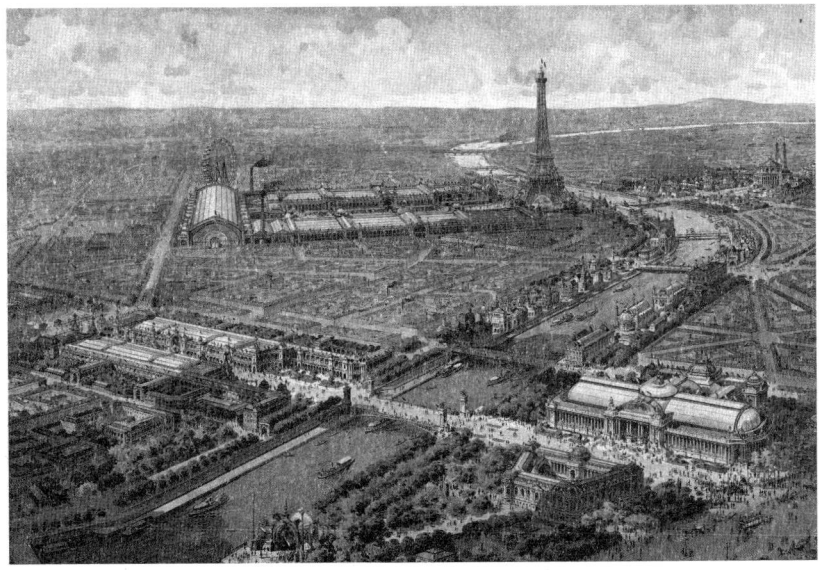

Exposición Universal de París, 1900.

Entre los reparos se cuentan: los accidentes mortales por electrocución, los incendios, las molestas descargas provocadas por las corrientes, los espectáculos de feria electrocutando animales y, para colmo, la silla eléctrica iniciada en Nueva York, en 1888, como medio para sustituir la horca en la ejecución de los condenados a pena de muerte, utilizada incluso como arma contra la pretendida expansión de la corriente alterna, empleada en la silla, a favor de la corriente continua en aquella «guerra de las corrientes».

Es digna de mención, la presencia del sacerdote español Eugenio Cuadrado Benéitez (1855-1915) en la Exposición Universal. Nacido en Carbellino de Sayago (Zamora), siendo seminarista fue encargado de organizar el Gabinete de Física y Química del Seminario de San Atilano de Zamora, del que luego fue catedrático en esa materia y Matemáticas y maestro de la Escuela de Artes y Oficios. En la Semana Santa de 1885 utilizó por primera vez la luz eléctrica para iluminar unos instantes una procesión. A partir de ahí fue requerido para el alumbrado público y algunas dependencias. Según relata Alejandro Belaústegui en el Dominical de *La Opinión de Zamora* (23/7/2017), de quien he tomado estas notas, en 1899 colaboró con el ingeniero madri-

Excitador eléctrico universal «La Centella» y el sacerdote Eugenio Cuadrado Benéitez; al fondo, el Palacio de la Electricidad en la Exposición Universal de París.

leño Federico Cantero Villamil (1874-1945), hijo de una distinguida zamorana, en la fundación de la sociedad «El porvenir de Zamora» para explotar una presa hidroeléctrica en construcción. Cantero figura entre los precursores de la aeronáutica en España. Cuadrado construyó un generador basado en la inducción electrostática siguiendo el modelo de la «Máquina de Wimshurt», que bautizó como «Excitador Eléctrico Universal», más conocido por «La Centella», que presentó en la Exposición Universal de París de 1900 acompañado de Cantero Villamil y le valió una medalla de oro. En su velatorio, junto al féretro colocaron un ejemplar de «La Centella».

TEORÍA ELECTROMAGNÉTICA DE MAXWELL Y ESTRUCTURA ATÓMICA DE LA MATERIA

La mecánica newtoniana llegó a convertirse en la armadura teórica de la física: todos los fenómenos físicos —calor, luz, sonido, electricidad y magnetismo— fueron adquiriendo carácter, digamos científico, a medida que se alejaban de la pura fenomenología a veces exhibida como divertimento, estructurándose desde los parámetros mecánicos. En pocas palabras: se tenía la convicción de que la física en su totalidad podría reducirse a explicaciones mecánicas. Sin embargo, ya vimos cómo Einstein e Infeld concluían que había impedimentos para seguir esa rutina: «Muy a menudo resulta imposible remendar una vieja teoría, y las dificultades la llevan a su ocaso provocando el nacimiento de una nueva teoría», escriben. Si bien la mecánica newtoniana no se derrumbó, y ahí sigue poderosa, las observaciones relativas a la reciprocidad entre magnetismo y electricidad fueron ocupando un espacio propio en la física, llegando, el electromagnetismo, a ser otro pilar fundamental de esta ciencia experimental y exacta. Con inusitada sorpresa, los fenómenos electromagnéticos no pudieron reducirse al referente mecánico, calificado como clásico, dando lugar a las revoluciones científicas más imponentes y fructíferas de la física: la relatividad einsteiniana y la mecánica cuántica.

Volvamos a Faraday, de quien Crowther afirma que, compartiendo con su maestro Davy la convicción en la necesidad social de la ciencia, «siguió este camino concentrándose totalmente y despojándose sistemática y accidentalmente de todo lastre mental y costumbres sociales que pudieran impedir su avance. En esto se parecía más a un atleta que a un filósofo: más que educarse, se entrenaba aplicando una perseverancia feroz al incremento de su natural habilidad manual y dotes imaginativas [recordamos el valor que ilustres como Einstein o Cajal daban a la imaginación en la investigación científica], cuyo desarrollo máximo no alcanzó hasta después de los cuarenta años». Fue reconocido, además de por sus éxitos científicos, como divulgador y enseñante en la Royal Institution.

Su interés por la comunicación científica le llevó, desde sus comienzos en la Royal Institution, a proponer normas sobre cómo organizar las conferencias, cómo habrían de ser los locales adecuados para impartirlas, cómo había de comportarse el conferenciante en la explicación de los experimentos y el cuidado que debía mantener en la elocución, los movimientos, la expresión y mirada al público, recomendando que nunca fuera leída la conferencia, aun estando escrita. Desarrolló su teoría de disertar en público en cartas a su amigo cuáquero Benjamin Abbott de contenido muy ilustrativo para quienes a día de hoy practican estos menesteres. Y las puso en práctica en sus «Conferencias de los viernes por la tarde» y «Conferencias de Navidad» que promovió en la Royal Institution. A los descubrimientos electroquímicos y en relación con su hallazgo de la inducción electromagnética, Faraday contribuyó, desde el punto de vista teórico, a la incorporación de nuevos conceptos decisivos para los trabajos de otro grande de la ciencia física, su par en opinión de los historiadores, el físico escocés James Clerk Maxwell (1831-1879). Coincidencias históricas: Newton nació en 1642, año del fallecimiento de Galileo; Einstein, en 1789, año de la muerte de Maxwell. Algo así como un casual encadenamiento en la carrera de relevos que puede ser considerada la ciencia.

Los conceptos de campo y líneas de fuerza de Faraday que aparecen en su primera publicación sobre la inducción electromagnética dieron un impulso decisivo a la síntesis maxwelliana, identificando la luz como fenómeno electromagnético. La distribución ordenada de las limaduras de hierro sometidas a la acción de un campo magnético condujo a Faraday a introducir el concepto de líneas de fuerza, no como una fantasía, sino como algo que «tiene existencia definida y verdadera, son algo material y sensible, sus vibraciones se transmiten por un medio elástico y llegan a actuar directamente sobre la sustancia material de los cuerpos, puesto que materiales son ellas mismas. Aquellas direcciones imaginarias representan ahora el verdadero camino, el cauce natural por donde fluye la energía y la fuerza eléctrica», en palabras del padre Agustín Seco en el discurso de la entrega de premios en el Real Colegio de Alfonso XII de El Escorial (22/4/1926), del que era profesor de física y química, titulado *Los Fenómenos Eléctricos y su Evolución*. Las líneas de fuerza fueron para Faraday un equivalente a la idea de partícula como unidad material. En su interés, en cierto modo superficial, por los fenómenos luminosos, Faraday se ocupó de las ilusiones ópticas dadas a conocer en *Philosophical Transactions* (1831), «On a Peculiar Class of Optical Deceptions», que se tiene como fundamento de lo que luego sería el cinematógrafo. Derivados de la aplicación de los saberes electromagnéticos, como los electroimanes y las posteriores ondas electromagnéticas, fueron utilizados en la comunicación a distancia mediante las invenciones del teléfono y el telégrafo. En un bajorrelieve del Templo Voltiano está representado Volta hablando con sus paisanos, a los que preconiza, según la Società Idroelecttrica Comacina, «Algún día veréis cómo mi invento se podrá utilizar para hablar a distancia»; en carta (1777) al padre Barletti propone un atisbo de telégrafo —transmisión de un efecto a distancia— tras una farragosa exposición en la que propone tender cables sostenidos por postes de madera, «plantados aquí y allá entre Como y Milán.. y no creo que sea imposible disparar la pistola [descrita a propósito del aire inflamable] en Milán con una botella de Leyden descargada por mí en Como».

La interacción entre electricidad y magnetismo condujo a Faraday «una y otra vez a la idea de un estado electrotónico cada vez más forzado en mi mente. Este estado coincidiría y se identificaría con el constituido por las líneas físicas de fuerza magnética», escribe en «Physical Character of the Lines of Magnetic Force». Seguidamente, establece la analogía entre un imán, con su campo en la forma conocida de huso de líneas magnéticas, y una batería voltaica sumergida en agua, con sus líneas cerradas de flujo de la corriente circulante. La inducción electromagnética requería la intervención de un medio transmisor al que se resistían la mayoría de los «eléctricos» continentales, en particular alemanes y franceses, que continuaban apelando a las acciones a distancia.

El físico y astrónomo extremeño Pedro Carrasco Garrorena (1883-1966), exiliado en México, escribe en *La Nueva Física* (1941), respecto a la introducción del concepto campo por Faraday, que supuso la eliminación definitiva de los artificiosos fluidos imponderables, que no el escurridizo éter: «El magnetismo no existe como sustancia, ese personaje desaparece como actor de la escena y son tan solo las cargas eléctricas las que, por su distribución y su movilidad, llenan el campo del éter de desplazamientos y torbellinos, que explican tanto los fenómenos eléctricos como los magnéticos. Hertz consigue provocar y recoger esas ondas complejas del éter, por el que viajan inseparablemente unidas las perturbaciones eléctricas y magnéticas. Y por si el triunfo pareciera aún escaso, una coincidencia de velocidades, la igualdad de la velocidad de la luz y de las ondas electromagnéticas, descifraba el misterio de la luz, hasta entonces un mundo aparte y solitario, y servía de broche definitivo para condensar en una teoría única los fenómenos eléctricos, magnéticos y luminosos. Esta era, seguramente, la creación más bella y perfecta del siglo XIX». A partir de esta síntesis conseguida por el genial James Clerk Maxwell surge la intención de explicar «con las cargas eléctricas como personajes únicos, los fenómenos y misterios de la materia y su constitución íntima», la teoría atómica de la materia, en definitiva.

Por la extensa y diversa obra de aquel aprendiz de encuadernador en la librería londinense de Mr. George Riebau, la nota introductoria a *Scientific Papers* de Faraday en la colección *The Harvard Classics* (vol. 30, ed. 1910) recoge esta reflexión de Tyndall: «Considerándolo en su totalidad, creo que se le concederá a Michael Faraday ser el filósofo experimental más grande que el mundo haya visto jamás; y agregaré la opinión de que el progreso de la investigación futura tenderá, no a oscurecer o disminuir, sino a realzar y glorificar los trabajos de este poderoso investigador». Como así ha sido. Maxwell, culminador de la obra de Faraday, aun discrepante en algunos puntos como la teoría electrotónica tan preciada por aquel, escribe en la *Encyclopaedia Britannica* (Sánchez Ron, 1998): «No se ha descubierto ninguna excepción a la formulación de estas leyes [a la inducción electromagnética se refiere], tal como las dio Faraday, no se ha añadido ninguna nueva ley, y la formulación original de Faraday permanece hasta el día de hoy como la única que expresa exactamente aquello que se puede verificar por experimentos, y la única mediante la cual la teoría de los fenómenos se puede expresar en una manera que es exacta y numéricamente precisa». Así lo hizo Maxwell en sus ecuaciones, que seguidamente expondremos.

Hablar de Maxwell, protagonista en varias ocasiones de esta historia, es adentrarse en uno de los pilares de la física, en una cumbre donde la influencia newtoniana marca su techo. Circula por ahí el bulo de que algunos, lord Kelvin entre ellos, pronosticaron que la física había llegado a su fin en el último tercio del siglo XIX, que ya estaba todo dicho y hecho, que a lo sumo quedaba seguir midiendo más y mejor, pero nada nuevo sobre el horizonte. Sin escarbar en el asunto, lo cierto es, como dijimos más arriba, que la física, a partir de la culminación maxwelliana, desprendida en buena parte de la influencia newtoniana, inició una nueva y esplendorosa historia con dos sobresalientes protagonistas: Albert Einstein y Max Planck. A diferencia de Faraday, de origen humilde, Maxwell, nacido en Edimburgo, procedía de una familia acomodada —su padre era terrateniente— a la que pertenecían miembros destacados de la sociedad escocesa interesados en la abogacía, la política, la geología y la minería, así como en la poesía, la música y las artes. Una prima suya, Jemina, dibujó y grabó instantes familiares del «Niño», como llamaban cariñosamente a Maxwell, incluso en edad adulta.

Sus primeras lecturas fueron la Biblia y las obras del londinense John Milton (1608-1674), autor del célebre poema épico *El paraíso perdido*. Hizo los estudios primarios en la Academia de Edimburgo, compaginando la escuela con la visita a fábricas e industrias conocidas de su padre, algunas productoras de material científico y máquinas eléctricas, y asistiendo a conferencias en la Royal Society de Edimburgo. Siguió los estudios a partir de 1850 en Peterhouse, *college* de la Universidad de Cambridge donde se había formado lord Kelvin, y fue compañero de P. Guthrie Tait y Balfour Stewart, destacados físicos escoceses. Tuvo, por tanto, una esmerada educación orientada a las ciencias y las tecnologías. Su temprano interés por el electromagnetismo le llevó a pronunciar en diciembre de 1855 y febrero de 1856 la conferencia *On Faraday's Lines of Force* en la Sociedad Filosófica de Cambridge a partir de la lectura de las *Experimental Researches* de Faraday. Ahí comienza una brillante carrera científica que compaginó con otras dedicaciones como la reforma de la enseñanza de la física en la universidad, la impartición de clases a obreros, asiduo conferenciante y prolífico poeta. Faraday defendía, desde la perspectiva «electricista», que las líneas de fuerza mejoraban la explicación mecánica de las acciones electromagnéticas descritas como acciones a distancia newtonianas, con lo que no acababan de estar de acuerdo quienes enfocaban las acciones electromagnéticas desde una perspectiva puramente matemática, especialmente en Alemania. Maxwell en su determinante y célebre *A Treatise on Electricity and Magnetism* (1873) valora así aquellas discrepancias: «Ni él [Faraday] ni ellos [los matemáticos alemanes] estaban satisfechos con el idioma del otro. También tenía [yo] la convicción de que esta discrepancia no se debía a que ninguna de las partes estuviera equivocada. La primera vez que me convencí de esto fue por William Thomson, a cuyo consejo y ayuda, así como a sus trabajos publicados, debo la mayor parte de lo que he aprendido sobre este tema... de modo que se explicaban los mismos fenómenos y se deducían las mismas leyes de acción por ambos métodos, pero que los métodos de Faraday se parecían a aquellos en los que empezamos con el todo y llegamos a las partes por análisis, mientras que los métodos matemáticos ordinarios se basaban en el principio de comenzar con las partes y construir el todo por síntesis... Toda la teoría, por ejemplo, del potencial, considerado como una cantidad que satisface una cierta ecuación diferencial parcial, pertenece esencialmente al método que he llamado de Faraday... Mi principal objetivo ha sido comunicar a otros el mismo deleite que he encontrado en la lectura de las *Researches* de Faraday». Maxwell no compartía la idea de acciones a distancia en el espacio vacío ni que la ciencia explicara los fenómenos como últimas verdades; a lo sumo, la ciencia describe el comportamiento de las cosas, por lo que el método preferente debe ser analógico y matemático. Así lo detalla en la conferencia citada: «Por analogía física entiendo aquella semejanza parcial entre las leyes de una ciencia y las de otra, haciendo que cada una de ellas ilustre a la otra... Maxwell luego sugiere que el movimiento de un fluido ficticio proporciona una muy buena analogía para las líneas de fuerza eléctricas y magnéticas, donde la velocidad del fluido representa la intensidad de la fuerza. El fluido que usa no es real, pues sus propiedades son extrañas: no solo es incompresible, es imponderable. Muy consciente de las rarezas de este modelo, Maxwell recurrió a una analogía que, aunque aparentemente poco realista y abstracta, le permitió conseguir una comprensión casi física y sensorial del comportamiento de las líneas de campo. Sin embargo, esto aún no era una teoría del electromagnetismo» (Tolstoy, 1981).

Secchi, en su tratado sobre la unidad de las fuerzas físicas, se refiere a Maxwell como «un autor que parece añadir una complicación inútil al admitir especies de células [la hipótesis de los vórtices o torbellinos, que recuerdan a Descartes, para describir el magnetismo] formadas por el fluido eléctrico. También muy recientemente, Tyndall no dudó en sumarse a quienes consideran a la corriente eléctrica como una corriente de éter». Reparo que no fue impedimento para que Secchi mismo, en uno de los Discursos sobre «La Grandeza de la Creación» en su obra póstuma *Lecciones elementales de Física Terrestre* (1879; 1886, en castellano), escribiera: «La definición de Maxwell, que establece una teoría magnética de la luz [electricidad, magnetismo y luz no son más que modificaciones diversas y especies distintas de movimiento, de un mismo principio asociado a la materia ponderable, había escrito previamente], quizá sea algo vaga, pero en el fondo es la expresión de un gran hecho que todavía no se ha conseguido representar en sus peculiaridades, pero que no por eso es menos verdadero». La naturaleza de la electricidad se mantenía en un estado de confusión en el que podían sucederse ideas incluso contradictorias procedentes de un mismo científico. Desaparecidos aquellos fluidos imponderables, presuntos causantes de cuanto acontece en el Universo, subsumidos ahora en la extraña cosicidad del éter, como

Protagonistas de la unificadora y rotunda teoría electromagnética.
Izquierda: Volta, Faraday, Oersted y Ampère. Derecha:
Maxwell con Katherina, su esposa y el perro Toby.

sujeto unificador de las fuerzas físicas, Maxwell se adentró en los resultados empíricos de Faraday y de otros «electricistas» intentando expresarlos matemáticamente, terreno en el que Faraday flojeaba. En cuanto al éter, apuntar que acabó siendo desterrado por Albert Einstein en los albores del siglo xx por razones conceptuales y por la evidencia de la fracasada detección del «viento del éter» en el experimento de Michelson-Morley. No necesitó aquella imponderable hipótesis análogamente a lo sucedido cuando Napoleón, tras la lectura de la *Exposición del Sistema del Mundo* (1796) de Laplace, comentó sorprendido no haber encontrado a Dios por ninguna parte, a lo que el físico-matemático francés le respondió no haber tenido necesidad de esa hipótesis.

«Es un rasgo fascinante del pensamiento de Maxwell que mantuviera una actitud ambivalente hacia sus propias teorías, pues a pesar de su preocupación por proporcionar modelos físicos para la explicación de los fenómenos, estimaba que había una distinción entre la representación de la naturaleza y la estructura de la naturaleza misma... Así, Hertz señaló que la "afirmación favorita" de Maxwell de que "la electricidad se mueve como un fluido incompresible" era incompatible con la propia idea de Maxwell de que la electricidad era una manifestación de la polarización del éter», así comienza P. M. Heimann su artículo «Maxwell, Hertz, and the Nature of Electricity» (*Isis*, 1971). Cupo al físico alemán Heinrich Hertz (1857-1894) demostrar la producción y detección de ondas electromagnéticas; «ondas hercianas» se nombran en su honor, investigación dada a conocer en versión original alemana en 1892 y como *Electric Waves: Being researches on the propagation of electric action with finite velocity through space* (1893), versión inglesa de aquella obra capital «sobre la propagación de la fuerza eléctrica». Sin más pretensiones, dejo este apunte que, en cierto modo, resume la inconsistencia que por entonces afectaba a la naturaleza de la electricidad. Sirva de referencia para adentrarse en esta decisiva aportación a la física, la publicación de Manuel García Doncel y Xavier Roqué (1990). Dentro de las incertidumbres, la fortaleza de las ecuaciones planteadas por Maxwell en la conferencia *Teoría Dinámica del Campo Electromagnético*, leída en la Royal Society londinense en 1864, es incuestionable. Para Maxwell eran equiparables las representaciones visuales y las formulaciones matemáticas. Así para él sus ecuaciones del campo electromagnético contenían tanta realidad, o más, que los fenómenos materiales observados en el laboratorio.

La introducción de la notación vectorial por el inglés Oliver Heaviside (1850-1925) y el estadounidense Josiah Willard Gibbs (1839-1903), extendida entre los físicos a partir de 1900, redujo a cuatro las originales, complejas y, en cierto modo, farragosas ecuaciones de Maxwell, que reproduzco simplemente con ánimo de resaltar la belleza matemática de su simétrica formulación, sin entrar en detalles de sus significados. De ellas, el físico austriaco Ludwig Boltzmann (1844-1906) dijo: «¿Fue un dios quien escribió estas fórmulas?». Si Cajal habla de la belleza física de los paisajes neuronales, aquí hablamos de la belleza simbólica de las expresiones matemáticas. Ante las primeras formulaciones matemáticas del campo electromagnético de Maxwell conocidas por Faraday, este le escribe: «Al principio casi me asusté cuando vi tal fuerza matemática ejercida sobre el asunto, y luego me maravilló ver lo bien que el asunto lo soportaba» (Bowers, 1991).

Complementariamente a la formulación matemática del campo integrador de electricidad, magnetismo y luz, a la propuesta de propagación del mismo mediante ondas electromagnéticas a las que Maxwell no puso atención en producir y detectar, tarea que desarrolló exitosamente el mencionado físico alemán Heinrich Hertz, el *Treatise* de Maxwell contiene diversidad de representaciones geométricas de campos correspondientes a distintas situaciones magnéticas y eléctricas.

«El modelo de Maxwell —escribe Crowther— poseía otras características de gran interés, además de haber sugerido la teoría electromagnética de la luz. Sus vórtices con partículas de electricidad girando a su alrededor anticipan al electrón y al átomo con sus electrones orbitarios. La corriente eléctrica era, al fin y al cabo, un flujo de electrones», aunque en su *Treatise* no usara el concepto de partícula eléctrica, como lo hiciera al tratar de la electrólisis refiriéndose a moléculas de electricidad. En la conferencia inaugural del laboratorio Cavendish de Cambridge, creado en 1871, del que Maxwell fue su primer director y profesor de Física Experimental, considerada un documento crucial para la historia de la física, luego llamada «moderna», tras hacer un repaso a las teorías sobre la naturaleza y constitución de la materia, en las que se contrapusieron el continuo universal y el vacío poblado de átomos, Maxwell apunta: «La hipótesis de átomos y vacío nos conduce a dar mayor importancia a la teoría de números enteros y de las relaciones definidas. Pero al aplicar los principios de la dinámica al movimiento de un número inmenso de átomos, las limitaciones de nuestras facultades nos obligan a abandonar la tentativa de expresar la historia exacta de cada átomo, y a satisfacernos con una estimación del estado medio de un conjunto de átomos suficientemente grande como para ser visible». La obligada recurrencia a la mecánica estadística que él mismo había promovido y el consiguiente cálculo de probabilidades, contenían el sustrato de lo que más tarde fue el principio de indeterminación en la mecánica cuántica.

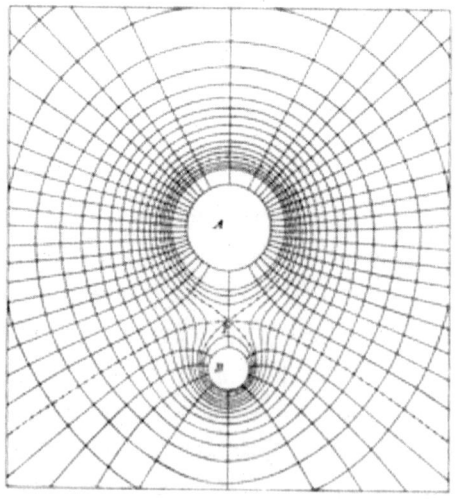

Líneas de fuerza de un campo electromagnético. De la obra original
de Maxwell *A Treatise on Electricity And Magnetism* (1873).

En 1906, Joseph John Thomson (1856-1940), integrado a pleno rendimiento en la investigación y la gestión en el Cavendish Laboratory de Cambridge entre 1880 y 1919, sucedido por Ernst Rutherford, recibió el Nobel de Física «por sus investigaciones teóricas y experimentales sobre la conducción de la electricidad a través de los gases». Una aportación más a los saberes físicos con los gases —aquellos «aires» del XVIII— como protagonistas. Le antecedió la publicación (1903) de su libro *Conduction of Electricity Through Gases*. El motivo de su distinción fue decidir a favor de la constitución corpuscular de los rayos catódicos frente a la ondulatoria defendida por otros, como Heinrich Hertz. Sin embargo, J. J. nunca habló de electrones —término introducido por George J. Stoney (1826-1911) en 1891 para denominar la unidad de carga eléctrica—, sino de corpúsculos negativos, de los que midió la relación carga (e) / masa (m). Motivo por el que hay planteadas cuestiones de prioridad sobre el descubrimiento del electrón, alegando las contribuciones al respecto de científicos como Lorentz, Zeeman, Schuster, Wiechertt y Kaufmann, cada uno por su lado. Mencionan este episodio Davis y Falconer (1997), que desean sean contadas sus respectivas historias alguna vez, o la postura más contundente de Bênoit Lelong (1998), afirmando que «nadie descubrió el electrón», por ejemplo. Con independencia de a quién o quiénes corresponda la autoría, que, por otra parte, siempre se sustenta sobre precedentes al borde de los «descubrimientos», lo que tiene relevancia científica y social, aspecto exigible a los avances en el conocimiento por el bienestar de los pueblos, son los hechos consumados y el buen uso que se haga de los mismos.

En la formación de Thomson tuvo influencia decisiva Balfour Stewart autor de Cartillas Científicas por quien sintió admiración y procuró emular en sus años iniciales de vida académica e investigadora, mostrando inclinación por la física de lo «invisible» que era común entre los físicos del XIX, especialmente B. Stewart, autor junto con el también profesor de Filosofía Natural de Edinburgo P. G. Tait (1831-1901), colaborador con Maxwell, lord Kelvin y Hamilton, del influyente libro *The Unseen Universe: or Physical Speculations on a Future State* publicado en 1875, presidido con el lema «las cosas que vemos son temporales, pero las que no vemos son eternas» y concebido desde las teorías básicas de la física victoriana: el éter, el principio de conservación de la energía, la segunda ley de la termodinámica y los vórtices atómicos. Thomson participó en sus comienzos de la posibilidad de que los átomos pudieran ser anillos de vórtices (como anillos de humo) en el éter, que propuso Maxwell. Pero sus investigaciones lo condujeron a modelos atómicos completamente diferentes.

La identificación del electrón como componente elemental del átomo indujo una revisión conceptual de términos relativos a la electricidad, una nueva concepción de la corriente eléctrica y una «nueva física» asociada con las descaradas teorías relativista y cuántica que removieron los cimientos de las ciencias físicas, hasta entonces razonables e intuitivas, llevadas a un territorio extraño al mundo habitual —«invisible»—, pero afortunadamente más próximo al mundo real, como quiera que este sea. Aquella «ciencia eléctrica», titubeante pero avanzando con firmeza, a partir de las chispas y descargas electrostáticas y la ocasional pero decisiva pila de Volta, se iba quedando lejana. A su vez, la mecánica newtoniana veía limitada su zona de influencia: *Zur Elektrodynamik bewegter Korper* (Sobre la electrodinámica de los cuerpos en movimiento), artículo firmado por Albert Einstein en su *annus mirabilis* de 1905, levantaba el telón de una obra a estrenar que trastocaría principios y saberes en las ciencias físicas, aportando fundamentos a la física de hoy.

El cuadro adjunto procede de *Kulturgeschichte der Physik* (Historia cultural de la Física), 1990, de Károli Simonyi, publicado originalmente en húngaro (*A fizika kultúrtörténete*) en Akadémia Kiadó de Budapest. Es un recorrido a lo largo de 576 páginas, desde la Antigüedad hasta finales del siglo XX, cuidadosamente editado, profusamente ilustrado, con esquemas y perfiles como el aquí

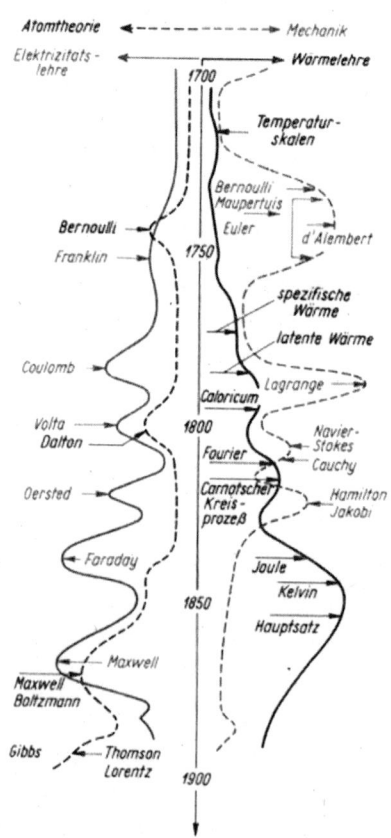

Intensidad relativa de la evolución de las cuatro ramas (Teorías atómicas, Mecánica, Electricidad y Calor) de la Física Clásica en los siglos XVIII y XIX.

recogido, esquemáticos y completos, muy documentado a partir de las fuentes originales, que bien hubiera merecido una traducción al castellano. Lamentablemente, nos perdemos obras de referencia necesarias para elevar la cultura científica patria, que, sin ruborizarse, antes al contrario, enfatizando la expresión, reivindicaría nuestro científico más internacionalmente reconocido, Santiago Ramón y Cajal. Asimismo, hay que ser cautos y procurar la contrastación de informaciones y datos, sobre todo de los autores; los lectores han de ser selectivos e interesarse por las publicaciones más fiables. En el tratamiento histórico de los sucesos en general, pueden deslizarse afirmaciones y referencias fruto más de intuiciones, suposiciones o conjeturas que del hecho real. Ejemplo de cuanto digo es el caso, algo escandaloso, de *A History of Electricity and Magnetism* de Herbert W. Meyer publicado, nada menos, que por The Massachusetts Institute of Technology (Cambridge, USA, 1971), en el que se vierten afirmaciones gratuitas, como que Newton construyó una máquina eléctrica en 1675, o afirmaciones falsas como que Stephen Gray nació en 1695, año en que la Royal Society publicó su primer trabajo sobre electricidad. Así lo denuncia, indignado, el historiador J. L. Heilbron, de quien seguimos sus aportaciones a la historia de la física y de la electricidad en particular, en la su demoledora y breve reseña de dicho libro en *Isis* (1972), «An International review devoted to the history of science and its cultural influences», inicialmente editada por George Sarton en 1912 y vigente a día de hoy. Refiriéndose al autor, «quienquiera que sea, merece nuestra admiración por haber encontrado una editorial de renombre. El chivo expiatorio es el M.I.T. Press, que ha arriesgado vergonzosamente su reputación al publicar como Historia una colección de paparruchas, errores e invenciones». Enumeradas algunas de estas falacias, concluye: «Si saltamos hacia atrás, nos enteramos de que el trabajo de Moseley precedió al de Bohr y que el de Heisenberg siguió al de Schrödinger, errores atroces que hacen que la historia de la física moderna no tenga sentido. En cuanto a la mitad del libro, no he podido decidirme a leerlo». Motivos suficientes para retirar el libro de la circulación.

Suplemento de la *Gazzeta de Milano, Il Seculo XX*, 1882.

EL «*PRINCEPS ELECTRICORUM*»

La primera treintena de cartas del *Epistolario* de Volta datadas en 1761, contando 16 años de edad, consta de 25 de su profesor de ética y teología, el jesuita Girolamo Bonesi insistente en profusas y largas recomendaciones, advertencias y peligros a tener en cuenta por un joven como él para conducirse con una vida cristiana, ascética y meritoria de un feliz destino eterno; y otras intercambiadas con su hermano Giuseppe, dominico en Bolonia, precavido ante el intento de los jesuitas de captarlo para la Orden entendiendo que la aparente convicción de ingreso en la misma que Volta le había manifestado podría deberse a artimañas «jesuíticas», como al parecer intentaron con él, que «tomé el chocolate —escribe a Alessandro— buenas palabras y si te vi ya no me acuerdo», invitación similar a la ofrecida a Volta acompañada de un licorcito. Le recomienda, si está decidido a consagrarse a Dios, aunque piensa que no es ese su camino, que «tu intención no es sana, ni tu vocación es buena», busque en otras órdenes, poniéndole como ejemplo los franciscanos capuchinos u otros similares. Recomendación en la que subyace la buena acogida entre las órdenes religiosas por la expulsión de los jesuitas de sus respectivos asentamientos, acaparadores, en opinión de aquellos, de poderes e influencias entre reyes y nobles en detrimento de la presencia de las otras órdenes.

En 1763 escribe las primeras cartas sobre electricidad al abate Nollet y en el 64 al padre Beccaria, ante quien reconoce el atrevimiento con que se acercó a él con estas palabras: «Ya ha pasado un año desde que inoportunamente, como tiene razón en reconocer, y con poca discreción, comencé a molestar a v. p. m. r. con una incomprensible y frívola charla sobre la electricidad; dando vueltas a la memoria de lo que adelanté sobre este tema sin fundamento, que posteriormente fue negado y demostrado por la prueba de los hechos, entro en suspenso, y considero que con toda razón v. P. M. R. no considerara oportuno dar la debida respuesta a tales tonterías que ni siquiera importaba leerlas». Este fue el comienzo de quien optó por la ciencia como dedicación investigadora y docente, a la vez que, salvado aquel conato talar, prefirió ser hombre de mundo, y así fue. Digo «hombre» asociado a los seculares atributos del término, incluso agrandándolo, porque biógrafos, conocidos y allegados coinciden en la virilidad con que condujo su vida social, en la que no faltaron los «líos de faldas» que tantos quebraderos de cabeza supusieron para la familia en la que prácticamente todos eran curas, frailes, monjas y jurisconsultos, además de nobles y ricos.

Así ve Libes en su *Histoire philosophique des progrès de la physique*, publicado (1810) en vida de Volta, el inmortal futuro del comasco:

> «Los descubrimientos físicos de Volta deben destacarse tanto por su importancia como por su cantidad. El dominio de la electricidad es una herencia recibida de manos del filósofo de Filadelfia [a Franklin se refiere], y del que se ocupa constantemente de perfeccionar su cultivo. Volta, animado por el deseo de ampliar sus límites, encuentra en la feliz fecundidad de su genio el medio para lograrlo. A medida que avanza, imagina nuevos instrumentos, y los maneja con esa habilidad industriosa que da origen a los descubrimientos. Su gloria futura estará vinculada sin duda a sus brillantes invenciones; pero, me atrevo a decir, que la pila eléctrica se contará siempre entre los más sólidos fundamentos: la pila ofrece a los físicos una fuente inagotable de riqueza, y su influencia sobre los progresos del análisis químico le proporcionará cada día una nueva recompensa. Me imagino ver una elevada y majestuosa columna entre los confines de la Física y la Química, como una muestra de la feliz hermandad que une para siempre estas dos ciencias, y como monumento que atestiguará a la posteridad más reciente la justa celebridad de su autor».

Sin embargo, «el dudoso estatus que los contemporáneos de Volta atribuían a los conceptos derivados de sus prácticas en el laboratorio y las máquinas que construyó puede explicar los frustrantes intentos de Volta por imponer su propio sistema conceptual a la ciencia de la electricidad, incluso después del gran impacto de la batería», concluye Pancaldi. Arago en el *Elogio Histórico* lo define como inventor que «no sigue ideas sistemáticas, que su guía es la observación», pero teniendo en cuenta que «nada es descubierto por casualidad». Lo valora como el ilustre profesor que ha ilustrado a sus alumnos «no con los detalles de la ciencia que pueden encontrarse en los libros, sino con la historia filosófica de los principales descubrimientos, las correlaciones sutiles que escapan al vulgo inteligente y algo que muy pocas personas tienen el privilegio de conocer: el avance progresivo de los inventores». De los inventores, no de los filósofos naturales.

«El Primer Congreso Nacional de la Electricidad hace voto porque el Gobierno haya tomado en benévola consideración la oportunidad de reunir todas las obras de Alessandro Volta en una sola publicación, continuando así la iniciativa que tomó con la publicación de las obras de Galileo». Así lo manifiestan en las Actas del congreso celebrado en Como en 1899 con motivo del primer centenario de la pila, cuya Comisión contaba con la presencia del nieto de Volta, también Alessandro. El Real Instituto Lombardo de Ciencias y Letras, del que Volta fue miembro, promovió en 1861 una suscripción pública para adquirir manuscritos, instrumentos y mobiliario científico por valor de 100 000 liras. Se reciben prontas aportaciones de los Consejos Provincial y Comunal de Como, Nápoles, Livorno, Verona, Venecia, Mantua y muchos otros, a los que hay que añadir a Víctor Manuel II, primer rey de Italia, que donó 3000 liras, y el Parlamento Italiano, que con 26 000 liras completa las 100 000 presupuestadas. En 1862 la casa familiar de los Volta pasa a ser propiedad del noble Carlo Pizzala, y el Municipio, a propuesta del Consejo Escolar Provincial, hizo colocar una inscripción recordando que allí nació, vivió y murió su ilustre vecino. En 1864 se inaugura en el Palacio de Brera en Milán la Sala Volta, donde se recogieron y exhibieron los recuerdos voltianos recuperados. «A pesar de las condiciones económicas desdichadas y las frecuentes suscripciones patrióticas, toda Italia respondió con admirable entusiasmo al llamamiento», recuerdan las actas del Real Instituto Lombardo. El Liceo de Como pasó a llamarse Liceo Volta. El pintor Giuseppe Bertini, profesor de la Academia de Bellas Artes de Milán, expone el fresco encargado con el momento en que Volta muestra la pila a Napoleón. En 1878 se inaugura en uno de los patios de la Universidad de Pavía el Monumento a Volta, bajo el que fue velado —recordemos— el Nobel Golgi, encargándose de la alocución correspondiente el profesor Giovanni Cantoni (1818-1897), catedrático de Física y rector de aquella Universidad. En 1888 la calle donde está la casa natal de Volta pasa a llamarse Via Alessandro Volta. Y culminando los reconocimientos de la ciudad de Como a su famoso «cittadino», en 1899 se celebra la citada Exposición Internacional de la Electricidad con motivo del Primer Centenario de la Pila.

A esta muestra de reconocimiento público, como hasta entonces nunca se había hecho en Italia con un científico, hay que añadir el manifiesto deseo de publicar en cuanto fuera posible sus obras completas, para las que afortunadamente se contaba con un millar de manuscritos que no fueron cedidos a la infortunada Exposición de 1899, que acabó siendo pasto de las llamas con la irrecuperable pérdida de múltiples testimonios de la vida y la obra de Volta. La primera edición nacional de *Le Opere di Alessandro Volta* fue publicada bajo los auspicios de la Real Accademia dei Lincei y del Reale Istituto Lombardo (Ulrico Hoepli, editore-libraio Della Real Casa, Milano 1918), revisada por Adolfo Sozzati y Luigi Volta, nieto del «Grande» comasco, como es calificado en las ocasiones en que se trataba de resaltar su figura. Años después, la sección histórico-científica del Congreso Internacional de Ciencia Histórica celebrado en Roma (1903) acuerda asumir la publicación de la obra, completando las flagrantes lagunas de la *Collezione dell'Opere di Alessandro Volta, patrizio comasco* de 1816, sufragada por el marqués Vincenzio Antinori (1794-1865), recibida con reparos por el propio Volta, que se negó a cederle escritos científicos inéditos que poseía. Aunque incluyeron algunas publicaciones en los *Philosophical Transactions* londinenses y en la *Bibliothèque britannique des sciences et des arts*, faltaban otros muchos publicados en revistas extranjeras como *Journal de Physique, Journal de Chimie et de Physique, Bulletin des Sciences de la Societé Philomatique* de París, *Neues Journal der Physik*, esenciales para dar idea de su relevancia internacional. Y sobre todo faltaba una de las más sobresalientes monografías sobre la obra voltiana: *L'identità del fluido elettrico col così detto fluido galvanico victoriosamente dimostrata con nuove esperienze*. Curiosamente, esta publicación fue dada a conocer (Pavía, 1814) por el padre de la Congregación de San Pablo Pietro Configliacchi (1777-1844) sin indicar claramente su autor. Configliacchi sustituyó a Volta en 1804 en su cátedra de Física Experimental de Pavía y fue nombrado definitivamente catedrático de la misma en 1817, que ocupó hasta su jubilación en 1841. Algunos, como Cesare Cantù, prologuista de la obra de Grandi sobre Volta, admitieron la atribución al sacerdote que cuenta con publicaciones sobre electricidad, magnetismo, galvanismo, meteorología, calórico, incluso sobre el electromotor (pila) de Volta. Pero en la Historia de la Universidad de Pavía se pone en duda la autoría de Configliacchi. Hasta 1860 no fue aclarado el enredo, reconociendo la autoría de Volta, gracias a las averiguaciones del miembro del Reale Istituto Lombardo y presidente del Ateneo de Milán, Luigi Magrini (1802-1868), profesor de física en el Instituto de Estudios Superiores de Florencia, estudioso de los fenómenos electromagnéticos y constructor de motores eléctricos e instrumentos musicales electromagnéticos. Se ocupó de la recopilación de las obras de Volta, continuada a su muerte por el astrónomo Giovanni Schiaparelli, Giovanni Cantoni y Zanino Volta, entre otros, a quienes corresponde la documentación incluida en los siete tomos de Le Opere.

La clasificación adjunta sirvió de base para la edición nacional de 1918 que los recopiladores consideran definitiva a la vista de la obra recogida de Volta, a la vez que la dejan preparada para incluir otros documentos que pudieran aparecer en el futuro. Las categorías y clases sobre las que se aborda la publicación dan idea de la extensión y diversidad de contenidos de la obra de Volta.

En la conferencia que su nieto Zanino pronunció el 23/4/1898 en la Sociedad de los Empleados Civiles de Como, dice: «La fuerte y bien equilibrada constitución física de Alessandro Volta, que a lo largo de sus envidiables casi ochenta años de vida padeció muy pocos trastornos de salud, lo predispuso felizmente al trabajo; y creo que más que del trabajo, del ocio ha abusado a veces sin sufrir daños graves o demasiado duraderos». Así veían al comasco dotado de un aventajado aspecto físico por encima de la normalidad de «los mozos de su quinta», que diríamos nosotros: estatura, 1,82 m; capacidad craneal, 1865 cm³, frente a los 1500 cm³ de los varones italianos; circunferencia craneal, 570 mm; peso del cerebro, 2055 g, que superaba en 440 g la media italiana. Una cabeza de tamaño respetable descrita por Bianchi, en su hagiográfico relato, con «una amplia frente surcada por las estrías de serias meditaciones... sus facciones estaban ampliamente marcadas, apuesto, viril, bien pronunciadas, pero ni áspero, ni duro, ni orgulloso... su rostro, más que austero por severo ceño fruncido, u orgulloso por labios desdeñosos, era humano por la seriedad de su semblante, y venerable por su dulce majestuosidad». En cualquier caso, y a la vista de las informaciones a propósito del cerebro de Albert Einstein, por tomar una eminente referencia, el peso no es lo que importa —el de Einstein eran 1230 gramos—, sino la estructura de las circunvoluciones cerebrales. Giovanni Zuccala (1788-1836), profesor de Estética y Literatura italiana de la Universidad de Pavía, fue el encargado de hacer un Elogio moral al fallecimiento de Volta, al frente de cuya publicación (1827) escribe: «Mi tarea no puede ser más consoladora y más sagrada, siendo la de hacer el *Retrato moral* de un Justo, cuya agradecida grabación Italia deberá conservar celosamente para que las llamas de este sol alimenten en nuestra posteridad el sentido de la patria y la virtud». Elogio sobre el que el historiador comesano Mauricio Monti (1800-1867) escribe en su *Storia di Como* (1829): «El señor Zuccala en este elogio moral se ha dejado llevar más por la fantasía propia que por la verdad. Volta no era un santo».

CATEGORIA		CLASSE
I. LETTERATURA BIOGRAFICA . . .	A	Viaggi.
	B	Scritti letterari.
II. DOCUMENTI	C	Decreti, nomine, elezioni.
	D	Carteggio professionale.
III. EPISTOLARIO ELETTROLOGICO . .	E	Lettere del Volta.
	F	» dirette al Volta.
IV. SCRITTI E LETTERE SOPRA DIVERSI ARGOMENTI SCIENTIFICI . . .	G	Pneumatica, eudiometria, chimica.
	H	Meteorologia, termologia, scienze naturali.
V. STUDI DI ELETTROLOGIA	I	Elettrostatica, elettrometria.
	J	Elettromozione.
VI. DISCORSI E MEMORIE	K	Letture accademiche.
	L	Monografie, lettere aperte, relazioni scientifiche.
VII. CORRISPONDENZE	M	Lettere famigliari e confidenziali.
	N	Comunicati personali letterari.
VIII. OGGETTI PROFESSIONALI	O	Didattica.
	P	Governo della Scuola di fisica.
IX. ATTI CIVILI	Q	Azione pubblica.
	R	» privata.
X. ALLEGATI	S	Scritti diversi riguardanti i lavori di ordinamento dei manoscritti, e documenti di varia indole.
	T	Pubblicazioni diverse relative al Volta.

Sac. Callisto Grandi Prev. di Sant'Agata

LA VITA
o

ALESSANDRO VOLTA
NARRATA AL POPOLO

MILANO
STAB. PONTIFICIO A. BERTARELLI
1899.

Una de las
frecuentadas
publicaciones para
acercar al pueblo a su
célebre «cittadino».

Al margen de las exégesis floreadas de algunos que lo conocieron, lo trataron y supieron de sus idas y venidas entre la sociedad comasca, aunque pasaran de puntillas sobre ellas, lo cierto es que Volta tenía don de gentes, conversador y llamativo sentido del humor, como testimonian quienes hablan de él. Su amigo, el canónigo Gattoni, dice en su *Diario*: «Raro carácter el de Volta, que nunca se exaltaba; que no miraba de arriba abajo a nadie, como es costumbre de ciertos sabios; que era familiar, afable con todos, conformándose a la capacidad de cada uno sin desprecio; y que era deseado en cada clase social como alma vivificante de la sociedad». Su facilidad para el trato y su presencia le granjearon la admiración de unos y otras. No es extraño que diera más de un dolor de cabeza a sus parientes por la tardanza en «sentar la cabeza y recogerse» casándose y formando una familia como manda la santa madre iglesia. Su persistente soltería —se casó a los 49 años— fue motivo de intranquilidad familiar, según consta en las múltiples cartas intercambiadas con su hermano Luigi, preocupado por los lances amorosos de Alessandro allí por donde iba: conocidos eran los cercanos habidos en Italia y también los europeos, por lo que se hablaba y lo contado por Brugnatelli en su Diario durante su estancia en París. De este asunto escribe Aldo Mieli: «Lo que sin duda contribuyó a evitarle la carrera eclesiástica fueron su naturaleza exuberante, que se manifestaba en una vida muy activa de remador, de caminador y también, por lo que hacía a sus tiempos, de alpinista; además, a pesar de que sus púdicos biógrafos no traten el asunto, en múltiples y pasajeras aventuras amorosas, como las que tuvo en una edad más tardía. Una vida sexual muy intensa, conforme a las tendencias personales, es, creo, una característica de los hombres geniales, que en ella encuentran un fortalecimiento y un estímulo de su actividad espiritual, y solo en NEWTON, por razones constitucionales, encontramos un individuo genial, pero completamente frígido para las imperiosas necesidades de la carne». Hecho este paréntesis, sigamos con la conferencia de su nieto Zanino; luego nos ocuparemos del desenlace definitivo de su vida sentimental.

Adecuándose al lugar donde hablaba, Zanino tituló la conferencia *Alessandro Volta negli uffici pubblici*. El desempeño público de Volta está relacionado fundamentalmente con la organización de la Universidad de Pavia, como centro de instrucción pública, de la que fue catedrático de Física Experimental, rector durante un curso y decano de la Facultad de Física y Matemática. Fue un renovador de las enseñanzas de la física y un hábil conseguidor de medios para la mejora de las infraestructuras universitarias. «Les diré —habla Zanino— que pudo obtener del Gobierno con encomiable insistencia —que otros no habrían conseguido— cuantiosos subsidios para la adquisición de máquinas e instrumentos; y que varias veces con espíritu generoso y con éxito usó para sus colegas, y para sus institutos científicos, el particular favor que merecidamente había procurado de Ministros y Soberanos». Ya vimos algunas aportaciones de Volta a la modernización de los programas de física. Consiguió la mejora de los salarios, inició la publicación de revistas científicas propias de la Universidad, impulsó la ampliación de las aulas para dar cabida a más estudiantes —el actual anfiteatro Volta fue diseño suyo—, consiguió presupuestos para la compra de libros y material científico por los países que visitaba, los ingresos de las corporaciones religiosas suprimidas se donaron a varias clínicas, se adquirieron colecciones para los museos de ciencias naturales y de medicina, se organizaron los laboratorios de química y de anatomía patológica y se aumentó el reciente Jardín Botánico. Por las reformas acometidas, la universidad ticinense adquirió prestigio dentro y fuera de Italia, aumentando los alumnos nacionales y extranjeros atraídos por los catedráticos ilustres con que contaba la universidad. Pero como nunca llueve a gusto de todos, tuvo obstáculos que salvar, sobre todo entre sus colegas. La dominación napoleónica de la Lombardía fue desigualmente recibida por el profesorado universitario. Cuenta Zanino que «la sensatez y cautelas de Volta en aquellos días de exaltación general contrastaban con el fervor de muchos de sus colegas demasiado pronto ilusionados por ciertas apariencias fascinantes y por las muchas promesas llamativas, sí, pero sin fundamentos sólidos, entre las que es curioso que, junto a Rasori, surgieran algunos eclesiásticos, como el barnabita [clérigos regulares de San Pablo surgido del Concilio de Trento] Francesco Alpruni, profesor de teología moral, y los dos padres escolapios Gregorio Fontana, matemático, y Carlo Barletti, viejo amigo y colega muy especial de nuestro Alessandro Volta, con quien compartía las enseñanzas de la física».

Lo acontecido con el nombrado Rector de la Universidad, Giovanni Rasori, por el Gobierno napoleónico generó polémica y cierto escándalo oficial en el que estuvo involucrado Volta. Rasori, profesor de patología especial con apenas 30 años, tras la reapertura de los estudios en la Universidad de Pavía en 1797, cerrada en 1796 por el Gobierno austriaco ante la amenaza de los avances del ejército francés, era un convencido seguidor del ideal revolucionario francés, que había aprendido de fuentes directas, habiendo estado en París al estallar la revolución y luego, desde finales de 1793 hasta principios de 1795, habiendo permanecido en Inglaterra, la tierra clásica del liberalismo. En su discurso de apertura de las aulas, proclama como objetivo de aquella institución «formar ciudadanos útiles a la Patria no solamente en el ejercicio de las artes, sino más aún en el amor a la libertad de la que algún día deberemos ser firmes sostenedores». Para Rasori, la universidad debería ser «el árbol de la libertad»: «O la República o la muerte», es su lema final. Volta, que había solicitado a la Administración General de la Lombardía (15/12/1796) la jubilación junto con su colega Scarpa, que no les fue concedida, opinaba así de Rasori, escribe Volpati: «Fue enviado deliberadamente como el más enfurecido de los ateos modernos para corromper a la juventud, y fue elegido Rector Magnífico de la Universidad por ellos [los estudiantes]. En lugar de estimular a los jóvenes a progresar en las ciencias, los obliga a tomar las armas en defensa de la proclamada libertad hasta el punto de que cien de los trescientos [alumnos] que este año están en la Universidad de Pavía se hayan vestido con el uniforme de legionario». Volta califica a Rasori de «antipatriota, revolucionario y ateo» en carta a G. P. Frank (1798). A comienzos de 1798, Rasori fue llamado a Milán para ocuparse de la secretaría del Ministerio de Asuntos Internos. Después de unos meses en Pavía como profesor, pasó a la Universidad de Milán. Volta fue acusado por miembros de la Universidad de Pavía del pronto traslado a Milán del efímero rector ticinense.

El escándalo oficial a que me refiero fue provocado por la pretensión de Rasori de implantar en la Universidad ticinense el calendario republicano francés. Según describen Zanino y más detalladamente Volpati: «Dejando intactas las denominaciones de las décadas, pensó en sustituir —para la designación de los días— los nombres de los animales y plantas usados en el calendario francés, nombres de hombres ilustres, especialmente italianos, en la ciencia, las artes y las armas. Nada malo, al parecer; de hecho, podría decirse algo bueno, que, dado el ambiente intelectual para el que Rasori había pensado en su innovación, esta no podía dejar de ser oportuna y útil. En cambio, se encontró con actos de acalorada indignación y reproche». Y aquí entra Volta, decano de su Facultad, junto con otros tres decanos, pronunciándose vivamente contra aquel atentado «a la religión y costumbres del país». Alegan que no se indican las fiestas cristianas en las que participaban el cuerpo universitario, la municipalidad y el Estado, que entre los nombres propuestos figuraban «villanos ilustres... por haber sacudido los cimientos de toda virtud» y citan, entre otros, a Juliano el Apóstata, Hobbes y Spinoza. Hasta aquí la «rebelión» voltiana contra el afrancesamiento de su Universidad, que tan celosamente protegía. Pero Volta era práctico, lo que favoreció que se opinara de él como «chaquetero», significado que todos entendemos, «es decir que, aun oponiéndose de todo corazón al dominio de los franceses y a la dirección que estos daban a los asuntos públicos, supo disimular hábilmente, en efecto, que era necesario asumir una actitud y apariencia de convencida adhesión», concluye Volpati. Y continúa: «Su merecida fama, más que europea, sus largos y utilísimos servicios prestados en la enseñanza pública, su provecta edad, la participación en la Diputación de Lyon y también el buen nombre de su país de origen, lo señalaban particularmente para un escaño en el Senado... Entonces —¡veis la volubilidad de los juicios!— el ilustre hombre, antes castigado por ser austríaco, después sufrió vejaciones como ardiente partidario de Francia». Senador fue nombrado por Napoleón, a la vez que la aristocracia, el clero y parte del claustro universitario, Spallanzani entre ellos, lo tachaban de jacobino y, especialmente, de un acusado napoleonismo. Su hijo Luigi da una pista: «Culpó abiertamente al sistema de Napoleón como conquistador, pero defendió al gran capitán de las calumnias cuando lo vio infeliz; y al igual que Cato, le encantaba abrazar la causa ganada», escribe Volpati.

No pudo ser indiferente a la actividad política, aunque la mayoría de quienes se han ocupado de él, en biografías, relatos o reseñas de su vida, la soslayen en favor de su actividad científica, lo que es justamente explicable. Pero merece ser conocido su deambular por ese territorio, del que nunca hizo profesión ciega, porque es chocante su aprovechamiento para sí y para los demás. Quizá Napoleón no consiguió conquistar y permanecer cuanto hubiera deseado en Italia, pero de lo que no hay duda es de que el italiano Volta, a partir del descubrimiento de la pila, conquistó a Napoleón incondicionalmente. Entre 1805 y 1814, la República Cisalpina fue convertida en Reino de Italia por decisión de Napoleón, que se autoproclamó rey de Italia. Ya antes, en 1799, durante una breve dominación de la Lombardía, había reincorporado a Volta a su cátedra de Pavía suspendida por el gobierno austriaco, le proporcionó cuantos honores y distinciones tuvo a su alcance, todos del más alto rango, lo nombró diputado del Congreso de Lyon, senador del Reino de Italia, presidente del Colegio Electoral del Lario y lo distinguió con el título nobiliario de conde, al que corresponde el escudo adjunto, con una pensión vitalicia de 3000 liras que disfrutó hasta su muerte. Volta siguió insistiendo en que tras 30 años de servicio en la Universidad desea jubilarse, y aunque lo relevan de las clases, sigue como honorario. Habiendo recurrido a Napoleón para el retiro total, la respuesta del Gran Cónsul fue: «Un bravo soldado debe morir en el campo de batalla».

En los disturbios acaecidos en Milán en 1814 con la reentrada de los austriacos y la defenestración de Napoleón, Volta se puso a salvo en el Senado saliendo oculto en un carruaje en el que, reconocido, fue sometido a insultos, puñetazos, estacazos con paraguas, tachado como partisano de Francia. A caballo se refugia en Mosino, cerca de Como, en la villa del conde Mugiasca, donde permanece unos meses. Finalmente, el gobierno austriaco lo incorpora a la universidad, recuperando su condición anterior de decano honorario. Tras los avatares políticos, es inmortalizado con un retrato para la Universidad con la siguiente inscripción latina redactada por su sucesor en la cátedra de Física Experimental, Pietro Confligliachi, con el que ya vimos tuvo algunas cuestiones de prioridad: «Alexander Volta —in re electrica princeps —vim rale torpedinis meditatus —nature interpres et aemulus» (*Effermeridi Voltiane*, Francesco Fossati, Esposizione Volta, 1899).

Por esos derroteros anduvo la vida pública de Alessandro Volta, sin que haya una opinión firme encajándolo en un calificativo específico sobre su, a veces, cuestionada conducta y afiliación. Así lo vio Davy en su encuentro en Milán —Volta tenía 68 años—, según relata su hijo John en *Memoirs of the life of sir Humphry Davy* (1836): «Era un hombre ya entrado en años y enfermizo de salud. Su conversación no fue brillante; sus ideas eran bastante buenas, pero mostraban mucha ingenuidad. Tenía unas maneras muy sencillas... No tenía el aire de un hombre que disfrutara de la vida y ni siquiera el de uno práctico en el mundo. En general, los científicos italianos no tienen pedantería en sus modales, aunque carecen de gracia y distinción». Al parecer, el tiempo hizo mella en el comasco porque algunas apreciaciones del británico autoproclamado «Newton de su tiempo», desde su condición soberbia, aprovechando la coyuntura para lanzar alguna puya a los continentales italianos, no se corresponden con las de otros que a Volta conocieron en la plenitud de su vida.

Cesare Cantú cuenta que «escuchándolo conversar con su criada o charlando entre campesinos y con obreros, apenas habrías creído lo afamado que era». Aun angustiado por sus titubeos religiosos, mantuvo la costumbre familiar de la misa, confesión y rosario diarios, incluso por

Escudo de armas del Conde Alessandro Volta y escudo nobiliario de la familia Volta.

la profundización con que abordaba sus largas meditaciones, motivo de conversaciones y disputas a veces con su amigo Gattoni, antes y después de que este profesara en la Compañía de Jesús. Incluso siendo ya muy conocido dentro y fuera de Italia, dedicó tiempo como catequista de los niños en la parroquia de San Donnino de Como. En 1814 murió su hijo mediano, Flamino, con 18 años, en quien tenía esperanzas fuera su heredero intelectual, a la vez que se hundía el esplendor napoleónico, por lo que padeció reveses personales rayanos en la depresión. Sumido en un desánimo difícil de superar y con los achaques de la edad, fue alejándose de la vida pública y desatendiendo honores a que todavía era convocado. No obstante, el reconocimiento público en Como fue incondicional, valorando cuanto hizo por mejorar la vida de su «patria». Recordemos su reacción a la sorpresa vivida en uno de sus viajes europeos a la vista del cultivo y consumo personal de la patata, que en Italia la poca que se cultivaba estaba destinada a comida para los animales. «Alessandro Volta, escribe Molteni, uno de los científicos más famosos del mundo, habría dejado una huella en la gastronomía italiana sin que la mayoría lo supiera. Se dice que a su regreso de Francia, después de uno de los muchos viajes de estudio, habría traído un extraño regalo a su familia. Era una fruta de forma ovoide, de color marrón y de aspecto poco atractivo. Ante la indiferencia de sus seres queridos, les explicó que se trataba de una verdura comestible, de sabor dulzón, fácil de producir, apreciada en la mesa francesa, llamada *pomme de terre* o patata. Volta creía tanto en la novedad hortícola que también quería presentarla al mundo académico, sin obtener esa oportunidad. A pesar del desinterés general, el gran físico empujó a sus agricultores a cultivar y consumir la patata, contribuyendo así a su difusión en Italia». En reconocimiento a este y otros méritos, la Academia de Ciencias, Letras, Agricultura y Artes del Departamento del Mella en Brescia, en su aspiración a «promover cualquier conocimiento útil con el fin de aumentar aún más el honor y la prosperidad nacional», no puede esperar alcanzar este fin si no escoge colaboradores ingeniosos y con distinguidos conocimientos: por lo tanto, eligió Miembro de Honor al muy preclaro Sr. Conde Senador ALESSANDRO VOLTA y ordena que le sea enviado este Diploma. Dado desde Brescia el día 10 de diciembre del año 1810». Otras modestas instituciones locales y provinciales, constituidas con gentes del pueblo, lo distinguieron igualmente.

De su labor científica ya hemos cuenta, habiendo sido reconocido internacionalmente como ningún científico italiano, hasta entonces, lo había sido ni casi ninguno de su tiempo. Martinus van Marum, coincidente casi con los años de vida de Volta, amigo y confidente, destinatario de una amplia y fecunda correspondencia, lo calificó como «Princeps Electricorum» y creó en Holanda, en la Universidad de Harlem a la que pertenecía, un premio en 1801 con la siguiente leyenda: «Si los efectos de la pila voltaica pueden explicarse con las nuevas leyes de la electricidad, o si es necesario mencionar otro fluido en particular; ¿qué fenómenos, con qué ventajas?». En 1805, la Sociedad Italiana de la Ciencia establece un premio de 90 *zecchini* para un concurso sobre: «Esporre con chiarezza, con dignità e senza offesa d'alcuno, la questione sul Galvanismo fra gli egregi nostri Soci. Sig. Giovanni Aldini e sig. Alessandro Volta». El filósofo natural suizo Jean-André de Luc (1727-1817), que dedicó buena parte de su actividad a la construcción de instrumentos científicos y de medida, entre ellos la pila seca, se refería a Volta, con quien mantuvo encuentros y correspondencia, como «El Newton de la electricidad». He aquí algunas muestras del reconocimiento científico de Volta y del uso de su nombre y la pila en escenarios variopintos hasta hoy mismo:

PRIX FONDÉ PAR LE PREMIER CONSUL
BONAPARTE

ANNONCÉ DANS LA SÉANCE PUBLIQUE DU 17 MESSIDOR AN 10.

Rapport fait à la classe des sciences mathématiques et physiques de l'Institut national, sur le prix fondé par le premier Consul pour les découvertes relatives à l'électricité et au galvanisme.

Le premier Consul qui, même au milieu des soins de la guerre, a fait prospérer les sciences, veut que la paix les porte au plus haut degré qu'elles puissent atteindre, et il vient de donner à l'Institut national un nouveau moyen d'en accélérer les progrès.
Ses intentions à cet égard sont exprimées dans la lettre suivante, qui a été transmise à la classe par le ministre de l'intérieur.

« Paris, le 26 prairial an 10.

« J'ai intention, citoyen ministre, de fonder un prix consistant en une médaille de trois
« mille francs pour la meilleure expérience qui sera faite dans les cours de chaque année sur
« le fluide galvanique. A cet effet, les mémoires qui détailleront lesdites expériences seront
« envoyés, avant le premier fructidor, à la première classe de l'Institut national, qui devra,
« dans les jours complémentaires, adjuger le prix à l'auteur de l'expérience qui aura été la
« plus utile à la marche de la science.
« Je désire donner en encouragement une somme de soixante mille francs à celui qui,
« par ses expériences et ses découvertes, fera faire à l'électricité et au galvanisme un pas com-
« parables à celui qu'ont fait faire à ces sciences Franklin et Volta, et ce au jugement de la
« classe.
« Les étrangers de toutes les nations seront également admis au concours.
« Faites, je vous prie, connoître ces dispositions au président de la première classe de
« l'Institut national, pour qu'elle donne à ces idées les développements qui lui paroîtront con-
« venables, mon but spécial étant d'encourager et de fixer l'attention des physiciens sur cette
« partie de la physique qui est, à mon sens, le chemin des grands découvertes.

« *signé*, BONAPARTE ».

Las fechas corresponden al calendario republicano francés que durante 13 años (1793-1806) sustituyó al gregoriano por el que nos regimos. *Messidor* es el mes de la «recolección» (19/junio-19/julio) y *prairal* el de los «prados» (20/mayo-19/junio). El premio, francés, le fue concedido a Humphry Davy, un inglés, en plena contienda entre ambos países por siempre mal avenidos. Hay quienes han valorado esta decisión atribuyéndole a Napoleón el reconocimiento de la ciencia por encima de las veleidades políticas. Siguiendo este precedente, Napoleón III (1808-1873), presunto —hay dudas sobre su legítima procedencia— sobrino de Napoleón I, en 1852, siendo el último emperador de Francia, estableció un premio de 50 000 francos «a favor del autor del descubrimiento que encuentre aplicaciones de la pila de Volta a la economía, sea a la industria como fuente de calor, sea al alumbrado, sea a la química, sea a la mecánica, sea a la medicina práctica».

La pila de Volta fue motivo de carteles, ilustraciones, monedas, objetos de decoración y ocio, propaganda de productos, representaciones teatrales, escritos jocosos... de los que son muestra las representadas a continuación: propaganda de productos cárnicos Liebig; obra teatral en 24

Medalla Copley de la Royal Society londinense; Medalla del Instituto Nacional de Ciencias y Artes francés, y Medalla como miembro extranjero de este Instituto.

actos con canciones intercaladas, una especie de musical, publicado en 1854 de los autores Siraudin y De la Rounat; y el conjunto de «anécdotas violentas» (24) escritas por un partidario de la «literatura galvánica» (1931) con la amenazante advertencia en la cubierta «Quieres nerviosismo, lo tendrás», del que entresaco algunos títulos: *Venganza de una mujer, La autopsia, Incesto y parricidio, Enterramiento precipitado, El afrodisíaco, Los hermanos enemigos, La Chica pública, Superstición y barbarie, La ejecución militar, La morgue*, que bien delatan que de bromas, pocas.

Con la fama le llegaron honores y cargas que le supusieron, por su carácter, más inconvenientes personales que ventajas. No era proclive al boato y a las ceremonias sociales acarreadas por su nombradía. Desde París (1801) escribe a su mujer: «En medio de tantas cosas que ciertamente me deben agradar, y que son todas demasiado halagadoras, no me propongo creerme más de lo que soy; a la vida agitada de la vanagloria prefiero la tranquilidad y dulzura de la vida doméstica. Así es que deseo volver a casa, abrazar a mis queridos hijos y a todos vosotros. Pero me temo que no será tan pronto... Saluda a todos en casa. Cuéntales a nuestros hijos muchas cosas sobre mí. Sé alegre. Os abrazo y soy vuestro amadísimo Esposo». Aunque la fama que le precedía, sus buenas mane-

Coleccionable de los extractos de carne Liebig.

ras y, sin duda, la curiosidad por el tan celebrado extranjero venido de Italia, favorecieron que participara en saraos, encuentros y otras circunstancias que cuenta Brugnatelli. Años antes, 1798, le decía por carta a su íntimo, el profesor Giamprieto Frank: «Me han obligado a dejar en Como a mi mujer y mis hijos, y marcharme solo a Pavía, separación que me pesa demasiado». Se había casado el 22 de septiembre de 1794 en la iglesia de San Provino de Como con doña Maria Alonsa Teresa Peregrini, nacida el 5 de junio de 1764 (no es segura esta fecha, ni he averiguado la de su fallecimiento), casi 20 años más joven que él, de una distinguida familia patricia comasca, hija de don Lodovico, Delegado Real en Como, fallecido hacía unos años, y doña Maria Guaita, última de siete hermanos. Fue la elegida, entre otras posibles consortes que pusieron a su alcance. Los casa su hermano Luigi, que debió respirar a gusto ante el tan deseado y trabajado enlace que tantos dolores de cabeza le costó, sabedor de la «dispersa» y «disoluta» condición de su querido Alessandro. Así le escribe Volta a su hermano en abril de 1791 en trance de abandonar la perturbadora idea del matrimonio con la cantante Marianna Paris a cambio de un pacto económico con la familia:

Anverso (la pila) y reverso (Templo voltiano) de billete homenaje a Volta.

«Tu carta, que recibí ayer, es más dolorosa que la mía a la que respondes. ¿Así que ni siquiera se me permite desahogarme y explicar el estado de mi mente? Me parece que deberías compadecerme un poco más, si por todo lo que sufro y temo, no hago más que lamentarme; pero mientras tanto yo trabajo fuerte con la intención de abandonar el proyecto de matrimonio, a cambio de procurar una colocación para Marianna y su familia. Con este motivo hoy le envío a la madre la factura de 60 escudos romanos que deben servirle para el viaje a Viterbo, donde tiene que concluir el negocio acordado. Me escribe que se irá pronto y que me informará de todo; probablemente se vaya con ella también la hija, retirada cada vez más [del teatro], aferrándose a este camino, con el pensamiento de lo anhelado para nuestra boda. Pero quieres más: quisieras que te diera la palabra de honor de no volver a pensar nunca más en ella. Pero no puedo prometer mucho para el futuro: el caso es que de ninguna manera, ni siquiera con el tiempo, con la distancia y con devociones, pude encontrar la paz y estaba en gran peligro espiritual; es cierto que en lugar de entregarme a la desesperación, debería aplicar el remedio para sanar la herida. Quiero esperar que podré sanar; y lo hago de buena fe, con el pretexto de distanciarme lo más lejos posible de mi corazón, y del de la hija y sus parientes, y de cualquier idea de boda. Ella misma ya está convencida de las razones, y parece que no lo piensa más. En cuanto al presente, tampoco lo pienso más, y lo intento. Vuelvo a decir, de buena fe, que me conformo con este propósito también para el futuro, y espero mantenerlo. Esto es lo que prometo; pero atarme con la promesa absoluta, con mi palabra de honor, ni puedo ni quiero; que en la medida en que pueda, trabajaré duro, reflexionaré y me encomendaré a Dios, para recuperar esa paz de la mente necesaria para vivir bien tanto temporal como espiritualmente. Puede que nunca tenga éxito: ¿y qué? Entonces sería mejor tomar otro camino. Aunque espero que no lleguemos a este caso. Mientras tanto, continúa orando por mí y dándome buenos consejos que me reconforten. Los que me diste en tu última carta son buenos y justos; cuidaré seguirlos y sacar provecho de ellos. Realmente necesito estar inclinado al bien y a las obras de misericordia. Por lo tanto, trato de beneficiarme leyendo los libros espirituales que más me conmovieron hace mucho tiempo, cuando comencé a ordenar mi vida: ahora de nuevo me siento frío y fuerte; y más cuanto más pierdo la esperanza dejando de lado el pensamiento del anhelado matrimonio. ¿Qué quiere decir esto? Quiere decir que el alma está demasiado abatida y el corazón trastornado si no se es dócil y flexible a las grandes verdades eternas, como lo están estas agitaciones mías, que también te preocupan a ti». Y finaliza, haciendo a pluma y a pelo, cambiando completamente de tercio: «¿Puedes decirme algo sobre los sujetos recién elegidos para la Congregación Municipal, para la Judicatura y para los Lugares Píos? Me sentí muy complacido de que don TOBIA PELLEGRINI [¿familiar de Teresa, su futura esposa?], que se había quedado fuera, haya sido nombrado Real Delegado de Pavía, ya que el Intendente PICCALUGA no quería serlo, aunque irá de concejal en Mantua.

Te abraza de todo corazón tu querido hermano

ALEJANDRO».

No obstante la dudosa contrición que Volta manifiesta ante su hermano, recae una vez más, no pasado un mes, en sus intenciones matrimoniales o, al menos, en alguna solución para la familia Paris. En esta ocasión lo hace ante la más alta instancia del poder: el emperador Leopoldo II de Austria. Aprovechando la estancia de este en Pavía a finales de mayo de 1791, le escribe así:

«Habiendo llegado a una edad muy madura sin haber podido resolver nunca, aunque sea el único seglar de tres hermanos, para colocarse en matrimonio, porque con ninguna mujer pudo decidirlo; hace dos años se siente atraído por una joven sabia y honesta, pero lamentablemente de condición humilde y vil, no tanto por nacimiento cuanto por la poco honorable profesión del teatro que ejerce contra su voluntad por circunstancias accidentales y necesidades domésticas, aquella pobre muchacha de origen romano de nombre MARIANNA PARIS. Esta circunstancia que ella sabía y trataba con honestidad podía arreglarse, de modo que a partir de entonces el Suplicante deseaba casarse con ella; y lo habría hecho, si los muchos inconvenientes y prejuicios, que vino a traer a sus propios intereses, al decoro de su familia y de su rango, y la fortísima oposición de los familiares, y especialmente de los dos hermanos Canónigos, no lo hubieran considerado adverso». Presentada la situación, le pide ser trasladado a la Universidad de Milán con el mismo sueldo que en Pavía para casarse y vivir alejado del ambiente hostil de Pavía y Como. Pero necesitaba una concesión más, admitiendo incluso la imposibilidad del matrimonio:

«El Suplicante no puede mantener toda esta familia [padre, madre, dos hijos y la hija cantante], y piensa la manera de que puedan tener una subsistencia tolerable a la que espera poder llegar empleando su propio capital, no pequeño, de 10 a 12 mil liras, para alquilar la Posta de Correos que se reabre en Viterbo, no hace mucho tiempo en manos de la misma familia, cuando vivía el suegro de la madre. De nuevo, por lo tanto, se intenta restablecerlo; y la gestión ya está avanzada con la esperanza de llevarla a buen término pronto. El suplicante, si llega a casarse con la hija, tendrá que vivir, no como un señor, pero pasablemente con ella, ambos aliviados de la carga familiar, que actualmente es sostenida en su totalidad por la propia hija con sus actuaciones teatrales; y aunque no pudiera casarse con ella, al menos tendrá el consuelo de haber liberado a esa joven de una profesión que la degrada, y que ella y sus padres detestan».

La respuesta en nombre del Emperador fue breve y frustrante. Por entonces, Volta no era todavía el famoso e internacionalmente celebrado inventor de la pila:

«Su Majestad ha declarado que ninguna de las dos peticiones del solicitante puede ser concedida. Albuzzi Garbagnati». (4/11/1791).

Se dijo de él (Pancaldi, 2003, Mazzarello, 2009) que «era el tipo de persona que va a misa por la mañana y frecuenta los burdeles por la noche». Su proximidad al «cicisbeo errante» que vimos al comienzo de esta historia, su facilidad para tratar igualmente con la gran dama de los distinguidos salones que con las prostitutas, de las que Brugnatelli hace un recuento de un centenar de «paseos» en los meses parisinos, facilita que estuviera en entredicho su reputación. Durante la estancia en Gottinga con Scarpa, octubre de 1784, consiguió entrañable amistad con Lichtenberg, que había tenido una vida sentimental bastante borrascosa. Ambos, ya en la cuarentena, todavía no se habían convertido en «animales a cuatro patas», como el físico alemán calificaba a los hombres casados. Lichtenberg, en carta a su amigo Wolff, escribe sobre Volta: «Es un hombre guapo y, en unas horas muy libertinas durante una cena en mi casa, en la que nos deleitamos hasta cerca de la una, noté que sabe mucho de electricidad en las jóvenes» (Mazzarello, 2009). El 3 de diciembre de 1788, desde Milán, la condesa Marianna Della Porta de Salazar, sabiendo la inclinación festiva de Volta, le recomienda atienda a una cantante apoyada por ella que iba a actuar en el carnaval de Pavía, como intérprete de la ópera cómica de Paisiello «El barbero de Sevilla o la precaución inútil», con el fin de que la protegiera del ambiente desenfrenado de aquellos días: « dondequiera que ha estado fue moderadamente apreciada, es muy bonita, aunque de hecho me atrevo a decir que no por encima de la media. Me atrevo a recomendársela porque no quisiera que perdiera su inocencia por mí. Bromas aparte, discúlpeme si me atrevo a molestarle con esto, pero considerando la amistad que tengo con Vuestra Excelencia, ¿a quién mejor para apoyarla? Fueron las razones que me llevaron a escribirle esta carta. Mi esposo le presenta sus respetos». Se trataba de Marianna Paris, nacida en torno a 1760, incluida entre las cantantes del 1770 a 1850 en la *Storia universale del canto* (Milano, 1873) de Fantoni, de la que informa detalladamente Volpati sobre su carrera artística, que no biografía personal por desconocida, convertida para sorpresa de la familia y amigos en la obsesión amorosa de Alessandro Volta, que a punto estuvo de dar al traste con su fecunda carrera científica. El apasionado romance entre la joven y el avanzado cuarentón durante casi cinco años fue motivo de un enconado litigio familiar. Para disuadirle de su intención matrimonial con la cantante, intentaron mediar quienes tenían ascendiente sobre él, proponiéndole otras alternativas. Una de las mediadoras en aquellas estrategias fue la ya citada condesa Teresa Ciceri Castiglioni, promotora de cultivos como los altramuces, con cuya cáscara fabricó tejidos, y, junto a Volta, extendió el cultivo de la patata tan bien acogida en Italia. Mujer destacada en su tiempo por su dedicación agrícola e industrial, apoyada por su marido Cesare Liberato Ciceri, noble y terrateniente. Fue distinguida por sociedades agrícolas y reconocida con su nombre en un liceo de Como. La condesa Ciceri, muy activa en su «celestineo», y convencida de que «un clavo saca otro clavo», hace algunas propuestas a Volta, que se resiste aduciendo no aceptar casarse con cualquiera, que aspira a una mujer con solvencia económica y que además satisfaga su inclinación pasional. Llegan a ofrecerse otras mujeres de la aristocracia comasca, entre ellas una rica marquesa (probablemente de la familia Botta-Adorno de Pavía), a la que él mismo, a pesar de la fuerte simpatía que sentía por ella, se encargó de demostrar con una graciosa carta las diversas razones (entre ellas la excesiva diferencia de edad) que dificultaban un matrimonio con él. Otra candidata, propuesta en este caso por su propio hermano Luigi, fue Antonietta Giovio, de veinte años, hija del conde Alessandro Giovio. En el carnaval de 1791 conoce a Giulia Rovelli, de familia noble, como casi todas, educada en un monasterio, con la que solo quiere tener una relación pasajera, al tiempo que andaba en la turbulencia con Marianna. Más allá de otras candidatas, sabemos que la elegida finalmente fue Teresa Peregrini, de la que se conoce poco, salvo lo escrito sobre ella por Zanino, nieto de Volta, en *Como e l'Esposizione Voltiana*, 1899. La describe de baja estatura y algo gruesa, de rostro agradable carente de los «rasgos singulares de esa perfección que constituye propiamente la belleza», de carácter y modales no demasiado delicados pero sin hipocresía, «ni una mariposa ligera e irisada, ni una flor tímida y caduca», dice de ella. Cesare Lombroso (1835-1909), criminólogo y médico italiano, profesor en la Universidad de Pavía, donde introdujo las enseñanzas de la psiquiatría (J. L. Peset y M. Peset, 1975), examinó en 1875 los restos de Volta y Teresa; dice de ella que «sus huesos presentaban una notable pequeñez, fragilidad y ligereza», más pequeños de lo común entre el sexo femenino. El peso de su cráneo, sin mandíbula, cita Volpati, era de 391 gramos, frente a los 695,5 de Volta. No he podido averiguar si dio otros datos relativos a la masa craneal comparables con los recogidos por Bianchi sobre Volta. «Más allá de las dotes intelectuales [de Teresa] y más preciosas para su marido, eran dos hermosas cualidades de orden práctico: el espíritu de economía y la astucia de ama de casa. Atendía al gobierno de la casa, a la defensa y aumento de los intereses domésticos con vigilancia insomne, con energía viril, con límpida sagacidad. Cuando su esposo, secuestrado por el secreto de la pila, estaba ocupado con la construcción de nuevos ejemplares del ingenioso dispositivo, no lo hizo sin ser alarmado por ella al

ver que utilizaba escudos de plata», escribe Volpati, uno de los primeros biógrafos que presta atención a las cualidades personales y domésticas de Teresa, sin obviar los lances amorosos de su marido. Tuvieron
tres hijos: Zanino (1795), Flamino (1796) y Luigi (1798). Vivieron con
desahogo económico —parte del año lo pasaban en la finca campestre de Camnago— a pesar de la maltrecha hacienda que la dispendiosa
vida del padre de Alessandro provocó en la hacienda familiar, reme-
diada con la nada despreciable dote aportada por la adinerada familia de la esposa, los diversos sueldos del comasco y otros gajes como
ayudas estatales y la pensión napoleónica. Entre otros ingresos figura
la hipoteca contraída con la familia Volta —fallecidos recientemente
sus hermanos Luigi (14/1/1809) y Giovanni (8/7/1809)— por el difunto
marqués Giorgio, trasladada a su hijo Luigi Porro Lambertenghi, por
32 000 liras milanesas al 4 7/8 por ciento anual, sobre todos los bienes
«presentes y futuros», según consta en carta (7/11/1809) de Volta a la
Oficina Hipotecaria de Como.

Parece ser que verlo casado alivió no solo a la familia, también a
la sociedad en que se desenvolvía y gentes muy diversas con las que
trataba, al clero, donde contaba con tantos parientes y conocidos, y al
claustro universitario de Pavía. Pero sobre todo el mayor alivio fue para
él mismo, de quien, a partir de entonces, no se cuentan sus otrora gozo-
sos galanteos al margen de su vida familiar, salvo los habidos en París,
donde fue reconocido por algunos como «príncipe de salones» con
fama de seductor, *tombeur de femmes*, según deja caer Brugnatelli en

Donna Maria Alonsa Teresa Peregrini y Marianna Paris.

su *Diario*. En la línea panegírica de su biógrafo Bianchi, se lee a propósito del casamiento de Volta: «No sé qué dirían de Volta esos filósofos que, después de haber colocado la cadena del himen como cimiento de la piedra filosofal, lo juzgan inadecuado [el matrimonio] para los estudios filosóficos, como que quien primero se distrae con sus rosas, acaba atormentado por sus espinas», y sigue: «Es necesario que el filósofo se case como filósofo, y no como un joven imprudente. Volta no se casó a esa edad en que la intrépida turbulencia de la sangre juvenil da un desaconsejable abrazo a la mujer, que la inexorable experiencia convierte a menudo en la tortura de Mesenzio [rey etrusco presentado por Virgilio en la Eneida como personaje, soberbio, maltratador, impío y cruel]; pero no así con una edad más que espartana, es decir, cuando el amor no se extingue ni se es un niño».

Sus oponentes al enlace aducían que un profesor de la Universidad no debía casarse con una mujer de profesión tan licenciosa, destino adverso al que Volta combatió con cuanta resistencia pudo. Volta contó con el apoyo de un amigo y colega de la Universidad ticinense, el abate Pietro Tamburini (1737-1827), profesor de «Fuentes de la Teología», famoso líder del jansenismo italiano, quien consideraba el matrimonio con la cantante, al punto que habían llegado, como el cumplimiento de un deber. Por esos años, Volta «coqueteaba» con la doctrina jansenista. Curiosamente y en cierto modo simplificando el desenlace, las ranas de Galvani a partir de la primavera de 1792 contribuyeron a superar la ofuscación y el decaimiento en que estaba atrapado, dedicándose a este asunto, como hemos visto, con un esfuerzo casi titánico por las dificultades experimentales y conceptuales que supusieron para él. Y obviamente fueron decisivas otras soluciones más prosaicas y reparadoras. Ya lo inmortalizó con sus versos D. Francisco de Quevedo y Villegas (1580-1645): Y pues al pobre le entierra / y hace propio al forastero / poderoso caballero / es don Dinero.

Marianna, ante la expectativa de casarse con Volta, esperanzada por la beligerancia contra viento y marea con que él trataba de conseguir el consentimiento de sus oponentes más allegados e influyentes en su vida personal y social, había ido reduciendo sus actuaciones artísticas con el fin de complacer al propio Volta, que compartía la opinión asumida entre las gentes de todo tipo y condición de que aquella profesión era poco digna. A la vista de la conmoción que estaba produciendo aquel presunto enlace, y asumido por ambos que era misión imposible, se suceden cartas entre Volta, Marianna, su madre y el arcediano Luigi buscando una salida airosa. En mayo de 1792, la madre de Marianna y ella misma escriben a Volta aconsejándole complacer a sus familiares y renunciar al matrimonio, declarando «que no hay vínculo entre ellos», y que «Bendito Dios que nos dará paz a todos», seguida de otra firmada solo por la madre de Marianna en la que lamenta las dificultades económicas surgidas a raíz de la salida de Marianna del teatro y protesta enérgicamente contra las difamaciones sobre la vida artística porque su hija siempre se ha conducido con «una conducta cristiana ejemplar en todo lugar y tiempo». Así mismo, acepta que los deseos de Luigi de allanar el camino mediante alguna asignación económica sean como «Dios lo inspire».

Siguiendo la segunda extensa carta de 1792, la madre de Marianna le sugiere al «sig.re d. ALESSANDRO», a quien trata con exquisita deferencia, cantidades que podrían satisfacer las necesidades de la familia con «una renta que nos facilitaría la subsistencia... de no menos de dos mil escudos en efectivo y de inmediato para la siembra de semillas y negociar con ellas... y que Dios nos bendiga y no nos mande desgracias para que no nos falte para vivir» . La intención era establecerse en San Lorenzo, pueblo calabrés del sur de Italia. Justifica la cantidad sugerida por lo altos que están los impuestos para productos como drogas (fertilizantes y productos de limpieza personal y caseros), azúcar, embutidos que tratarían de pagar mediante el grano cosechado, ya que Marianna había reducido sus actuaciones teatrales «de no muy buena gana», de las que fueron viviendo durante siete años. Le habla de su mala salud como consecuencia de tanto trastorno familiar y sobre la renuncia a una suculenta propuesta de la corte de Moscú «por tres años solo para cantar dos veces a la semana ante la Emperatriz con una tarifa de seis mil escudos al año» que Marianna hubiera querido aceptar, aunque no lo hizo. Le pide que ya no escriba más sobre este asunto y que lo resuelvan, él y su hermano Luigi, de la mejor manera posible. Toman la decisión que Volta expone en carta (Pavía, 21/5/1792) a Filippo Pettirossi, canónigo de Viterbo, pueblo del Lacio cercano a Roma de donde procedía la familia Paris, que hizo de mediador para la entrega del dinero: «Tuve que abandonar todos los planes de matrimonio y aceptar la oferta que me hace mi hermano arcediano... asignar a Marianna mil escudos romanos, de tal manera que el capital le queda garantizado para invertirlo en cualquier actividad que emprendan y no consumirlo sin darle un destino. ¿Qué pasaría si alguna vez con el tiempo sus padres cayeran en extrema necesidad? Les prometí [a la familia Paris] que se les daría un poco más de ayuda. Así se lo hice saber a mi hermano, a quien me entrego, y no tardará en hacer el desembolso de los 1000 Sc. en la forma propuesta. Le aconsejé que acudiera a Vuestra Excelencia para decidir dónde y cómo habrá que hacer la entrega del capital acordado a la hija». Y así fue liquidada, ignominiosamente, la historia de Volta con Marianna. Sirva como orientación sobre la cantidad pagada que el escudo romano era una moneda de plata de 26 gramos de casi el 100 % de pureza.

Volta escribe por última vez a su hermano Luigi en junio de 1792, cerrando el caso. Siente que está, al parecer, de mal humor porque no se ha completado todavía el trato: «No tienes el dinero listo y lo necesitas a tiempo para darlo todo junto; pero con un préstamo del Can.co VENINI, y con otras aportaciones, has logrado que se pague al Sr. Can. co PETTIROSSI una suma de 4500 liras [los 1000 escudos rondaban las 6000 liras]; creo que será suficiente en este momento y tal vez incluso menos hubiera servido». Basta, le dice, con avisarle al canónigo que recibirá el total «en un tiempo discreto». Con esta seguridad creo que los Sres. PARIS podrían poner la tienda en marcha». Le recuerda que siente no haberse comportado honradamente como un caballero al no llegar al casamiento, que, según pensaba Volta, le hubiera proporcionado «una vida más ordenada y decente». «Debo juzgar, acaba, que Dios quiere disponer de mí de otra manera, y de ella. Así que me resigno, y trato de hacer el bien de todas las formas posibles, a ella y a su familia. He aquí las disposiciones de mi alma: si no son aquellas que más te gustan, no sabría qué hacer con ellos; no me arrepiento ni trato de ocultarlos, como lo haría si no fuera sincero». No hay más constancia epistolar del asunto entre ambos hermanos. Dada la trascendencia pública de la frustrada relación entre Marianna y Volta, la Comisión redactora del Epistolario hace, a continuación de esta última carta, un breve resumen del proceso dándolo por concluido.

Carlo Linati (1878-1949), nacido en Como, escritor, periodista y traductor, colaborador en múltiples revistas literarias, divulgador de la obra de autores en lengua inglesa, compuso una dramatización libre en torno al episodio amoroso entre Volta y Marianna —*Cupido fra gli alambicchi*—, publicada en Milán (Editoriale Ultra, 1944), reeditada en

Novara el año 2000 con motivo del Bicentenario de la Pila, incluyendo algunas cartas del Epistolario, de la que Gianni Bonera, Presidente de la Comisión de Pavía para la Celebración Voltiana, escribe en la Presentación: «Si bien la novela de Linati reconstruye de manera ejemplar las distintas fases de esta amena, pero dramática, vivencia sentimental, que se entrelaza con uno de los momentos científicamente más productivos del científico, se consideró oportuno reproducir algunas de las aproximadamente cuarenta cartas escritas en este período de Volta, principalmente a su hermano, el Archidiácono Luigi. De estas cartas emerge, en efecto, el frenesí sentimental del científico con una fortaleza tan cautivadora que su valor trasciende el mero testimonio histórico, del que siguen siendo fieles portadoras».

En cuanto a la vida conocida de Marianna a partir de 1792, decir que continuó participando en algunas actividades teatrales. Leandro Fernández de Moratín (1760-1828), becado por Godoy para viajar por Europa durante cinco años, asistió en el Real Teatro del Fondo de Nápoles a la representación de *La audacia afortunada* interpretada por Marianna en la temporada 1793-94. El literato español califica la representación escénica como «muy mala», aunque con «buena música instrumental». Un poco burlona para lo que fue la tormentosa vida sentimental de Marianna, la ópera también fue acompañada por la farsa *Bodas por arte de magia*. La actriz permanece alejada de la escena hasta 1800, *annus mirabilis* de Volta, que presenta la invención de la pila en la Royal Society londinense. Parece ser que la última actuación de Marianna, ya en edad avanzada, fue en 1826 en el Teatro dei Ravvivati de Pisa. (Mazzarello, 2009).

A partir de 1802, Volta comienza a padecer fiebres reumáticas, crisis de apoplejía e ictericia. Muere el 5 de marzo de 1827. Enterrado en tierra en el cementerio de Camnago, se celebran varios funerales y otras ceremonias en su honor. En 1831 lo depositan en el mausoleo familiar, inhumado en 1875 para examinar el cráneo por Cesare Lombroso. Sus restos son definitivamente depositados en una tumba de mármol de Carrara, obra del escultor Giuseppe Bayer (1816-1895).

«Una de las tareas que noblemente se impuso el Comité de Como para la celebración del Centenario Voltiano de 1927 (además de las exposiciones, congresos, etc.) fue la de devolver a su primitivo decoro el mausoleo de Alessandro Volta y el recinto que lo encierra, el uno y el otro construidos al mismo tiempo, como una sola obra arquitectónica, por su viuda e hijos y dedicados a su descanso y a su memoria», se recuerda en las Memorias de la celebración. El recinto, gracias a la piadosa concesión de la familia en época de epidemia, acabó transformándose en el cementerio del pueblo de Camnago-Volta, reduciendo la vistosidad de la tumba del ilustre «cittadino» por la proliferación de enterramientos. El Comité del Centenario, de acuerdo con el Ayuntamiento, decidió construir dos camposantos a los lados del primitivo, simétricos y retranqueados de este y comunicados entre sí, que componen el nuevo cementerio de Camnago-Volta, inaugurado el 8 de marzo de 1927, declarando el mausoleo Monumento Nacional.

En el homenaje a Volta en el II Centenario de su nacimiento —publicación editada en Como en 1945—, Carlo Volpati dedica su contribución a «L'ultimo episodio della vita scientifica di A. Volta. (La questione della difusa contro la gradine)». Volta fue siempre muy sensible a los fenómenos meteorológicos, especialmente el calor, que le afectaban a la capacidad de concentración y creatividad. Y como vimos, estuvo interesado por la meteorología como campo de investigación, en particular sobre la producción del granizo, orientado en principio por su amigo Gattoni. «El pensamiento del hombre se dirigió muy pronto a la búsqueda de medios para defender el campo del

El granizo nunca deberà naturalmente fer mas grueſſo , que las gotas de la lluvia; ſi alguna vez ſe vè, que iguala al tamaño de una nuez , ò de un huevo , es , porque muchos granos ſe unen al tiempo de caer ; ò ſi no , quando han recibido un grado ſuficiente de frialdad , yelan todas las partículas de agua , que tocan al caer , y ſe hacen como el corazon de muchas capas de yelo, que aumentan mucho ſu volumen , y ſu peſo. Por eſta razon el granizo grueſſo es muy eſquinado , y los granos redondos no ſon de igual denſidad deſde la ſuperficie al centro.

Párrafo de *Lecciones de Physica Experimental* del Abate Nollet, libro de cabecera de los jóvenes Gatonni y Volta. Pertenece a la traducción al español hecha por el jesuita Antonio Zacagnini, «Maestro de Physica Experimental en el Real Seminario de Nobles de Madrid», dedicado «Al Rey Nuestro Señor D. Fernando VI (que Dios guarde)» (1757).

granizo, fenómeno que ocurre dentro de ciertos límites del tiempo y del espacio. Desde el repique de campanas y el lanzamiento de cuerpos desgarradores o explosivos en la Edad Media, hasta los disparos en la época moderna con cañones reductores de granizo a finales del siglo pasado, la invención del pararrayos por Franklin, en el último cuarto del siglo XVIII, parecía añadir una herramienta eficaz», presenta Volpati el panorama en que se enmarca la búsqueda de soluciones a este, muchas veces, arrasador fenómeno meteorológico.

Tras la enumeración de acciones y protagonistas encaminados a tal efecto, comenta cómo en 1820 resurge la iniciativa del clérigo y profesor de física Pietro Bertholon de Saint-Lazare (1741-1800) en su obra *Electricité des météores* (1787), en la que sugería el uso del pararrayos para impedir la formación del granizo; autor de trabajos como *De l'électricité du corps humain dans l'état de santé et de maladie* o *De l'électricité des vegétaux* en plena controversia galvanismo-voltaismo. Un boticario de Amiens, Alessandro Lapostolle (1749-1831), fue quien, recuperando aquellas ideas, propuso una forma de extraer la electricidad de las nubes plantando en el terreno cultivado una especie de pértiga terminada en punta, comunicada a su vez con la tierra mediante una tomiza de paja mojada, artilugio difundido con el nombre de *paragrandini*. Como suele suceder, hubo posturas a favor y en contra, hasta el punto de que el presidente de la Universidad de Triviso, el profesor Giambattista Marzari (1755-1827), con el que Volta tuvo relación, se dirigió a él por carta (16/6/1823) pidiendo consejo antes de publicar en las Memorias de la Universidad sobre cuál de las propuestas de *Paragrandini* existentes era la más fiable, adelantándole que el de Lapostolle le atribuía a la paja un poder eléctrico que consideraba no tenía. Termina la carta: «Recibiré su opinión como un dogma, porque pertenece a un asunto en el que es famoso y reconocido en el mundo; al mismo tiempo, le aseguro que no haré otro uso de las opiniones que tenga el gusto de ofrecerme y, en atención a la correspondencia, tengo el honor de firmar esta carta con profunda estima».

Volta, que rondaba ya los 80 años y debilitado por su mermada salud, aunque lúcido en su expresión y pensamiento, no se ocupaba hacía tiempo de cuestiones científicas y menos de este asunto que ya en su día, a propósito de la teoría de Bertholon, había dado una opinión desfavorable al supuesto *paragrandini*. En cuanto a si el uso de la cuerda de paja era o no eficaz para extraer la electricidad de las nubes, ya había tenido la oportunidad de asegurar experimentalmente una respuesta negativa. Respondió «a vuelta de correo» por carta (9/7/1823) redactada con su hijo Luigi que él rubricó con su firma. Tras advertirle que por su avanzada edad ha de estar en «reposo ininterrumpido», comenta que la alternativa al de Bertholon, el del profesor de física Carlo Tholard del Colegio de Tarbes en el Alto Pirineo, sustituyendo en aquel el extremo de madera por uno metálico y en lugar de la tomiza un cordón de lino, es igualmente ineficaz porque «dada la gran distancia de la tierra a las propias nubes, estos conductores de pocas brazas no la disminuyen significativamente» como para reducir la electricidad de la nube.

Pero aquí no quedó la cosa, que con la respuesta ya era suficiente. Como fue una constante en la vida de Volta, se vio en un inesperado enredo. La respuesta a Marzari, como la carta de este a Volta, eran confidenciales, y cuál no fue la sorpresa del longevo «cittadino» que su carta apareció en Como en un opúsculo de ocho páginas dirigido por Carlantonio Osinelli con el título *Risposta del signor conte Volta al signor Marzari presidente dell'Ateneo di Tiviso relativa ai così detti paragrandini*. Publicada después en la *Gazzetta di Milano* y la *Gazzetta di Genova*. Y lo que fue peor, el editor Pietro Milesi de Benacia la publicó con el rotundo título *Giudizio definitivo del prof. conte Volta sulla questione dei paragrandini*, un título que iba mucho más allá de las intenciones de Volta, precedido además por una nota introductoria del editor resaltando que Volta había dado el golpe definitivo a tal artefacto, lo que suscitó el malestar de los partidarios del *paragrandini*, que reaccionaron con violencia y reproches contra Volta. Disgustado por la afrenta, escribe por mediación de su hijo al editor de la *Gazzetta di Milano*:

> «Señor editor,
> Vi con sorpresa en el Apéndice de la Gaceta de Milán n.º 199 una carta sobre el tema del granizo que dirigí al Sr. Marzari, presidente del Ateneo [Universidad] de Treviso. Naturalmente, estoy desconcertado al conocer esa carta impresa en Como, cuya publicación no contaba con mi asentimiento, aprovechando, además, la oportunidad para atribuir amablemente por su parte un peso excesivo a mis opiniones. La respuesta enviada a la nota del estimado Sr. Marzari no estaba en absoluto destinada a la impresión,

ya que no quería entrar en el campo de la disputa actual sobre el tema del granizo con una muy breve carta que, debido a mi indisposición, ni siquiera fue redactada por mí, aunque en su conjunto cuenta con mi asentimiento. Me es difícil admitir la arbitraria publicación en Como de ese escrito; si lo hubiera evitado, no habría tenido el disgusto de ver nacer en torno a mí una zarzuela estrafalaria sin que yo la provocara. Mientras, le agradezco, Sr. editor, la favorable consideración a mi prevención surgida de ese artículo, y por favor le pido inserte prontamente esta mía en el apéndice literario de su Diario, que suscribo con toda estima.

Como, el 26 de julio de 1823

Divot.º obblig.º servitore

C. Alessandro Volta»

Esta es la última publicación de Volta. No aparece más en la polémica —una de tantas a las que hubo de hacer frente en su vida— que continuó entre los interesados. Sufrió un ataque de apoplejía que le redujo la movilidad y la capacidad intelectual. No obstante, aun ausente de la controversia, su opinión y recomendaciones sobrevolaban el ambiente, como el gran genio que fue. Y como tal figura en el fresco adjunto.

El triunfo de la ciencia. Fresco pintado por Nicolò Barabino en 1876 (Palazzo Orsini, Génova) que recuerda *La Escuela de Atenas* de Rafael en los Palacios Vaticanos. Alegórica y atemporal interpretación de cómo la Ciencia, representada por una joven y luminosa dama, con un libro de geometría en la mano, ilumina a cuantos están en su entorno. Entre la muchedumbre hay filósofos naturales como Galileo y Newton, gentes de nombradía por sus acciones o inventos como Colón, Gutenberg, Stephenson, Watt, Montgolfier y, centrando la atención, Volta, que muestra la pila junto a otros instrumentos científicos y tecnológicos, entre ellos una máquina de vapor. Los personajes pertenecen al Renacimiento, el Barroco o la Ilustración, a cuyas aportaciones se debe el desarrollo científico, industrial, comercial y social alcanzado en el último tercio del siglo XIX en que fue realizada la obra.

Si poco celoso fue Volta con la autoría de sus escritos, menos lo fue con sus invenciones, que no se ocupó de patentar. Respecto al precio estipulado por Volta para la fabricación de la pila, dependía del tamaño y de los metales utilizados. Por ejemplo, el pedido del Hospital de Como por una pila fue de 36 liras: «20 liras por 120 láminas de cobre y zinc, y 16 por el montaje y piezas necesarias» (carta al Hospital, 2/9/1803). Esos años corresponden a la República Cisalpina napoleónica, de la que Volta era senador en Milán. Aunque su actividad investigadora había decaído, centrándose en otras ocupaciones, emprendió un proyecto ambicioso como fue construir una pila similar a la instalada por Davy en la Royal Institution londinense, la previa a la de 1813. Superados los trámites burocráticos, tediosos entonces como ahora, le escribe (28/5/1810) a Michele Araldi, Secretario perpetuo del Instituto Nacional Italiano, réplica del homólogo francés de tanta trascendencia para la ciencia, con el fin de aligerar el cobro de las 2000 liras presupuestadas para «la gran estructura de aparatos electromotores con placas grandes, que pueden servir para repetir los principales experimentos de DAVY, con los que se obtienen a partir de álcalis, y de otras tierras, sustancias metálicas o similares a los metales». Le facilitan dineros y medios pidiéndole que los «tenga al tanto del experimento», cuyos beneficios serían patrimonio del Instituto.

Así estima Pancaldi la conducta de Volta respecto a la difusión pública de la pila: «No estaba interesado en patentar la pila, como dejaban claro sus cartas a la Royal Society, en las que uno de los principales objetivos era describir por primera vez el nuevo instrumento fácilmente reproducible. La replicación por parte de otros era de hecho un recurso para el tipo de reconocimiento como filósofo natural que Volta esperaba de sus colegas. Sin embargo, la pila no se prestaba al tipo de impacto que otros instrumentos científicos disfrutaban tradicionalmente por su diseño (aunque el gran elector de Sajonia había mandado construir una pila con oro y plata)». A principios de 1800 eran frecuentes las patentes por parte de quienes querían sacar beneficios de sus invenciones. No fue el caso de Volta que, tras el éxito londinense y sobre todo en París presentando su electromotor, se consideraba merecedor de figurar entre los grandes y celebrados científicos, como había soñado en su juventud. Y realmente, consiguió su sueño. Si bien su nombre no es tan popular como Einstein, Darwin, Mme. Curie o Cajal, la repercusión de la pila fue el detonante de una sorpresiva revolución industrial. Y así es valorado con su presencia en multitud de nominaciones en centros educativos y culturales, organismos públicos y privados, instituciones oficiales, fábricas e industrias, calles y plazas, objetos, *souvenirs*, postales... como muestra y enumera Berick en el capítulo «Volta's Life as a Legend», último de su libro *Relentless Visionary: Alessandro Volta* (2019), del que evito reproducir el listado referido.

En su «patria», su natal Como, entre los diversos testimonios que inmortalizan a su célebre «cittadino», se erige al borde del lago el Templo Voltiano levantado en 1927 conmemorando el segundo aniversario de su nacimiento, de cuyos actos y relevancia científica hemos dado cumplida cuenta en los preámbulos del libro. «Se escribió, incluso antes de que el Templo Volta fuera retratado en los billetes de diez mil liras, que es el símbolo más reconocible de la ciudad, que representa el icono más fácilmente memorizado por visitantes y turistas», comienza Stefano Della Torre del Politécnico de Milán su estudio sobre «L'Archittettura del Tempio Voltiano» en *Omaggio alla Scienza. Alessandro Volta* (1991), coordinado por Riccardo Galli y patrocinado, entre otros, por Duracell, que seguidamente aparecerá por un curioso y poco conocido motivo, digamos «patriótico», como lo definiría Cajal. El incendio de la Exposición de 1899, primer centenario de la pila, en el que desaparecieron instrumentos y trabajos de Volta, despertó el interés por paliar la «catástrofe». «El nacimiento del Tempio Voltiano está ligado precisamente a la deuda que la ciudad, o al menos algunos de sus ilustres representantes, seguían sintiendo con aquellas reliquias que no pudieron ser salvadas, con ese rincón del Museo Cívico donde quedaron los restos de lo que fue el núcleo simbólico de la celebración del cambio de siglo, el punto de unión entre la memoria y la certeza de un futuro brillante». El creador, promotor y financiador de la construcción de «un nuevo lugar especial y muy decoroso para los recuerdos de Volta» fue el industrial del algodón Francesco Somaini (1855-1939), quien, una vez finalizada la obra, la donó a la ciudad de Como. El arquitecto encargado de la misma fue Federico Frigerio (1873-1959).

La Fundación Alessandro Volta, creada en Como el 1 de enero de 2015, organiza anualmente durante el mes de mayo el Festival de la Luz, que iniciara en 2013 la Asociación de la Ciudad de la Luz, una de las manifestaciones culturales más exitosas de la ciudad, en las que se vinculan actividades científicas y humanistas con participación de prestigiosos científicos, artistas, literatos, cineastas...

De las innumerables y sucesivas mejoras en el diseño de pilas y baterías, hay que destacar el papel desempeñado por el científico estadounidense Samuel Ruben (1900-1988), especialista en electroquímica y tecnologías del estado sólido. Asociado con el empresario Philip Rogers Mallory, fabricante de pilas y baterías de gran utilidad en la Segunda Guerra Mundial, dieron a conocer en 1965 la invención de las pilas Duracell, patrocinadores de la publicación homenaje a Volta en 1991 de la que hemos informado a propósito del Templo Voltiano, que contribuyeron al sistema eléctrico para el alunizaje del Apolo 11 en 1969. A Ruben se debe también la pila de botón. Esta referencia podría haber sido evitada si no fuera porque Ruben apoyó sus trabajos en la patente del ingeniero catalán Ramón Gabarró y Julien, a la que cita en sus trabajos fechados en 1945. Gabarró patentó en 1892 una pila seca cuya documentación se encuentra en el Archivo Histórico de la Oficina de Patentes y Marcas en Madrid, aquí reproducida. Patente de la que da noticia la Oficina de Patentes de Estados Unidos en 1893 y de la que Ruben extrajo la información sobre la pila de Gabarró.

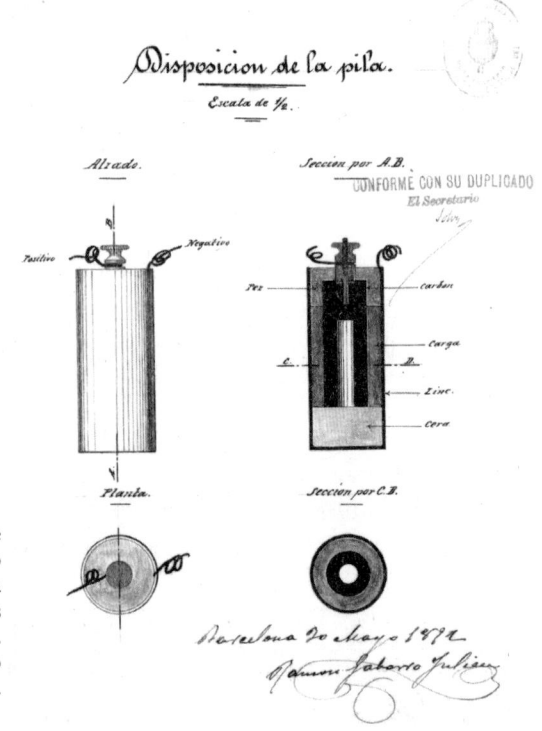

Ministerio de Industria, Comercio y Turismo. Oficina Española de Patentes y Marcas, O. A. Archivo. Fondo Histórico P_13377.

Se expidió la patente, concedida para 20 años previo pago de 25 pesetas, con la denominación «Nuevo sistema de pilas secas que producen fuerza eléctrica», registrada en la Sección de Patentes de Invención de la Dirección General de Agricultura, Industria y Comercio del Ministerio de Fomento. «Las pilas húmedas necesitan cuidados que no todos están en el caso de practicar y para su perfecto funcionamiento es preciso que una mano experta cuide de su conservación», escribe Gabarró en la Memoria con que justifica la idoneidad de su invento, alegando, además, «el bajo coste de construcción y mantenimiento», por lo que espera le sea reconocida «la propiedad del invento, premiando así los desvelos a favor de la prosperidad y preponderancia de la industria de nuestra amada patria». La realidad fue, contrariamente, que cayó completamente en el olvido, hasta el «redescubrimiento» por Ruben, al igual que algún otro suyo, como el sorprendente correo eléctrico con el que pretendía transportar miles de cartas utilizando el tendido del telégrafo del ferrocarril, colgando de él una cabina hermética que alojara la correspondencia.

La inagotable estela de la rudimentaria pila voltaica o galvánica, tanto monta, nos sitúa ahora ante la Tercera Revolución Industrial, en la que la electricidad, de nuevo, juega un papel preferente, pero desde el nuevo concepto de «electricidad verde», es decir, la obtenida a partir de recursos naturales y fuentes renovables en la procura de contribuir a la inexorable tarea de proteger el medioambiente. El sociólogo y economista Jeremy Rifkin (Denver, 1945) publicó en 2011 *La Tercera Revolución Industrial. Cómo el poder lateral va transformando la energía, la economía y el mundo*, ampliamente difundido y traducido, referente del movi-

UNITED STATES PATENT OFFICE.

RAMON GABARRO, OF BARCELONA, SPAIN.

ELECTRIC DRY CELL.

SPECIFICATION forming part of Letters Patent No. 503,415, dated August 15, 1893.

Application filed January 18, 1893. Serial No. 458,862. (No model.) Patented in Spain July 21, 1892, No. 13,377, and February 22, 1893, No. 14,019.

Modelo de batería de iones de litio en la que subyacen los principios originarios, controvertidos durante largos años, de la pila de Volta: potencial de contacto y efecto químico.

miento encaminado a proteger el planeta de los abusos que nosotros mismos hemos cometido y seguimos cometiendo. El libro va precedido por las palabras de Hans-Gert Pöttering, presidente del Parlamento Europeo, pronunciadas en la presentación de la Segunda Ágora Ciudadana de la Unión Europea (12/6/2008): «La tarea prioritaria de la Unión Europea en la primera mitad del siglo XXI será —citando a Jeremy Rifkin— marcar el camino hacia la Tercera Revolución Industrial». Revolución cuyos pilares resume el sociólogo americano en: un mayor aprovechamiento de las energías renovables, la construcción de edificios que produzcan su propia energía y facilitar la transición hacia el uso del hidrógeno para el almacenamiento de la energía. Concretándose, básicamente, en el desarrollo de las baterías recargables, la red eléctrica inteligente y el transporte mediante vehículos eléctricos. Las noticias sobre la alarma climática y medioambiental están al cabo del día. Y no nos las tienen que contar; de una u otra forma, todos las padecemos. También son noticia las propuestas de soluciones, a las que debemos responder con conductas adecuadas a los fines deseados. Riftin en «Bienvenidos a la era glocal» (*El País*, 20/10/2019), introduce la *glocalización* como propuesta alternativa a la globalización: «Gracias a la glocalización es posible una amplia expansión del espíritu emprendedor de la sociedad con la proliferación de pequeñas y medianas empresas inteligentes altamente tecnificadas e integradas en cooperativas de expansión horizontal que operan en redes que dan la vuelta al mundo. En pocas palabras, la Tercera Revolución Industrial trae consigo la perspectiva de una democratización del comercio a una escala sin precedentes en la historia».

Ante este desafío, rayano, según opiniones autorizadas, en la supervivencia, desempeña un protagonismo determinante la batería de iones de litio, elaborada con este elemento alcalino que de sus tres electrones cede uno con facilidad, desencadenando la acción productora de energía eléctrica. Además, por su bajo peso atómico, ocupa el tercer puesto en la tabla periódica de Mendeléiev y aligera el transporte de la pila. Por su contribución a esta nueva visión de las pilas eléctricas, fueron galardonados con el Premio Nobel de Química, en 2019, Akira Yoshino, Stanley Whittingham y John Goodenough. «Esta ligera, recargable y potente batería se utiliza en la actualidad en todas partes, desde los teléfonos móviles a los ordenadores portátiles y los vehículos eléctricos. También puede almacenar cantidades significativas de energía solar y eólica, haciendo posible una sociedad libre de combustibles fósiles», dice la Real Academia Sueca de Ciencias en su comunicado sobre la concesión del Premio. De Goodenough se ocupó Miguel Ángel Alario, Catedrático Emérito de la Universidad Complutense, en la Real Academia de Ciencias Exactas, Físicas y Naturales (27/3/2023), durante el ciclo «Ciencia para todos», exponiendo *La batería de litio y un premio Nobel a los (casi) 100 años*, en un recorrido histórico de la pila eléctrica iniciado en Volta hasta la más detallada descripción de la de iones de litio, junto al repaso de la biografía personal y científica del casi centenario científico alemán nacionalizado estadounidense, con quien Alario mantuvo una larga y cercana relación investigadora. Puede consultarse en la web de la Real Academia madrileña y en YouTube.

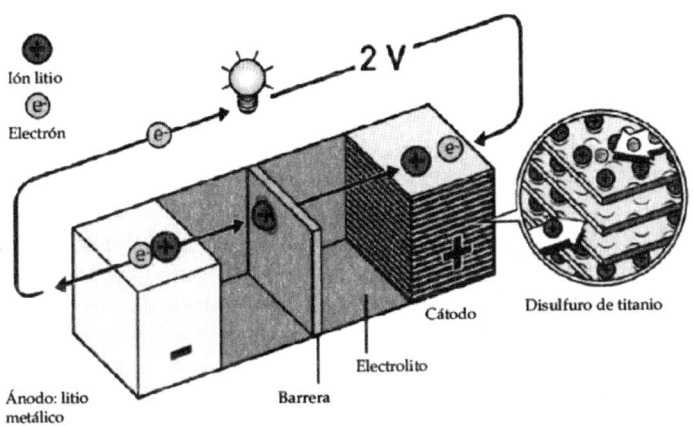

Encabezamiento de las diligencias concediendo la patente de Gabarró en Estados Unidos.

Las expectativas generadas por estos nuevos hallazgos que removerán los cimientos de las formas actuales de movilidad, telefonía y tecnología digital, en definitiva, removerán la vida personal, social y laboral, han abierto un campo de competencia entre las compañías implicadas en esta nueva revolución que los medios de comunicación acapararan informando sobre ese nuevo mundo presidido por la «electricidad verde». Esperemos que la «batalla» la ganemos todos, que realmente sea para bien.

Permítaseme finalizar este «trabajo gustoso», que decía el Premio Nobel de Literatura (1956) Juan Ramón Jiménez (1881-1958), con una especie de jaculatoria como despedida:

En 2025 se cumplió el 280 aniversario —cualquier año sirve para el recuerdo— del nacimiento de Alessandro Volta. Hemos discurrido sobre su vida y su obra con la intención de fortalecer la memoria de aquel «cittadino» comasco al que se deben aportaciones trascendentales en el ámbito de la electricidad, especialmente. Aunque tanta sea la lejanía que nos separa del que puede considerarse un momento estelar en la historia de la Humanidad, la invención de la PILA ELÉCTRICA, los ecos de su obra resuenan entre nosotros con tal fortaleza, vigencia y expectativas que bien merece este modesto homenaje al empeño con que trabajó, ajeno a sus inexorables y revolucionarias consecuencias, con el desafiante propósito de aportar métodos y saberes para desentrañar las alacenas últimas del Universo.

Mausoleo de Volta en el cementerio de Camnago Faloppio, Como.

CRONOLOGÍA

A sabiendas que las cronologías no pueden tomarse a pie juntillas, a veces ni en las fechas de nacimiento y muerte, la incluyo como orientativa, con los datos más sobresalientes, para hacerse una idea aproximada y rápida del trascurso de la vida y obra del célebre «comasco».

1745. Nace en Como el 18 de febrero en el seno de una familia noble venida a menos.

1757-1760. Sigue estudios de Humanidades y Retórica en el Colegio de los jesuitas de Como; después, durante un año, los de Filosofía.

1763. Inicia la correspondencia con Nollet y Beccaria.

1765. Primeros experimentos eléctricos en el gabinete de su amigo Gattoni.

1769. Publica en Roma su primera obra, De vi attractiva, dedicada a Beccaria.

1771. Publica en Como Novus ac simplissimus electricorum tentaminum apparatus dedicado a Spallanzani.

1774. Regente, luego director, de la escuela pública de Como.

1775. Inventa el electróforo. Nombrado profesor de física experimental en la escuela de Como.

1776. Descubre el aire inflamable (metano) causante del paludismo.

1777. Inventa la pistola eléctrica de aire inflamable y el eudiómetro. Viaje a Suiza donde conoce a Voltaire y Saussure.

1778. Nombrado profesor de física experimental de la Universidad de Pavía. Teoría sobre la capacidad eléctrica de los cuerpos conductores.

1780. Inventa el condensador eléctrico.

1781. Inicia un largo viaje al extranjero. En París muestra sus experimentos e invenciones a Franklin, Lavoisier, Berthollet, Laplace, Buffon.

1782. Viaja a Londres. Intensa actividad en la Royal Society.

1784. Viaja a Alemania. En Viena es recibido por el Emperador José II.

1785-1786. Rector Magnífico de la Universidad de Pavía.

1786-1789. Estudios sobre electricidad atmosférica. Perfecciona el electrómetro. Define una unidad de tensión eléctrica. Publica Lettere sulla meteorología elettrica.

1787. Nuevo viaje por Suiza.

1789. Inicia un romance con la soprano Marianna Paris.

1791. Miembro de la Royal Society londinense.

1792. Comienza a trabajar sobre la electricidad animal a partir de las teorías de Galvani. Formula la idea de la electricidad animal basada en el contacto entre metales y tejidos animales. Atribuye una capacidad electromotriz a los conductores en contacto.

1793. Memoria sobre la dilatación uniforme del aire al variar la temperatura. Posteriormente Gay-Lussac formula su ley y Dalton la que regula la tensión de vapor.

1794. Medalla Copley de la Royal Society por su interpretación de las experiencias galvánicas. Se casa con María Teresa Peregrini.

1796. Forma parte de la delegación que recibe a Napoleón en Milán.

1797. Confirma experimentalmente el poder electromotriz de los metales en contacto.

1799. Suspendido de la cátedra universitaria por la restauración del gobierno austriaco. Vuelve a Como. Paso definitivo a la realización de la pila.

1800. El 20 de marzo comunica la invención de la pila, que nombra como órgano eléctrico artificial, a Sir Joseph Banks, presidente de la Royal Society. Napoleón lo confirma en su cátedra de Pavía.

1801. Expone en París, en el Instituto Nacional de Ciencias y Artes de Francia, la Memoria sobre la identidad del fluido eléctrico con el galvánico delante de Napoleón, al que presenta la pila. Le conceden la Medalla de Oro del Instituto.

1802. Forma parte de los diputados nombrados por Napoleón en Lyon.

1803-1805. Dispensado por Napoleón de la actividad docente en la Universidad. Le sustituye Pietro Configliachi.

1805. Napoleón lo nombra Caballero de la Legión de Honor francesa.

1806. Napoleón lo nombra Caballero de la Orden Real Italiana de la Corona de Hierro.

1809. Senador del Reino de Italia nombrado por Napoleón.

1812. Presidente del Colegio Electoral del Lario.

1814. Napoleón decreta el nombramiento de Volta como Conde del Reino de Italia, hereditario para su descendencia. Decano honorario de la Facultad de Física y Matemática de la Universidad de Pavía. Publica la memoria L´identità del fluido elettrico col così detto fluido galvanico.

1815. Manifiesta al canónigo G. Ciceri de Como su profesión de fe católica.

1819. Se retira a su villa de Camnago en Como. Escritos sobre astronomía.

1823. Se muestra balbuciente con riesgo de un ataque cerebral.

1827. Muere el 5 de marzo tras un súbito ataque de fiebre.

1829. Tomaso Bianchi publica la primera biografía de Volta.

1831. El profesor Configliachi inaugura el busto de Volta en la Universidad de Pavía.

1838. Monumento a Volta en Como en la plaza que desde entonces lleva su nombre.

1847. Los hijos de Volta restauran la casa paterna en Contrada Nuova de Como, conservando la estancia donde fue inventada la pila.

Bibliografía

El primer intento bibliográfico data de 1816, por Vincenzo Antinori, con notables deficiencias. La primera edición de la Obra Completa y el Epistolario es de 1918. Entrambas fechas, en 1875, tuvo lugar la publicación del profesor de la Universidad de Módena Pietro Riccardi (1829-1898), a los 50 años de la muerte de Volta, añadiendo correcciones a la de 1816 y preparando el terreno para la más definitiva de 1918, ante el retraso de la decisión del Instituto Lombardo tomada en 1864 de publicar la bibliografía de la obra voltiana. La publicación esta dividida en dos partes: «Elenco delle Memorie concernenti a la biografia di Alessandro Volta» y «Bibliografia delle opere del Volta». Y fue un referente reconocido para la posterior Obra Completa.

Riccardi dedica la introducción a aclarar con pelos y señales el apropiamiento indebido, comentado en el capítulo anterior, del sucesor de Volta en la cátedra de Física experimental en la Universidad de Pavía, el clérigo barnabita Pietro Configliachi, de la Memoria *L'identità del fluido elettrico col cosi dello fluido galvanico*. Este sucedido no es de extrañar dado que Volta, recordemos, no tenía un celo manifiesto por dar a conocer su obra cuidadosamente firmada; tenía por costumbre enviar textos a unos y a otros, como refleja su Epistolario, sin dejar constancia que él fuera su autor, asegura su hijo Zanino a Riccardi. Precisamente este proceder dificultó durante muchos años la recopilación de su amplia y verdadera obra.

Allerhand, A.: 2018, «Who Invented the Earliest Capacitor Bank (`Battery' of Leyden Jars)? It´s Complicated», *Proceedings of the IEEE*, Vol. 106, No 3, March.

Andraud, M.: 1854, *Électricité. Galvani. Drame en cinq actes suivi de notes scientifiques*, Guillaumin Ed., Paris.

Appleby, J. H.: 1990, «Erasmus King: Eighteenth-Century Experimental Philosopher», *Annals of Science*, vol. 47, UK.

Bevilacqua, F. and Bonera, G.: 1999, *On the Electricity excited by the mere Contact of conducting Substances of different kinds*, edición Bicentenario en francés, inglés, alemán e italiano, Università degli Studi di Pavia, Hoepli.

Béguet, B.: 1990, *La Science pour tous. Sur la vulgarisation scientifique en France de 1850 à 1914*, Bibliotheque du Conservatoire National des Arts et Métiers, Paris.

Berick, M.: 2019, *Relentless Visionary. Alessandro Volta*, The Mentoris Project, Barbera Foundation, Temple City, California.

Bertomeu Sánchez, J. R. y García Belmar, A. (eds.): 2002, *Abriendo las Cajas Negras. Colección de instrumentos científicos de la Universidad de Valencia*, Universidad de Valencia.

Berzolari, A. G.: 1992, *Alessandro Volta e la cultura scientifica e tecnologica tra '700 e '800*, Cisalpino, Pavía.

Biot, J. B.: 1816, *Traité de physique expérimentale et mathématique*, Deterville, Paris.

Bonera, G. – Vanzan, P.: 1999, *Alessandro Volta: L'Uomo, lo Scienziato, il Credente*, edizioni CdG, Pavía.

Blondel, Ch. and Dörries, M.: 1994, *Restanging Coulomb. Usages, Controverses et Réplications autour de la Balance de Torsion*, Leo S. Olschki, Firenze.

Bowers, B.: 1991, *Michael Faraday and the Modern World*, EPA press, Essex.

Brisson, M-J.: 1796-1802, *Diccionario Universal de Física*, trad, Cristóbal Cladera (1ª ed. Francesa, 1781), Imprenta Benito Cano e Imprenta Real, Madrid.

Brock, W. H.: 1996, *Science for all. Studies in the History of Victorian Science and Education*, Variorum, Great Britain.

Brown, I. V.: 1962, *Joseph Priestley. Selections from His Writings*, The Pennsylvania State University Press.

Broglie, L. de: 1949, *Ondas, corpúsculos y mecánica ondulatoria*, Espasa-Calpe, Madrid.

Brunet, P.: 1926, *Les Physiciens Hollandais et la Méthode Expérimentale en France au XVIII siècle*, Albert Blanchard, París.

Cabrera, B.: 1917, *¿Qué es la electricidad?*, Residencia de Estudiantes, Madrid.

Canby, E. T.: 1965, *Historia de la electricidad*, Editorial Continente, Madrid.

Caneva, K. M.: 1993, *Robert Mayer and the Conservation of Energy*, Princeton University Press.

Cantú, C.: 1852, *Historia de Cien Años. 1750-1850*, Biblioteca Española, P. Mellado, Madrid.

Carafa, G.: 1751, *De Gymnasio romano et de Rius professoribus ab Urbe condita usque ad haec tempora*, Romae. Citado por Maria Rosa di Simone en *La 'Sapienza' romana nel Settecento*, 1980, Edizioni dell'Ateneo, Roma.

Carrara, B.: 1918, *Il sommo fisico A. Volta, modello di devozione a Maria SS. ed esemplare di cristiana perfezione*, Treviglio, Messaggi.

Carrasco, P.: 1941, *La Nueve Física*, Ediciones El Nacional, México.

Cassidy, D. C.: 1992, *Uncertainty. The Life and Science of Werner Heisenberg*, W. H. Freeman and Company, New York.

Cazin, A.: 1871, *Les Forces Physiques*, Hachette, París.

Ciencia y Técnica en Castilla-La Mancha. Diccionario Biográfico (nombres y hechos): 2020, coordinado por Enrique Díez y Alfonso González, Almud ediciones, Ciudad Real.

Clark, W., Golinski, J. and Schaffer, S (eds.): 1992, *The Sciences in Enlightened Europe*, The University of Chicago Press.

Cohen, I. B.: 1990, *Benjamin Franklin's Science*, Harvard University Press, Cambridge, Massachusetts.

Corradi, A. (Rector): 1878, *Memorie e Documenti per la Storia dell'Università di Pavia e degli più illustri che v'insegnarono*, Bizzoni, Pavía.

Crosland, M.: 1967, *The Society of Arcueil. A view French Science at the time of Napoleon I*, Heinemann, London.

---1978, *Gay-Lussac. Scientist and bourgeois*, Cambridge University Presss.

Crowther, J. G.: 1945, *Humphry Davy y Michael Faraday*, Espasa-Calpe, Buenos Aires.

Cunningham, A. and Jardine, N. (eds.): 1990, *Romanticism and the sciences*, Cambridge University Press.

Davis, E. A. and Falconer, I. J.: 1997, *J. J. Thomson and the Discovery of the Electron*, Taylor & Francis, London.

Díaz-Hellín, J. A.: 2001, *El gran cambio en la Física: Faraday*, Científicos para la Historia, Nivola, Madrid.

Dibner, B.: 1952, *Galvani-Volta*, Burndy Library, Norwalk, Connecticut.

Dirac, P. A. M.: 1968, *Principios de Mecánica Cuántica*, Ariel, Barcelona.

Don-Won Kim: 2002, *Leadership and Creativity. A History of the Cavendish Laboratory, 1871-1919*, Kluwer, The Netherlands.

Duggan, Ch.: 2017, *Historia de Italia*, Akal, Madrid.

Einstein, A. e Infeld, L.: 1965, *La Física, aventura del pensamiento*, Losada, Buenos Aires.

Fermi, L.: 1961, *Atoms in the Family. My Life with Enrico Fermi*, The University of Chicago Press.

Fernández, J. y Holl, F.: 2002, *El mundo de Alexander von Humboldt. Antología de textos*, Lunwerg, Barcelona.

Ferrone, V.: 1992, *El hombre de la Ilustración*, Michel Vovelle (ed.), Alianza Editorial. Madrid.

Ford, H.: 1930, *Edison tal como yo lo he conocido*, Aguilar, Madrid

Fossati, F.: 1899, «Efemeridi Voltiane», *Raccolta Voltiana*, Comitato Esecutivo per le Onoranze a Volta e Societá Storica Comense, eds. Editrice Ostinelli, Como.

Fregonese, L.: 1999, «Volta. Teorie ed esperimenti di un filosofo naturale», *i grandi della scienza*, Le Scienze, edizione italiana di *Scientific American*, anno II, n. 11, novembre.

---2003, *Gli Studio recenti sulla chimica di Alessandro Volta*, X Convegno Nazionale di «Storia e Fondamenti Della Chimica», Pavía.

French, A. P. and Kennedy, P. J.: 1985, *Niels Bohr. A Centenary Volume*, Harvard University Press.

Galindo, A.: 2007, «James Clerk Maxwell (1831-1879)» en *Maxwell y el Electromagnetismo*, Instituto de España, Madrid.

Gamba, A. e Schiera, P.: 2005, *Fascismo e scienza. Le celebrazioni voltiane e il Congresso internazionale dei Fisici del 1927*, il Mulino, Bologna.

Ganot, A.: 1882, *Tratado elemental de Física experimental y aplicada y de Meteorología*, Carlos Bailly-Bailliers, Madrid.

García Doncel, M. y Roqué, X.: 1990, *Heinrich Hetz. Las ondas electromagnéticas*, Universitat Autónoma de Barcelona y Universitat Politècnica de Catalunya.

Golinski, J.: 1998, *Making Natural Knowledge. Constructivism and the History of Science*, Cambridge University Press.

Govoni, P.: 2006, *Storia, Scienza e Società. Richerche sulla scienza in Italia nell'età moderna e contemporanea*, Università di Bologna.

Grandi, C.: 1899, *Alessandro Volta*, Stabilimento Pontificio A. Bertarelli, Milano.

Hackmann, W.: 2001, «The Enigma of Volta´s `Contact Tension' and the Development of the `Dry Pile'», *Nuova Voltiana; Studies on Volta and his Time*, Vol. III, Bevilacqua, F. and Fregonese, L. eds. Editore Ulrico Hoepli, Milano.

Heilbron, J. L.: 1984, *Alle origini della fisica moderna. Il caso dell´electricità*, Il Mulino, Bologna.

---1988, *I dilemmi di Max Planck, Portavoce della scienza tudesca*, Bollati Borinchieri.

---1993, *Weighing Imponderables and Other Quantitative Science Around 1800*, University of California Press, Berkeley.

---2001, «Some connetions among the heroes», *Rev. Hist. Sci.*, 54, 1.

Heisenberg, W.: 1972, *Diálogos sobre la Física atómica*, Biblioteca de Autores Cristianos, Madrid.

Hermann, A.: 1977, *Werner Heisenberg in Selbstzeugnissen und Bilddokumenten*, Rowohlt, Hamburg.

---1980, *Max Planck in Selbstzeugnissen und Bilddokumenten*, Rowohlt, Hamburg.

Hogben, L.: 1938, *Science for the Citizen. A Self-Educator based on the Social Background of Scientific Discovery*, George Allen & Unwin Ltd., London.

Hong, S.: 1994, «Controversy over Voltaic Contact Phenomena, 1862-1900», *Archive for History of Exact Sciences*, Springer, Germany.

Huxley, T. H.: 1888, «Joseph Priestley», *Science and Culture and Other Essays*, Macmillan, London.

Knight, D.: 1992, *Humphry Davy. Science and Power*, Cambridge University Press.

Kipnis, N.: 1987, «Luigi Galvani and the Debate in Animal Electricity, 1791-1800», *Annals of Science*, London.

---2001, «Debating the Nature of Voltaic Electricity, 1800-1850», *Nuova Voltiana; Studies on Volta and his Time*, Vol. 3, Bevilacqua, F. and Fregonese, L. eds. Editore Ulrico Hoepli, Milano.

---2001, «Scientific Controversies in Teaching Science: The Case of Volta», *Science & Education*, Kluwer Academic Publishers, Dordrecht.

---2003: «Changing a Theory: The Case of Volta´s Contact Electricity», *Nuova Voltiana; Studies on Volta and his Time*, Vol. V, Bevilacqua, F. and Fregonese, L. eds. Editore Ulrico Hoepli, Milano.

Kragh, H.: 1999, *Quantum Generations. A History of Physics in the Twentieth Century*, Princeton University Press.

---2000, «Confusion and Controversy: Nineteenth-Century Theories of the Voltaic Pile», *Nuova Voltiana; Studies on Volta and his Time*, Vol. I, Bevilacqua, F. and Fregonese, L. eds. Editore Ulrico Hoepli, Milano.

---2003, «Volta´s Apostle: Christoph Heinrich Pfaff, Champion of the Contact Theory», *Nuova Voltiana; Studies on Volta and his Time*, Vol. V, Bevilacqua, F. and Fregonese, L. eds. Editore Ulrico Hoepli, Milano.

Kuhn, T. S.: 1977, *La estructura de las revoluciones científicas*, Fondo de Cultura Económica España, Madrid.

Laheras Peña, A.: 2009, *España en París. La imagen nacional en las Exposiciones Universales, 1855-1900*, Universidad de Cantabria, Santander.

Lawrence, Ch.: 1990, «The power and the glory: Humphry Davy and Romanticism», en *Romanticism and the sciences* (Cunningham, A. and Jardine, N.).

Lelong, B.: 1998, «Nadie descubrió el electrón», *Mundo Científico*, Barcelona.

Levere, T. H.: 1994, *Chemists and Chemistry in Nature and Society. 1770-1878*, Variorum, Great Britain.

Libes, A.: 1810, *Histoire philosophique des progrès de la Physique*, 4 vols. Courcier, Paris.

---1813, *Traité complet et élémentaire de Physique*, (1º ed. 1810), Mme V. Courcier, París.

Lindsay, J. Ed.: 1970, *Autobiography of Joseph Priestley*, Adams and Dart, Bath., Somerset.

Linati, C.: 2000, *Cupido fra gli Alambicchi*, interlinea edizioni, Novara.

Machamer, P., Pera, M. and Baltas, A.: 2000, *Scientific Controversies. Philosophical and Historical Perspectives*, Oxford University Press.

Maestre, A. (ed.): 1988, *¿Qué es la Ilustración?*, Tecnos, Madrid.

Mangin, A.: 1872, *Le Feu du Ciel. Histoire de l´Electricité et des ses principales applications*, Alfred Mame et fils, Tours.

Marage, P. and Wallenborn, G. (eds.): 1999, *The Solvay Councils and de Birth of Modern Physics*, Birkhäuser Verlag, Berlín.

Mazzarello, P.: 2009, *Il professore e la cantante. La grande storia d´amore di Alessandro Volta*, Bollati Boringhieri, Torino.

Meurig Thomas, J.: 1991, *Michael Faraday and The Royal Institution (The Genius of Man and Place)*, Adam Hilger, Bristol.

Mieli, A.: 1944, *Lavoisier y la formación de la Teoría Química Moderna*, Espasa-Calpe, Buenos Aires.

Mocchetti, F.: 1833, *Elogio del Conte Alessandro Volta, Patricio Comasco*, Carlantonio Ostinelli, Como.

Molteni, U. F.: 1999, *Alessandro Volta. Como e il Lario nel centenario dell´invenzione Della Pila 1799-1999*, Università Terza Età «A. Volta», Como.

Monti, M.: 1832, *Storia di Como*, C. Pietro Ostinelli, Como.

Moore, F. J.: 1939, *A History of Chemistry*, McGraw-Hill Book Company, New York.

Moreno, A.: 1988, *Una ciencia en cuarentena. La física académica en España (1750-1900)*, Consejo Superior de Investigaciones Científicas, Madrid.

---1988, *Aproximación a la Física. Una historia de visionarios, rebeldes y creadores*, Mondadori España, Madrid.

---1991, *José Rodríguez Carracido*, Biblioteca de la Ciencia Española, Fundación Banco Exterior.

---1999, «Bicentenario de la pila de Volta», *El País*, 5, Octubre. Madrid.

---2000, « `Pesar' la Tierra: test newtoniano y origen de un anacronismo», *Enseñanza de las Ciencias*, 18 (2), 319-332; 2001, « `Weighing´ the Earth: a Newtonian Test and the Origin of an Anachronism», *Science and Education*, 10 (6), 515-543.

---2000, «La Física en los manuales escolares: Un medio resistente a la renovación (1845-1900)», *Historia de la Educación*, Ediciones de la Universidad de Salamanca.

---2002, «La física moderna», *Historia de la ciencia y de la técnica en la Corona de Castilla*, siglo XVIII, tomo IV, Junta de Castilla y León.

---2006, «Atomismo versus Energetismo: Controversia científica a finales del siglo XIX», *Enseñanza de las Ciencias*, ICE, Universidad Autónoma, Barcelona.

---2014, «De fœmm´/d^2 a f = G mm´/d^2: Aclaraciones sobre una historia mal contada», *Enseñanza e Historia de las Ciencias y de las Técnicas: Orientaciones, Metodologías y Perspectivas*, SEHCYT, Barcelona.

Moreno, J. A.: 1995, «Jean-Antoine Nollet y la difusión del estudio de la electricidad: Un nuevo léxico para una nueva ciencia», Colloque International «1648-1815». *L´universalité du français et sa presence Dans la Péninsule Ibérique»*, Tarragona.

Morsini; V.: 2003, «When Chemistry Entered the Pile», *Nuova Voltiana*, Universitá degli Studi di Pavia.

Nersessian, N.: 1995, «Opening the Black Box: Cognitive Science and History of Science», *Osiris*, University of Chicago.

Nicholson, W.: 1797, «Observations on the Electrophore, Tending to Explain the Means by Which the Torpedo and Other Fish Communicate the Electric Shock», *Journal of Natural Philosophy, Chemistry, and the Arts*, London.

Ordóñez, J., Navarro, V. Y Sánchez Ron, J. M.: 2004, *Historia de la ciencia*, Colección Austral, Espasa Calpe, Madrid.

Ostwald, W.: 1980, *Electrochemistry: History and Theory*, 2 vols. New Dehli: American Publ. Co. Tomado de H. Kragh (2003).

Pais, A.: 1991, *Niels Bohr´s Times, In Physics, Philosophy, and Polity*, Clarendon Press, Oxford.

---2006, *J. Robert Oppenheimer. A Life*, Oxford University Press.

Pagden, A.: 2015, *La Ilustración y por qué sigue siendo importante para nosotros*, Alianza Editorial, Madrid.

Pancaldi, G.: 2003, *Volta, Science and Culture in the Age of Enlightenment*, Princeton University Press.

---2017, «The Physics of Imponderable Fluids», *The Oxford Handbook of The History of Physics*, ed. Jed A. Buchwald and R. Fox, Oxford University Press.

Papp, D. y Babini, J.: 1958, *Las ciencias exactas en el siglo XIX, Panorama General de Historia de la Ciencia*, Espasa-Calpe Argentina, Buenos Aires.

Papp, D.: 1961, *Historia de la Física*, Espasa-Calpe, Madrid.

Partington, J. R.: 1945, *Historia de la Química*, Espasa-Calpe, Madrid.

Pauli, W.: 1933, *Handbuch der Physik* 24/1, p.89, Spinger, Berlín.

Pera, M.: 1992, *The Ambiguous Frog. The Galvani-Volta Controversy on Animal Electricity*, Princeton University Press.

Peruzzi, G.: 1998, *Maxwell. Dai campi elettromagnetici ai costituenti ultimi della materia*, «i grandi della scienza», *Le Scienze*, Milano.

Peset, J. L. y Peset, M.: 1975, *Lombroso y la Escuela positivista italiana*, CSIC, Madrid.

Piccolino, M. and Bresadola, M.: 2013, *Shoking Frogs. Galvani, Volta, and the Electric Origins of Neuroscience*, Oxford University Press.

Poincaré, L.: 1909, *La electricidad*, trad. Mariano Fuentes, José Ruiz, Madrid.

Polanco Masa, A.: 2014, *Made in Spain. Cuando inventábamos nosotros*, Glyphos Publicaciones, Valladolid.

Polvani, G.: 1930, *Le cose storicamente più notevoli possedute dall'Istituto di Fisica Tecnica Della R. Scuola d'Ingegneria di Pisa*, Arti Grafiche Pacini Mariotti, Pisa.

---1942, *Alessandro Volta*, Domus Galilaeana, Vincenzo Lischi e Figli, Pisa.

Poveda Ramos, G.: 2003, *La electricidad antes de Faraday*, Revista Facultad de Infeniería, Universidad de Antioquía, Colombia.

Priestley, J.: 1767, *The History and Present State of Electricity with Original Experiments*, Dodsley, Johnson and Cadell, London.

---1768, *A Familiar Introduction to the Study of Electricity*, Dodsley, Johnson and Cadell, London.

---1970, *Autobiography of Joseph Priestley*, Introduction by Jack Lindsay, Adams and Dart, Barth, Great Britain.

Pullman, B.: 1998, *The Atom in the Human Thought*, Oxford University Press.

Samueli, J. J. et Boudenot, J. C.: 2005, *H. A. Lorentz (1853 – 1928). La naissance de la physique moderne*, ellipses, París.

Sánchez Espinosa, G.: 2002, *Las Cartas familiares del jesuita Juan Andrés*, en: P. Aullón de Haro (ed.), *Juan Andrés y la teoría comparatista*, Valencia: Generalitat Valenciana.

Sánchez Ron, J. M.: 1992, *El poder de la ciencia. Historia socio-económica de la física (siglo XX)*, Alianza Editorial, Madrid.

---1998, *James Clerk Maxwell. Escritos científicos*, CSIC, Madrid.

---2021, *Blas Cabrera, científico español y universal*, Los libros de la Catarata, Madrid.

---2023, *Querido Isaac, querido Albert. Una historia epistolar de la ciencia*, Crítica, Barcelona.

Sarton, G.: 1928, «The Foundation of Electromagnetism (1820)», *Isis*, vol. 10, nº 2, University of Pennsylvania.

Schofield, R. E.: 1967, «Joseph Priestley, Natural Philosopher», *Ambix*.

Sebastiani, F.: 1990, *I Fluidi Imponderabili. Calore ed electtricità da Newton a Joule*, edizioni Dedalo, Bari.

Secchi, P. A.: 1874, *L'Unité des Forces Physiques*, (1ª ed. Italiana, Roma, 1864), Librairie F. Savy, Paris.

Segré, E.: 1983, *De los rayos X a los quarks*, Folios Ediciones, México.

---1983, *Dalla caduta dei gravi alle onde elettromagnetiche. Personaggi e Scoperte nella Fisica Classica*, Mondadori, Milano.

---1987, *Enrico Fermi, físico. Una biografia scientifica*, Zanichelli, Bologna.

Steinke, H.: 2005, *Irritating Experiments. Haller's concept and the european controversy on irritability and sensibility, 1750–90*. Ed. Rodopi, B. V. Amsterdam.

Thomson, S. P.: 1898, *Michael Faraday. His Life and Work*, New York.

Thorndike, L.: 1924, «L'Encyclopedie and the History of Science, *Isis*, vol. 6, nº 3.

Tolstoy, I.: 1981, *James Clerk Maxwell*, Canongate, Edimburgh.

Truman, A. and McEvoy, J. Eds.: 1990, *Motion Toward Perfection: The Achivement of Joseph Priestley*, Skinner House Books, Boston.

Valéry, P.: 1948, *Vues*, La Table Ronde, París.

Varios autores: 1995, *La mesure de la Force Electrique. Une énigme au bout d´un fil. Las Cahiers de Science and Vie*, París.

Viera y Clavijo, J.: 2013, *Los aires fijos*, ed. José Cebrián, Ediciones Idea, Santa Cruz de Tenerife.

Volta, Z.: 1898, *Alessandro Volta negli offici pubblici*, Editrice Omarini Vittorio, Como.

---1899, *Il Poemetto Didascalico Latino di Alessandro Volta, versione italiana*, Fratelli Fusi, Pavia.

Volpati, C.: 1927, *Alessandro Volta nella gloria e nell´intimità*, Fratelli Treves, Milano.

Vovel, M. y otros: 1995, *El hombre de la Ilustración*, Madrid, Alianza Editorial.

VV. AA.: 1927, *Nel centenario della morte di Alessandro Volta*, Ulrico Hoepli, Milano.

Weil, H.: 1925, *¿Qué es la materia?*, Revista de Occidente, Madrid.

Westfall, R. S.: 1994, *The Construction of Modern Science. Mechanisms and Mechanics*, Cambridge University Press.

---1996, *Isaac Newton: una vida*, Cambridge University Press.

Wetzels, W. D.: 1990, «Johann Wilhelm Ritter: Romantic physics in Germany» en *Romanticism and the sciences* (Cunningham, A. and Jardine, N.)

Yeo, R.: 2003, «William Whewell, natural knowledge and public debate in early Victorian Britain», *Defining Science*, Cambridge University Press.